社会建构论译丛

上海文化发展基金会图书出版专项基金资助项目

获国家社会科学基金（项目批准号：18BRK031）资助

杨莉萍　[美]肯尼思·J.格根　主编

Celebrating the Other:

A Dialogic Account of

Human Nature

赞美他者：
人性的对话理论

[美]爱德华·E.桑普森　著

郭爱妹　陶佳茜　译

上海教育出版社

能够同中国的研究者、学生和实践者分享有关这套丛书的想法，我深感荣幸和快乐。感谢上海教育出版社提供这个机会。在过去三十多年的时间里，我一直致力于有关知识的性质、真理、客观现实和理性的深远对话。这些对话质疑所有为长期受推崇的传统理念辩护或提供基础的那样一类尝试。对话产生于不同族群长期争斗而充满血腥味的人类历史，人们纷纷主张自己对知识、真理、客观现实和理性的话语权。因为，承认某一种现实、理性和道德，意味着不赞成这种观点的那些人被踢出局；声称某些人在这些方面具有优越性，意味着其他声音被定义为低劣。一部血雨腥风的人类史几乎就是由对真实、理性和道德的不同信念与分歧写就的。对话的重要成果之一便是这样一种意识的扩展，即我们的信念是由处于不同历史时期、不同文化背景下的组织内部发展出来的。换句话说，我们关于真理、客观现实和理性的信念是在社会中被建构出来的。除此之外，再无别的基础。正是这种认识促使人们开始尝试从过去各种对真理的诉求中解放出来。事实上，一切被我们视为真理、事实和正确的东西都具有可选择性，都可以是另外一种样子。更重要的是，这种建构的意识促使人们广泛探索，共同开发创造未来的潜能。"共同"这个词非常重要，我们在此所说的并不是个体的而是在社会中被创造出来的现实。

这样的对话在世界范围内蔓延。这不再是"西方价值向世界其他区域的传播"，而是到处都面临着同样紧迫的难题，即怎样才能在这样一个充满分歧的世界中顺利前行。当代科学技术让世界大大缩小，我们发觉自己越来越多地需要面对那些信守与我们不一样的现实、理性和价值的人。这些分歧不仅导致个体对"异己者"产生冷漠，而且是滋生仇恨和掳掠的温床。在这样一个任何个体都有能力创造出毁灭性武器的星球上，我们有可能要面对"所有人反对所有人"的未来。那么，至少我们应该了解建构了我们的信念的文化和历史根源，以及它们的优势和局限性。更进一步，我们必须找到弥合分歧的途径和办法。如果加上足够的创造性，我们甚至可以开展新的建设性的合作。

这场对话的全球性参与，部分是基于这样一个事实，即许多文化本身就包含或推崇某些与建构论相一致的传统。一个显著的例子便来自中国文化。我们发现，儒家、道家和佛家传统都可能丰富当代建构论的对话，它们都意识到关系和谐的重要性。当然，这并不意味着有关社会建构论的对话与这些传统完全相同，你甚至可以从中发现许多冲突，这一点都不奇怪。从建构论的立场看，重要的不是分辨谁真谁假，或评价谁对谁错，而是分享和成长。我们可以基于彼此的相似性，越来越多地领会我们之间的不同。基于任何一种分歧，我们都有可能发展出拓展行动潜能的可能性。在这种意义上,建构论的对话不服从任何个人,而是归属于所有的人。对话的目的不是要把建构论奉为新的真理,而是接受各种思想的涌现,但不再把它们视为自然规律,只是视它们为被建构出来的可能性。建构论并不是某种依据传统标准判断事物真假对错的信念系统,而是通过不断对话或以对话为工具,创造各种能够给我们带来惊喜的美好事物。

这样的结果如今发生在世界各地:从挪威对问题青少年的教育系统到巴西的平安社区建设,从加拿大小镇的管理到南非的调停努力,从澳大利亚新的治疗实践到阿拉伯联合酋长国妇女的职业化,等等。因此,对于我来说,能够参与有关建构论的中国对话,了解与当地文化和历史密切相关的建构论实践,是一件特别值得高兴的事。我在中国遇见许多研究者、学生和专业人士,他们为建构论的对话注入了新的活力,同时也发出了质疑的声音。他们有着自己特殊的关切、希望和价值,他们将来自中国文化传统的敏锐鉴赏力融入对话。通过与他们讨论,我看到激动人心的新的实践已经出现。所有这些都是加入全球共享的重要开端。就个人而言,我愿意充当这些富有启发性的发展的推进者。

与此同时,感谢上海教育出版社的朋友,是他们促成了这一重要的交流,将这套书由英文翻译成中文出版。我和莉萍教授一起工作,并得到她的和我的同事们的帮助。到目前为止,我们共选择了 10 部重要著作组成"社会建构论译丛"这一丛书,未来有可能再增添新的著作。对这些书的选择是出于几个方面的考虑,希望这些来自不同领域的著作能够向中国读者传达社会建构论的思想和理论观点，介绍某些符合建构论特点的重要研究形式，展现建构论思想的一系列实践成果。其中一些著作还反映出建构论思想如何引导新的写作方式。策划这套丛书的目的并不是为中国未来的工作提供模板或一系列行动指南，而是希望这套丛书能在中国引发更多的讨论、研究和实践。因为一旦建构论的思想和意象植根于这片肥沃的文化土壤，全人类都将受益于即将发生的观念创新。我热切地期盼着收获季节的到来。

肯尼思·J.格根

美国斯沃斯莫尔学院资深教授

陶斯研究院院长

当前中国社会普遍存在的心理问题，一是心态不够积极，二是追求功利主义。一方面，各行各业的人，无论从事什么工作，大多缺乏由衷的热情，萎靡不振，因此缺少创新。在学校里，学生学习不是出于兴趣，教师教学也不是因为喜欢这个职业，大部分行政管理和后勤人员满足于维持现状。在组织中，同样很少有人把工作当成实现自我价值的手段。多数时候，人们缺乏幸福感，体验不到生活的乐趣和生命的意义。另一方面，对于很多人而言，生活中最重要的目标是追求个人名利，尤其是经济利益。当每个人都在为一己私利去拼、去抢、去战斗的时候，整个社会表现出来的便是人与人之间界限分明，缺少温情、善意、信任与友爱。家庭不稳定，医患关系紧张，经济和商业领域充斥着大量欺诈，老百姓热衷于将落马官员当成茶余饭后的谈资与消遣，等等。所有这些社会心理现象，都与欧洲文艺复兴和启蒙运动以来占主导地位的个体理性主义哲学，以及以此为典型特征的现代主义文化，存在深层次的因果关系。

作为一个有着悠久历史和古老文明的民族，我们的老祖宗倡导"人法地，地法天，天法道，道法自然"，这当中蕴含着丰富的"天人合一"的系统论和生态学思想。然而，这些如今在西方被视为最先进的理念，在国内，其价值并未受到应有的重视。相反，自清朝末年开始的西学东渐，使得西方个体理性主义哲学不断移入，冲击了我们的传统文化，几乎成为社会主要的意识形态，这实在是令人遗憾的事。

1949 年以后，中国以马克思主义为哲学宗旨，以建设社会主义强国为发展目标。集体主义作为社会主流价值，与西方个体主义的价值观形成对立。与个体主义相比，集体主义确实具有很多优势。时至今日，中国社会依靠集体力量创造了许许多多的壮举，为全世界瞩目。但是，集体主义就其本质而言，不过是放大了的个体主义，仍旧存在很多弊端。各种小集团的利益、地方保护主义以及形形色色的群体和组织之间的竞争，破坏了组织内部和个体之间的团结，进而使得整个社会失去和谐与稳定，并最终失去活力。

社会建构论虽不能说是解决这些社会和心理问题唯一的理论纲领和实践模式，但至少为这些问题的解决提供了一套切实可行的理论框架和实践策略。作为一种看待世界和我们自己的全新方式，社会建构论既是一种理念，也是一种行动；既是一种思维方式，也是一种生活和行为方式。以 1985 年格根（Kenneth J. Gergen）先生发表《现代心理学中的社会建构论运动》一文作为社会建构论正式创立的时间，经过 30 年的发展，社会建构论已经由最初着力于批判或解构，发展到后来的进一步建构；由对理论、方法的研究发展到具体的实践，对于人的健康自我的重建、人际纠纷的解决、学校教育与各类组织的管理、各项社会政策的制定乃至国际政治关系的处理等,形成了一整套较为成熟的思想、理论、方法和实践体系。这套体系对于解决我国当前普遍存在的各类社会和心理问题,具有重要的应用或工具价值。

"社会建构论译丛"缘起于2011年夏天我对格根夫妇的访问。那段时间,我正在美国田纳西州范德堡大学做访问学者,由于长期研究社会建构论,与格根先生有过一些书信往来,他因此邀请我去斯沃斯莫尔他的家里做客,并最终于当年的8月17日至21日成行。访问期间,我向格根先生请教了有关社会建构论的诸多问题,也向他介绍了社会建构论在中国的发展情况。那次访谈的部分内容以英文发表在《心理学研究》(Psychological Studies)2012年第57卷,中文发表于《教育研究与实验》2012年第4期。正是在那次访问期间,我和格根先生达成共识,鉴于中国当前社会变革与发展过程中存在的诸多问题,有必要将社会建构论在中国的推广作为一项长期的事业。格根先生代表国际社会建构论研究中心陶斯研究院表示,对于我们在中国的事业给予无条件的支持和帮助,包括成立中国社会建构论研究中心,筹备社会建构论的中文网站,与有着同样志趣的学校、组织和机构开展合作,等等。与上海教育出版社合作的这套译丛,便是社会建构论在中国推广项目的一部分。

从格根先生最早于1973年发表《作为历史的社会心理学》,即社会建构论思想萌芽开始到现在,经过40多年的努力,社会建构论已经发展成为包括系统化的原理、多样化的方法和多领域的实践在内的不断丰富和完善的理论和应用体系。这套译丛意图全面反映社会建构论在理论、方法和实践三个层面的发展。入选书目都是社会建构论领域最新、最有价值、最具代表性的经典著作。其中,《社会建构：进入对话》《社会建构的邀请（第三版）》《关系性存在：超越自我与共同体》《赞美他者：人性的对话理论》和《性别与疾病的社会建构》主要介绍社会建构论的理论基础,《叙事分析：个体在社会中的发展研究》和《话语心理学》属于方法系列,《欣赏型探究：一种建设合作能力的积极方式》《映射对话：社会变革的重要工具》和《社会建构与社会工作实践：解释与创新》则反映了社会建构论在人际交往、组织管理、社会工作等实践领域的应用。

　　"社会建构论译丛"的所有入选书目均由格根先生亲自挑选并最终确定,他还在丛书翻译的过程中亲自担任学术和专业顾问。我负责这套丛书的策划、申请、组织和项目实施。参与丛书翻译的译者都是我多年的好友,也是对社会建构论有着长期研究和浓厚兴趣的学者和教授。他们既是社会建构论领域的研究者,也是积极的实践者和热情的推广者。在当下名利观念甚嚣尘上,而学术评价制度十分不利于译著出版的背景下,完成一部学术著作的翻译需要作出很大的牺牲。作为译丛主编,我对他们深表敬意,感谢他们为这套译丛作出的贡献。我还要向上海教育出版社袁彬副总编、心理学编辑室全体编辑以及其他工作人员表达谢意,他们为这套译丛的出版付出了很多心思和不懈的努力。

　　社会变革是包括制度与文化、教育与管理、人的思想观念与行为习惯在内的系统变革。社会心态由萎靡不振到积极向上，整个社会由危机四伏到稳定团结，需要经过长期不懈的积极建构，而我们都是这一过程的见证人和参与者。与其被动地"反映现实"或顺应"客观规律"，为所谓的"事实"或"规律"所蒙蔽和奴役，不如主动参与建构某种我们想要的"事实"，创造真正能够为人类和社会带来福祉的"规律"。人类社会的未来不仅取决于我们对于未来的某种理想，更取决于我们每个人以什么样的方式参与对这种理想的建构。社会建构论不仅积极倡导相互理解、对话与共同创造的价值和理念，更为如何相互理解、如何参与对话、如何共同创造提供了系统的方法和行为指导。我和格根先生同样相信并期待，这套译丛的出版能对中国当前社会的变革和发展起到切实的推进作用。

2016 年 1 月于南京随园

Contents　　　　　　　目录

第二部分　独白主义：赞美自我

第四部分　应　　用

本书书名"赞美他者"(*Celebrating the Other*)源于克拉克(K. Clark)和霍尔奎斯特(M. Holquist)①将巴赫金(M. Bakhtin)的对话理论(dialogic theory)解读为一种对他异性(alterity)的赞美。与巴赫金的研究相似,本书旨在对他者(the other)进行"早该兑现的"(long overdue)赞美。长久以来,主流文化与科学观始终是独白的(monologic)和赞美自我的(self-celebratory)——更多聚焦于主角(leading protagonist),以及适用于主角行为的配角(supporting cast),而忽略了拥有自身权利的能动的他者。但是如今,赞美他者的时代已经到来——这不仅需要我们纠正传统观点,而且同样重要的是,需要让被迫噤声的人们以自身的语域(register)和形式(form)发出自己的声音。

为了达成这一目标,我将本书分成四个部分。

第一部分"导论",共两章,旨在作好铺垫,并为后面各章节提供研究背景。第一章将本书要探讨的问题置于权力与统治的情境中——在我看来,这种情境既是理解独白世界观(monologic

---

① Clark, K. & Holquist, M. (1984). *Mikhail Bakhtin*. Cambridge, MA: Harvard University Press.

world-view)占据统治地位并保持长久兴盛之根本，也是理解对话主义(dialogism)在当今世界舞台上迅速兴起之关键。第二章是铺垫的另一个方面，主要阐述独白主义与对话主义面临的一些概念困境。

第二部分"独白主义：赞美自我"，共四章，主要阐述如下论点：赞美自我的独白观(self-celebratory monologues)统治着整个西方世界，并渗透于流行文化与科学文化。我的意图正是通过揭示关于自我与他者的常识性理解和心理学取向所反映的独白世界观来揭示这种赞美自我观(self-celebratory stance)影响之深。在我看来，这种世界观是一个群体支配其他群体的重要组成部分，因此不能仅仅将本部分视为对西方文化和心理科学的平铺直叙，而更应理解为一种关于权力、控制和剥削的叙事——尽管披着伪装，但是，一旦你知道看哪里以及如何去理解，(权力、控制和剥削)便明晰可见。

第三部分"对话主义：赞美他者"，共四章，主要介绍对话主义理论，包括对话主义理论的基本原理及其在人类经验与人类多元性的价值增值(transformed appreciation)中的应用。该分析主要基于独白观的后现代批判(postmodern critiques)，以及由巴赫金(M. M. Bakhtin)、米德(G. H. Mead)与一些欧美理论家发展起来的对话主义框架(dialogic frameworks)和话语分析(discourse analyses)。然而，以上大多数批判均忽略性别和种族问题，以及权力和统治的维度，而这些正是我的理论框架的核心所在，这就使得这种"疏忽"(oversight)存在进行探讨的必要。因此,在本部分,我还将以女性主义分析为主线,揭示导论部分关于统治的主题。

第四部分"应用",共两章,简要考察对话主义理论在伦理问题以及人性观的重构和民主化中的应用。在我看来,我们对人类自由(human freedom)、责任(responsibility)和正义(justice)的理解都是以独白观为理论基础的;一旦摒弃了这种独白观,我们关于人类自由、责任和正义的观点必将改变。在结尾部分,我探讨了应用于人性的民主化(democratization)问题——我相信,这种应用源自对话观:对话达成的理解将取代专家掌控。

在完成本书时,我意识到现代西方文明不可能主动地适应对话主义。如果生活建立在一种真正的对话观之上,西方文化传统则不可能得到传承。

我一生中曾有许多次,默默地期望能够写出一本更贴近现实存在世界的著作。这将是一件多么令人欣慰的事情!然而,总有一些事物不允许我从特权的观点出发去谈论特权。因此,我敬畏那些事物,并视写作为我必须去做的事情,尽管这些与主流观点格格不入。

第一部分　　　

导　论

权力的情境

几乎每一天,世界都在提醒人们:冷战(Cold War)的结束没有带来人类死亡与毁灭之舞(humanity's endless dance)的终结,霸权国家仍在继续使用武力和军事力量达成其特殊目的。当今世界看起来似乎没有哪个地方能免受这种指责;而且,在运用武力征服世界时,先进文明与理性法则皆显得无足轻重。①

然而,另有一个稍显沉默的"杀手"(killer)在世间游荡,其摧毁形式给其牺牲品留下了特殊的印记,这就是布莱克(W. Blake)所指的"心灵铸成的镣铐"(mind-forg'd manacles)。② 它是一个古老的"杀手",其根源——至少在西方文化中——可以追溯至犹太-基督教时代(Judeo-Christian era)之前。这一"杀手"也试图通过统治来实现其目的,但这种统治不是依靠野蛮的武力,而是依靠建构(construction):

---

① 对理性的质疑起源于霍克海默和阿多诺合著的《启蒙辩证法》所做的开拓性研究。请参阅 Horkehimer, M. & Adorno, T. W. (1944/1969). *Dialectic of Enlightenment*. New York: Seabury Press.

② Blake, W. (1946/1968). London. In A. Kazin (ed.), *The Portable Blake*. New York: Penguin.

(1) 借助字词的建构(construction through word)——通过特有的自我与他者关系的构架，以及主体性(subjectivity)与自我理解(self-understandings)的表达；(2) 借助行为的建构(construction through deed)——通过自我与他者所能获得的人生机遇。[①]

我们并不需要费心衡量以决定哪一个"杀手"——武力或建构——更具毁灭性。任何一方随时会滑向另一方，然后再退回；它们之间的边界具有高渗透性，无需任何特别通行证就可自由穿越。他者已被我们建构为心甘情愿接受我们的统治或受虐地享受我们的主导地位。使用武力对抗这样的他者有多容易，否认那些已饱受我们折磨的他者的主体性就有何等容易！

4　赞美自我的独白

毋庸置疑，通过武力获得统治必然是灾难性的。然而，在本书中，我的关注点在别处。我关注的是那些主要以他者建构为核心的统治形式，即通过控制他者的界定和他者的现实来否定他者生活的形式。这些建构的后果，即使不是有意为之，实际上也已剥夺了他者在世界上的真实存在，从而允许优势群体更为自由地获得自身的合法性，并维持其优势地位。

尽管这在一定程度上减少了复杂性，并看起来更具阴谋色彩，

---

① 福柯(M. Foucault)的著作中也有对武力和建构的类似区分，尤其体现在他对权力的积极性所作的分析中。请参阅 Foucault, M. (1979). *Discipline and Punish: The Birth of the Prison*. New York: Random House. Foucault, M. (1980). *The History of Sexuality. Vol. I: An Introduction*. New York: Random House.

然而它清晰地表明，每一种建构都有其优势群体（建构者/constructors）和他者（被建构者/those who are constructed）。回溯有记载以来的西方历史，无论是宗教、哲学、文化活动、经济学，还是包括物理和人文科学在内的科学，其主要建构者都是受过良好教育的来自优势社会阶层的白人男性，建构的客体则是那些非优势群体。[①]

因此，他者包括女性、非西方人种（non-Western peoples）、有色人种、劣势社会阶层者，以及拥有不同性取向的人。优势群体赋予他们自身的经验和世界中的地位以特权，并建构适用的他者（serviceable others），即他者的建构服务于优势群体的需求、价值、利益和观点。[②] 事实上，尽管建构的具体形式可能会随西方历史的进程而改变，但西方文化具有一种令人不安的连续性：优势群体一直都在建构适用的他者。

---

① 持此观点的女性主义学者有很多，包括从伍尔芙的著作和波伏娃的早期经典到当代一些综述性分析，如布拉伊多蒂、弗拉克斯和盖登斯的著作。请参阅 Woolf, V. (1929/1989). *A Room of One's Own*. San Diego, CA: Harvest/HBJ. Woolf, V. (1938). *Three Guineas*. San Diego, CA: Harvest/HBJ. de Beruvoir, S. (1949/1989). *The Second Sex*. New York: Vintage. Braidotti, R. (1991). *Patterns of Dissonance: A Study of Women in Contemporary Philosophy*. New York: Routledge. Flax, J. (1990). *Thinking Fragment: Psychoanalysis, Feminism, and Postmodernism in the Contemporary West*. Berkeley: University of California Press. Gatens, M. (1991). *Feminism and Philosophy: Perspectives on Difference and Equality*. Cambridge: Polity Press.

② "适用的他者"这一术语来自莫里森关于美国白人如何建构适用的非裔美国人的研究。莫里森认为，非裔美国人被建构的特征是界定美国白人特征的基础。请参阅 Morrison, T. (1992). *Playing in the Dark: Whiteness and the Literary Imagination*. Cambridge, MA: Harvard University Press.

　　他者建构迎合了优势群体的特殊需要、利益和愿望。正是这种对适用的他者的建构，促使我将西方文化描述为"赞美自我的"或"独白的"。在本书中，我将交替使用这两个术语。

　　当我建构一个用于满足我的需要和愿望的你，一个适用于我的你，很明显，我参与了完全不同于对话的独白。尽管你与我或许会一起交谈和互动，但在大多数情形下，作为正在与我互动的你，已经被我建构在头脑中。你唯一的功能就是服务于我。

　　所有的独白都是赞美自我的。它们是通向原点的单行道（one-way streets）：它们从自我出发，又回到相同的自我，只是简单地穿越了已被建构用以确保西克苏（H. Cixous）①所说的"同一性王国"（the Empior of the Selfsame）永存的镜像。

5　　在黑格尔哲学中，同一性（selfsame）的神圣化意味着他者的消亡（obliteration of the other）。"他者的存在只是为了作为他者被占有、被征服和被摧毁。"②以他者的术语来认知他者过于有威胁性，应该在使用后丢弃它：

　　　　社会在我的眼前踯躅前行，垂死挣扎的机制不断再现并日臻完美："人"（person）被迫沦为他者地位的"无名小卒"（nobody）——这是种族主义的阴谋。社会需要"他

---

　　① 参阅 Cixous, H. & Clément, C.（1975/1986）. *The Newly Born Woman*. Minneapolis：University of Minnesota Press.

　　② Cixous, H. & Clément, C.（1975/1986）. *The Newly Born Woman*. Minneapolis：University of Minnesota Press, p.71.

者"——没有奴隶就没有主人;没有剥削就没有经济-政治权
力;没有受压迫阶级就没有统治阶级;没有犹太人就没有纳
粹;没有排他性就没有所有权……如果没有他者,人类将会创
造他者。[1]

其他理论家也对西方文化进行了颇为相似的分析。[2] 源自其他相关
领域的二分法(dichotomies),将主体术语(如自我、男性、理性)定义
为"拥有 XYZ 特质,而它的对立面被消极地界定。非 A(not-A)的界
定基于它缺乏 XYZ 特质的事实,而不是基于它自身的权利"[3]。

---

[1] Cixous, H. & Clément, C. (1975/1986). *The Newly Born Woman.*
Minneapolis: University of Minnesota Press, p.71.

[2] 参阅黑格尔(G. W. F. Hegel)的主奴辩证法(Master-Slave dialectic):Hegel,
G. W. F. (1807/1910). *The Phenomenology of Mind.* London: Allen and Unwin.
Findlay, J. N. (1958). *Hegel: A Re-examination.* New York: Oxford University
Press. 可进一步参阅:Braidotti, R. (1991). *Patterns of Dissonance: A Study of
Women in Contemporary Philosophy.* New York: Routledge. Cixous, H. & Clément,
C. (1975/1986). *The Newly Born Woman.* Minneapolis: University of Minnesota
Press. Code, L. (1991). *What Can She Know? Feminist Theory and the Construction
of Knowledge.* Ithaca, NY: Cornell University Press. Eisenstein, Z. R. (1988). *The
Female Body and the Law.* Berkeley: University of California Press. Flax, J. (1990).
*Thinking Fragment: Psychoanalysis, Feminism, and Postmodernism in the
Contemporary West.* Berkeley: University of California Press. Gatens, M. (1991).
Feminism and Philosophy: Perspectives on Difference and Equality. Cambridge:
Polity Press. Harding, S. (1986). *The Science Question in Feminism.* Ithaca, NY:
Cornell University Press. Irigaray, L. (1974/1985). *Speculum of the Other Woman.*
Ithaca, NY: Cornell University Press. Irigaray, L. (1977/1985). *This Sex Which Is
Not One.* Ithaca, NY: Cornell University Press. MacKinnon, C. A. (1989). *Toward a
Feminist Theory of the State.* Cambridge, MA: Harvard University Press. Whitford,
M. (ed.). *The Irigaray Reader.* Oxford: Basil Blackwell.

[3] Gatens, M. (1991). *Feminism and Philosophy: Perspectives on Difference
and Equality.* Cambridge: Polity Press, p.93.

因此，如果将自我看成是理性的，那么它的界定要基于所有那些非自我／非我（not-self／not-me）的人都缺乏理性特质。女性成为非男性（not-male），"原始的"原住民成为非欧洲人（non-European）。通过这一过程，他者被建构成适用于自我的人，即一种由优势自我建构的、表征非自我的、可供使用后舍弃直至再次被需要的存在。

是时候引用两个范例来说明我的意图：一是作为他者的女性；二是作为他者的有色人种（这里主要指非裔美国人）。这两个范例并没有涵盖西方文化中优势白人男性建构的所有他者。那些有着不同社会文化阶层背景和经验的人，那些有着不同性取向的人，除人类外所有动物和自然界本身，以及那些与以上任何方面有关的自我，都已被建构成适用于优势群体的他者。

女性作为他者

许多女性主义理论家认为，女性不仅被建构为男性的他者，而且更为重要的是，这种建构已成为其他所有自我-他者关系的基础。① 然而，认同以上观点或主张其他类型的他者建构是西方文化的基础，与我的研究并无直接联系。无论这种建构是不是西方文化的基础，

6

---

① 参阅布拉伊多蒂和盖登斯对各种女性主义理论的总结，包括那些强调性别差异是大多数（尽管不是全部）文化二元区分的基础的理论；还可参阅弗拉克斯和麦金农的研究。Braidotti, R. (1991). *Patterns of Dissonance: A Study of Women in Contemporary Philosophy*. New York: Routledge. Gatens, M. (1991). *Feminism and Philosophy: Perspectives on Difference and Equality*. Cambridge: Polity Press. Flax, J. (1990). *Thinking Fragment: Psychoanalysis, Feminism, and Postmodernism in the Contemporary West*. Berkeley: University of California Press. MacKinnon, C. A. (1989). *Toward a Feminist Theory of the State*. Cambridge, MA: Harvard University Press.

我能肯定的是,男性对女性的建构全面渗透在西方世界的各个领域。

为了更好地理解女性被建构为适用于男性的他者的过程,我将阐述这种建构的三个相互关联的方面——缺场的女性,作为内隐标准和普遍观点的男性凝视(male gaze)与男性立场,女性独特的未被听到的声音(unheard voices)。这三个方面也代表了西方优势群体对其他类型他者建构所采用的相似方式。

缺场的女性

迈尔斯(M. R. Miles)在其著作《肉身的理性》(*Carnal Knowing*)的开篇引用了两部经典史诗:一部是创作于公元前2800年左右的英雄赞歌《吉尔伽美什史诗》(*The Epic of Gilgamesh*),另一部是《奥德赛》(*Odyssey*)。这里并不需要关注这两部史诗的详细内容,对我们来说,最关键的是这两部史诗对女性的描绘。迈尔斯认为,女性在《吉尔伽美什史诗》中扮演了几个关键角色:被吉尔伽美什强奸的匿名新娘;驯服后来备受国王关注的另一个男性恩奇都(Enkidu)的妓女;帮助吉尔伽美什走出失去恩奇都的悲伤的导师——作为一个有名字的女性——西杜里(Siduri)。

迈尔斯观察到,我们熟知吉尔伽美什甚至恩奇都,但是对于女性,除了做男性的后盾以满足他们的需要与欲望的角色,我们一无所知。她指出:"《西杜里史诗》在哪里?为什么她的智慧只能作为吉尔伽美什理想的衬托?怎样的身体经验和奋勇拼搏塑造了她的

(her)自我认知和生活哲学？"[①]换言之，自人类早期有记载以来，女性的在场只是作为男性生活的一个元素，她必须同时保持自身的存在、经验和主体性的缺场。

《奥德赛》中，男主人公奥德赛(Odyssey)和女主人公卡里普索(Calypso)的故事同样如此。尽管卡里普索在场，但她的主体性并不在场。我们知晓她对奥德赛的爱情和对奥德赛离去的悲伤，但是当我们转向奥德赛的故事时，这些很快被掩盖了。迈尔斯质问："我们能在哪里读到《卡里普索史诗》？"[②]似乎卡里普索存在的唯一目的就是为奥德赛服务，而奥德赛"已经将她建构成一个仇敌以便合理地伤害她……她的文学角色……只不过是他人生旅途中的一个片刻而已"。[③]

7　　犹太-基督教圣经(Judeo-Christian Bible)关于女性的描述为男性笔下女性的缺场提供了更早的例证。一些研究[④]揭示了早期不同派系信徒之间的权力斗争：每一个派系都试图通过建构自己的早期圣经故事和早期教堂实践来保障其至高无上的地位。在所有记载中，女性和所有那些与女性化气质相关的特质，都被看作对男性优势的宗教等级制度的威胁。因此，女性是在场的，但同时又

---

① Miles, M. R. (1989). *Carnal Knowing: Female Nakedness and Religious Meaning in the Christian West*. New York: Vintage.

②③ 同上，p.4.

④ 例如：Coote, R. B. & Coote, M. P. (1990). *Power, Politics and the Making of the Bible*. Minneapolis, MN: Fortress Press. Fiorenza, E. S. (1989). *In Memory of Her: A Feminist Theological Reconstruction of Christian Origins*. New York: Crossroad. Pagels, E.(1981). *The Gnostic Gospels*. New York: Vintage.

是缺场的——沉默的，需要服务于男性，但从不表征其自身主体性或独特性的背景人物。

再看看当今，德·劳丽蒂斯（T. de Lauretis）在描述话剧《绝望的葛兰西》（*Despite Gramsci*）时提出了同样的观点。该剧于 1975 年夏天"由一个激进的女性主义团体发起[①]……在意大利博洛尼亚（Bologna）附近一个小镇的中世纪城堡广场上演"。[②] 德·劳丽蒂斯的目的——以及该剧的目的——旨在警醒我们，尽管我们有描绘政治革新派葛兰西的生活、监禁和死亡的历史文献，我们深知其出版的主要著作和信件都来自监狱，但是来自他生活中的两个女性，即他的妻子朱莉娅（Giulia）和朱莉娅的姐姐塔蒂阿娜（Tatiana）写的信件并未被视为重要的历史文献。

> 它们是女性的信件，谈论的"只是孩子和果酱"，无聊且无足轻重。很少有关于这些沉默的女性的信息，但事实上，她们与葛兰西以及其相互之间的复杂关系构成了葛兰西作为一个革命家最为强烈的来自个人生活方面的动力。[③]

话剧《绝望的葛兰西》是一种重新书写历史的尝试。通过"挖掘女性缺失的声音，试图检视私人领域与公共领域、爱情与革命、

---

① de Lauretis，T. (1987). *Technologies of Gender: Essays on Theory，Film，and the Fiction*. Bloomington：Indiana University Press，p.85.
② 同上，p.84.
③ 同上，p.86.

个人的/性的/情感的需要与政治斗争之间的关系"。①

迈尔斯、德·劳丽蒂斯、菲奥伦扎(E. S. Fiorenza)和帕格尔斯
(E. Pagels)促使我们关注伍尔芙(V. Woolf)在其开创性著作《一间
自己的房间》(*A Room of One's Own*)中对此所作的生动描述。伍尔
芙如此贴切地描述女性的缺场(absent presence)：她服务于一个重
要人物，因而在场；然而，她从来不能自由发展，因而同时又是缺
场的：

> 这样一来，一种非常奇怪的复合人就出现了。在想象中，
> 她最为重要；而实际上，她完全无足轻重。她自始至终遍布在
> 诗歌之中，却又几乎完全缺席于历史。在虚构作品中，她主宰
> 了国王和征服者的生活；而实际上，只要父母把戒指硬戴在她
> 手上，她就是任意一个男性的奴隶。在文学中，某些最有灵
> 感、某些最为深刻的思想从她的唇间吐出；而在实际生活中，
> 她却几乎不识字，几乎不会拼写，而只是她丈夫的财产。②

作为内隐标准和普遍观点的男性凝视

尽管男性凝视不是莫拉夫斯基(J. G. Morawski)和斯蒂尔(R.

---

① de Lauretis，T. (1987). *Technologies of Gender: Essays on Theory，Film，and the Fiction*. Bloomington：Indiana University Press，pp.86 - 87.
② Woolf，V. (1929 /1989). *A Room of One's Own*. San Diego，CA：Harvest /HBJ，pp.43 - 44.

S. Steele)所创，[1]但这一概念表达了他们观点的核心，将我们引向男性对女性的他者建构的第二个方面。莫拉夫斯基和斯蒂尔对弗洛伊德(S. Freud)的论文《美杜莎的头》(*Medusa's Head*)进行了文本分析(texual analysis)。在这篇论文中，弗洛伊德分析了断头(severed head)的恐惧特质。弗洛伊德使用的"凝视"(gaze)这一术语——他要求我们，即他的读者们，也使用这一术语——是一种使个体为断头者所惊吓的凝视。弗洛伊德指出，恐惧本身来自斩首(decapitation)与阉割(castration)之间内在的连接，反映了小男孩第一次看到女性生殖器时所产生的巨大恐惧。

"他的理论要求我们通过他的男性视角去认知这一事件，认同男性而不是场景中身首异处的女性。"[2]简言之：

> 数个世纪以来的传统使得作者得以控制观念领域，将典型的艺术与电影的幻象混为现实；换言之，我们并没有意识到我们对现象的整体认知来自一种特殊的视角(idiosyncratic perspective)——男性凝视。[3]

尽管凝视是特指男性的，但它被视为普遍的、客观的视角。因此，

---

① Morawski, J. G. & Steele, R. S. (1991). The one or the other? Textual analysis of masculine power and feminist empowerment. *Theory and Psychology*，1，107 - 131.

② 同上，p.110.

③ 同上，p.111.

凝视不仅压制和支配了其他可能性，而且是以一种我们都掌握的方式达成这一点：所有人，无论是男性还是女性，都认定这是"事物应有之方式"（the way things really are）。

莫拉夫斯基和斯蒂尔认为，我们已经学会采纳一种特殊的立场或凝视去认识世界，并且将其视为代表了事物应有之方式。该观点得到许多理论家的回应，如德·劳丽蒂斯对电影中男性凝视的分析，[①]迈尔斯对裸体画中男性凝视的分析，[②]麦金农（C. A. MacKinnon）对法律和自由政体中男性立场的审视。[③] 在这种颇为微妙的方式下，体验世界的其他方式被压制；被视为中立而普遍的男性凝视实际上成为建构所有观察、认知和经验的标准。对我们大多数人来说，这一过程是如此根深蒂固，以至于我们都意识不到我们所采取的立场的特殊性。我们甚至根本不会感受到这只是一种立场而已；对我们来说，不管是男性还是女性，它似乎就是帕特南（H. Putnam）所指的"超然于人的上帝之眼观"（God's-eye view from Nowhere）[④]和麦金农所指的"无任何观念的立场"（point-of viewlessness）。[⑤]

[①] de Lauretis, T. (1987). *Technologies of Gender: Essays on Theory, Film, and the Fiction.* Bloomington: Indiana University Press.

[②] Miles, M. R. (1989). *Carnal Knowing: Female Nakedness and Religious Meaning in the Christian West.* New York: Vintage.

[③] MacKinnon, C. A. (1989). *Toward a Feminist Theory of the State.* Cambridge, MA: Harvard University Press.

[④] Putnam, H. (1990). *Realism with a Human Face.* Cambridge, MA: Harvard University Press.

[⑤] MacKinnon, C. A. (1989). *Toward a Feminist Theory of the State.* Cambridge, MA: Harvard University Press, p.117.

几位女性主义科学批判家提出了同样的观点，且尤其致力于探讨研究问题的选择和研究方法论的客观性在多大程度上反映了男性凝视将自己伪装成普遍的人类凝视（human gaze）。① 例如，在谈到科学研究的认识论模型时，科德（L. Code）质疑这些模型是否将认知者特征与其知识主张相关联。她观察到，我们相信只要采用科学的研究程序，我们发现的知识就独立于提出知识主张的人：从观念上来说，这种知识（与受污染的知识相对应的好知识）是抽象的和非具身化的（disembodied），反映被认知事物（thing-known）的故事，而不是认知者自身独特性的故事。

科德强调 S 的性别，即认知者（除其他因素之外）性别的重要性。事实上，这种认知的非具身化观念在历史上早已与男性世界和男性化有着密切联系：

> 长久以来，S 被默认……为男性……成年的（非年老的），白种人的，有着一定社会地位、财产和公众所接受的成就的，富足的（后指中产阶级）并受过良好教育的男性。在知识理论中，他可以代表所有人。②

---

① 例如，Code，L.（1991）. *What Can She Know? Feminist Theory and the Construction of Knowledge*. Ithaca，NY：Cornell University Press. Harding，S.（1986）. *The Science Question in Feminism*. Ithaca，NY：Cornell University Press.

② Code，L.（1991）. *What Can She Know? Feminist Theory and the Construction of Knowledge*. Ithaca，NY：Cornell University Press，p.8.

因此，［这一观点］并不是"普遍的、中立的和不偏不倚的"，而是被用于满足人类中小部分人的一己私利。①

　　作为一种替代性观点，科德指出，知识不仅应是具身的（embodied）——承认个体性别的重要性——而且应建立在人际的而不是孤立和抽象的观点之上。由此，她进一步主张：如果我们不是以物理学作为所有知识的标准，而是将知识概念建立在我们认知他人的过程中（例如，作为朋友），包括物理学教授在内的我们将能做得更好。这些情境更好地反映了所有知识进程的社会的——或是我主张的"对话的"——基础。科德的主张得到了其他理论家的支持，②我将在第七章进一步阐述她的观点。

　　哈丁（S. Harding）也批判了这种科学图景。她认为，科学中的男性主义凝视（masculinist gaze）已经支配了研究问题的界定以及研究方法论的选择。在这两种情形下，女性的生活和经验均被无形化。弗拉克斯（J. Flax）也对这种男性凝视如何占据统治地位进行了很好的解读："也许，只有当现实表现为被一系列规则约束，被一系列特权的社会关系建构或以同一种故事来叙事，个体或群体才能在一定程度上统治整体。"③换言之，优势的男性凝视不仅

10

---

① Code, L. (1991). *What Can She Know? Feminist Theory and the Construction of Knowledge*. Ithaca, NY: Cornell University Press, p.19.
② 参阅 Harding, S. (1986). *The Science Question in Feminism*. Ithaca, NY: Cornell University Press.
③ Flax, J. (1990). *Thinking Fragment: Psychoanalysis, Feminism, and Postmodernism in the Contemporary West*. Berkeley: University of California Press, p.28.

反映了一个群体的立场，而且本身就是基于该群体在历史上那非同寻常的优势地位的傲慢与自大而产生的。

女性独特的未被听到的声音

优势男性将女性建构为适用的他者的第三个方面涉及这样的规则：只有使用优势群体许可的形式，沉默群体的声音才能被听见。布拉伊多蒂（R. Braidotti）和盖登斯（M. Gatens）依据女性主义的各种形态，将女性主义划分为改良派和激进派：前者强调在男性世界中为女性寻求平等，后者强调差异性，认为女性应该具有反映其独特性的独立声音。①

改良派认为，女性生活在男性世界里，应以男性世界的运作方式获得平等的地位；而激进派认为，为实现被听见的目的，女性变成了男性，丧失了女性自身的独特性。激进派担心，如果女性同意接受其存在（being）的男性主义规则（masculinist terms），女性差异（female difference）就会被抹杀。

如果父权制社会（patriarchical society）是对女性特质（feminine）的压抑，那么关于女性特质的写作/叙事……则是对被压抑之物的回归。但是，对完整女性形态和女性愿望的

---

① Braidotti, R. (1991). *Patterns of Dissonance: A Study of Women in Contemporary Philosophy*. New York: Routledge. Gatens, M. (1991). *Feminism and Philosophy: Perspectives on Difference and Equality*. Cambridge: Polity Press.

描写，又是对压抑女性特质的父权制意识的回归。[①]

这些问题的复杂性使得女性主义内部产生了严重分歧。差异观最具代表性的人物之一——伊利格瑞(L. Irigaray)，同样面临差异观的问题与困境。然而，她是这样阐述这一问题的：

> 期盼着以男性的语言表达女性的愿望是不现实的；自希腊时代起，女性的愿望就毋庸置疑地被西方社会中占统治地位的逻辑淹没。[②]
>
> 想要在话语中清晰地表达我的女性性别是不可能的……我的性别，至少是作为主体的属性，被从确保话语连贯性(discursive coherence)的表达机制中移除……因而，我能够作为性别化的男性(sexualized male)说话……或作为被阉割的男性说话……因此，我所作的所有陈述，如果不是来自一种搁置我的性别的模式……依据现行的规则，我的言说(utterances)将毫无意义。[③]

11　　在这里，伊利格瑞提醒我们：如果那种声音必须以一种与自

---

① Gatens, M. (1991). *Feminism and Philosophy: Perspectives on Difference and Equality*. Cambridge：Polity Press, p.113.

② Irigaray, L. (1977/1985). *This Sex Which Is Not One*. Ithaca, NY：Cornell University Press, p.25.

③ 同上，p.149.

身独特性疏离的语域表达,那么仅仅发出声音是不够的,因为这样做无法反映自身的愿望与兴趣。尽管在事实上,发出声音远比被迫噤声更为可取,但是,如果声音不是她自己的,不能反映她的兴趣、愿望和经验,那么她可能会说话,但也只是进一步巩固优势群体的优势地位而已。

通过以上三个方面,优势男性群体将女性建构为适用的他者。这三个方面也揭示了类似建构的共同主题,如下面我们将要讨论的范例:白人对非裔美国人的他者建构。

非裔美国人作为他者

埃利森(R. Ellison)将其 1952 年出版的著作命名为《无形的男性》(*Invisible Man*),暗示了一种类似的缺场:非裔美国人(African-Americans)已被优势美国白人无形化,只能通过美国白人的视角来认识自己,缺乏积极的自我认同。1992 年莫里森(T. Morrison)对埃利森观点的回应,使我们更深刻理解了美国白人对非裔美国人的他者建构。

莫里森不满于优势白人文学体裁表现出的肤色盲(color-blind)和种族中立(race-neutral),认为它们始终围绕着一个本质的非裔美国人的在场构建叙事。在她看来,要想完全成为一个真正的美国人,必须建构一个适用的非裔在场。简言之,非裔美国人已成为依据优势白人群体所期望的身份认同建构起来的适用的客体。

非洲民族主义（africanism）是一个媒介。借助它，美国人的自我（American self）了解其自身不是受奴役的，而是自由的；不是受排斥的，而是受欢迎的；不是无助的，而是得到授权的和强有力的；不是无历史的，而是有历史的；不是受谴责的，而是无辜的；不是偶然的进化，而是生命的完满。①

在莫里森看来，美国人特征的建构乃通过对非裔美国人的他者建构；而非裔美国人的特征，是由奴隶制、奴役和种族主义创造的，并使其形成了这样一个特质，即允许优势白人群体在他们的世界里充当享有权利的自由与自主的能动者（free and autonomous agents）。她认为，种族主义是美国人特征的重要组成部分，就像帝国主义很早就被嵌入武力侵略的欧洲国家的特征，也如同性别主义是男性认同形成的必要条件：

种族主义在今日就与在启蒙时期一样有益，它似乎具有远超经济和阶层隔离的效用；它将一种隐喻般的生活完全嵌入日常话语，以至于使种族主义比以往更加必要并更多地被演绎。②

莫里森引用美国白人作家，如马克·吐温（Mark Twain）、海

---

① Morrison, T. (1992). *Playing in the Dark: Whiteness and the Literary Imagination*. Cambridge, MA: Harvard University Press, p.52.
② 同上，p.63.

明威（E. Hemingway）和爱伦·坡（E. Allan Poe）的作品来论证她的观点。在我看来，她对海明威的小说《有钱人和没钱人》（*To Have and Have Not*）的分析尤其能佐证她的观点，甚至我的观点。同样，这里我不会赘述故事的情节，只阐述故事的主人公哈里·摩根（Harry Morgan）代表的一种典型美国人特质："一个与限制其自由和个性的政府作斗争的孤独的男人……能干、生存技能强（streetwise）……有男子气概，敢冒险并热衷于冒险。"①

莫里森注意到，海明威不允许故事里有非裔美国人在场。故事中有一个"无名的'黑鬼'"（nameless nigger），其唯一的任务似乎就是为白人的特许渔船弄到鱼饵。"这个非裔美国人或是不说话（作为'黑鬼'，他是沉默的），或是以一种非常合法化和受操控的方式说话（作为一个被称为'韦斯利'的人，他的话语服务于哈里的需要）。"②然而，最为关键的是，该书阐明了非裔美国人在美国白人故事中那至关重要但又颇为扭曲的地位。

摩根驶向水里的船表明他正卖鱼给那些充满抱怨的特许顾客。然而，在摩根忙着招呼顾客的同时，他的另一个白人船员正处于酒精昏迷之中，派不上任何用场。莫里森认为，海明威的困境是如何让受限的和无声的非裔美国人发现鱼的在场而不需要将他从

① Morrison，T.（1992）. *Playing in the Dark: Whiteness and the Literary Imagination*. Cambridge，MA：Harvard University Press，p.70.

② 同上，p.71.

白人的纯粹的道具转化为具有主体性和独立存在的人。海明威以一种在莫里森看来颇为扭曲的方式解决了这一困境：船长说他刚刚看到"黑鬼"发现了鱼：

> "看到他已经看到"（saw he had seen）在句法、语义和时态上是不可能的，但是，正如海明威面临的其他选择，规避一个说话的非裔美国人是有风险的。①
>
> 哈里拥有凝视的能量；非裔美国人只有消极无力感，尽管他自己并没有表达出来。②

在考察为什么海明威会作这样的选择而不是从一开始就赋予非裔美国人与性别化的人类一样的真正的人格时，莫里森在她的论文中再次谈到这一问题：如果非裔美国人被赋予其自身真正的存在，那么主人公哈里·摩根会被戏剧性地改变。

13
> 哈里将会被以非常不同的方式界定。他将被迫与无助的酒鬼、卑劣的顾客，以及与有着……独立生活的个性化的船员相提并论。哈里将失去与表明其男性在场的并置和联想（juxtaposition and association），这对其男子气概、能力和内

---

① Morrison, T. (1992). *Playing in the Dark: Whiteness and the Literary Imagination*. Cambridge, MA: Harvard University Press, p.72.

② 同上，p.73.

隐的暴力都是一种潜在的威胁……最后,他将失去与被视作
受束缚的、固执的、不自由的、适用的人物的互补性。①

我们已经看到,同样的主题出现在以上两个范例中:作为他
者的女性和作为他者的非裔美国人。他者是一个被建构以适用于
历史上处于主导地位的白人男性群体的角色。为了提供这种服
务,他者不被允许发出自己的声音,没有自己的独立地位,无法作
为自我而存在;他者必须保持沉默或者仅以优势话语特许的方式
说话。

我们认知、体验和理解世界的立场,同样是优势群体的立场。
在这两个范例中,他者是一种必要的在场:没有他者,优势群体不
能成为其所声称的那样。然而,在这两个范例中,他者又必须是优
势群体赞美自我独白的重要组成部分。优势群体不允许发生真正
的对话,以规避他者以他们自己的术语表达其自身的观点,否则,
整个西方文明的图景将会坍塌(collapse)。

我的目的在于促进这种坍塌——或者,正如伊利格瑞所主张
的,②参与破坏西方文化机制和挑战西方文化赖以建立和发挥作
用的统治技术。布拉伊多蒂指出,③一旦优势群体的霸权地位受

---

① Morrison, T. (1992). *Playing in the Dark: Whiteness and the Literary Imagination*. Cambridge, MA: Harvard University Press, p.73.

② 参阅 Whitford, M. (ed.)(1991). *The Irigaray Reader*. Oxford: Basil Blackwell.

③ Braidotti, R. (1991). *Patterns of Dissonance: A Study of Women in Contemporary Philosophy*. New York: Routledge.

到挑战，我们这个时代的危机感就只是对这一群体而言的；对那些已经长久被噤声的群体来说，充满挑战和希望的时代已经到来。

赞美他者：对话主义的挑战

从库恩(T. Kuhn)的开创性著述开始，我们已经习惯于反思支配科学研究和文化理解的范式，并思考具有变革特征的范式所带来的变化。然而，我并不赞同库恩所说的范式革命适用于从独白主义到对话主义的变革。独白主义支撑着一个长达数世纪的、少数人统治多数人的权力与特权系统，它不可能轻易地屈服于另一种解释框架。然而，有关这种变革的征兆确实看起来越来越清晰，因而致使权力阶层深感危机。

14　　　后现代时代已经见证了许多对西方自由主义和源于启蒙时代的理论框架的挑战，这些挑战已经动摇了哲学、文学批评，以及包括心理学在内的人类科学的根基。① 后现代批判颠覆了我们对自我、认同和主体性的理解。此外，我相信更为重要的是，后现代时代已经见证各种社会运动的蓬勃兴起：它们代表着缄默群体的利

---

① 后现代运动与后现代批判中产生了大批研究者，但是任何后现代理论家的名单中都应该包括德里达、福柯和利奥塔(J. F. Lyotard)。请参阅 Derrida, J. (1974). *Of Grammatology*. Baltimore, MD：John Hopkins University Press. Derrida, J. (1978). *Writing and Difference*. Chicago：University of Chicago Press. Derrida, J. (1981). *Dissemination*. Chicago：University of Chicago Press. Foucault, M. (1979). *Discipline and Punish: The Birth of the Prison*. New York：Random House. Foucault, M. (1980). *The History of Sexuality. Vol. I: An Introduction*. New York：Random House. Lyotard, J. F. (1979 /1984). *The Postmodern Condition: A Report on Knowledge*. Minneapolis：University of Minnesota Press.

益,试图在日常生活中发出自己的声音,并界定其声音的意义。

女权运动是领导这一变革的主要力量之一,其他代表有色人种、不同性取向、不同生活方式和经验(如老年人、残疾人等)、关注生态和环境问题的人们的社会运动,以及广泛的民族运动均参与其中。尽管其中一些运动遭遇了抵制,尽管我也同意历史进程有其必然性,但我仍坚信这些运动业已产生的力量不可能被轻易地平息。① 然而,在各个领域中——甚至包括历史悠久的军事战场本身在内,各方为争取权力和优势地位的斗争仍在持续。

在用独白和对话的形式来描述这个问题时,我承认,我是在把这些社会运动以及更多的学术运动中涉及的许多复杂甚至不同的主题归结为一个核心而抽象的概念。例如,女权运动并不是只有单一目标的运动,它反映了女权运动本身的多元性,有改良派和激进派、美国女性主义者和欧洲女性主义者、有色女性主义者和优势白人女性主义者,等等。反之,同一运动多元化形式中的任何一种声音也不同于诸如你所看到的为有着不同性取向的人而倡导的一种声音。然而,在对西方文明中长期占主导地位的独白主义和赞美自我观的共同挑战中,这些多元化运动确实又有着对他者性本质的共同关注;而且,在事实上,它们都是通过对话主义来赞美他者性的。

---

① 参阅法鲁迪(S. Faludi)关于女性主义的反挫(backlash)的著述。Faludi, S. (1991). *Backlash: The Undeclared War against American Women*. New York: Crown.

到目前为止，对话主义挑战的主题已成型，不过本书后面的章节还会涉及其他方面的探讨。如果当今西方世界故事是依据优势群体——尤其是受过良好教育的白人男性——持有的赞美自我的独白观书写的，那么有着两个独立的说话者和行为主体参与的真正的对话不可能发生，除非将他者从优势群体的束缚下解放出来，并让他们发出自己的声音。这种声音不是我们听到的习以为常的声音，也不是由优势群体自身的对话观建构的声音。

盖登斯提出，对话主义的挑战——至少对女性来说——是响亮而清晰的，并与其他社会和学术运动有着密切联系：

> 两种在场的性别——而不是一种性别（男性）和它的缺场（女性）——才可能发生真正的性行为。没有这两者在场，两种性别之间的性行为只可能导致强奸。①

盖登斯的这一思想与对话主义理论家巴赫金（M. M. Bakhtin）倡导的观点是一致的：真正的对话需要两个独立的在场；每一个在场均有其自身的立场，能够表达其自身的独特性。因此，我们所指的赞美他者，其实就是呼唤这样一种对话，而不是长久支配我们的理论与实践的赞美自我的独白。

在各种现代社会运动中产生的对话主义挑战也是作为人

---

① Gatens, M. (1991). *Feminism and Philosophy: Perspectives on Difference and Equality*. Cambridge: Polity Press, p.116.

类科学的一种强大的反对势力诞生的。米德(G. H. Mead)后期被称为"符号互动论"的观点、维特根斯坦(L. Wittgenstein)的后期研究,以及加芬克尔(H. Garfinkel)对民族方法学(ethnomethodology)的开创性研究,都标志着这些先驱者的研究更趋向于人类经验的对话观。大洋两岸的社会心理学家对学科目前的发展方向已不抱幻想,而是重新调整他们自身的理论研究,以构建更立足于对话基础的理论(dialogic-based theories)。这里包括比利希(M. Billig)、爱德华兹(D. Edwards)、K. J. 格根(K. J. Gergen)、哈雷(R. Harré)、波特(J. Potter)和韦瑟雷尔(M. Wetherell)、肖特(J. Shotter)等的研究,还有许多其他涉及话语与叙事分析理论的研究。① 我会关注上述每一种对话理论,但我将重点介绍俄罗斯的巴赫金和他的合作者,以及一些激进女性主义理论家的贡献。

　　几乎以上所有欧美理论家都表达了对独白观的不满,因而转向一种更为对话性的理解框架。然而,推动我们这个时代的社会运动的,也是我的理论内核的权力维度,却经常被忽略或根本不出

---

① 除了上述列出的理论家,还有许多欧美话语理论家,尤其应该包括布鲁纳、K. J. 格根和 M. M. 格根,以及沙宾(T. R. Sarbin)。请参阅 Bruner, J. (1986). *Actual Minds*, *Possible Worlds*. Cambridge, MA: Harvard University Press. Bruner, J. (1987). Lifs as narrative. *Social Research*, *54*, 11 - 32. Bruner J. (1990). *Acts of Meaning*. Cambridge, MA: Harvard University Press. Gergen, K. J. & Gergen, M. M. (1988).Narrative and the self as relationship. In L. Berkowitz (ed.), *Advances in Experimental Social Psychology*, Vol. 21. San Diego, CA: Academic Press. Sarbin, T. R. (1986). *Narrative Psychology: The Storied Nature of Human Conduct*. New York: Praeger.

现——至少在非女性主义学术理论中是这样，但也有一些值得我们关注的例外情况。①

赞美他者不只是在理论模型中找到她或他的位置，也不只是简单分析对话和谈话在人类行为中的作用；赞美他者也是为了证明，对话主义转向作为一场真正的革命，促进了标志着西方文明的权力与优势关系的变革。这种赞美有着特别广泛的应用，远超其学术影响。

我们可以抽象地谈论对话主义的赞美他者观，甚至可以根据话语分析来描述它的过程，然而，也许我们中没有人能够真正彻底地弄清这些被噤声的他者一旦发声会说出什么，也没有人能够理解基于适用的且无独立话语或行为的他者所建立起来的文明意味着什么。

---

① 除了大多数女性主义理论家将权力（男性权力）视为中心，一些社会心理学家，如比利希、K. J. 格根、卢克斯（S. Lukes）、斯塔姆（H. Stam）等，同样强调权力的重要性。请参阅 Billig, M. (1982). *Ideology and Social Psychology*. Oxford: Basil Blackwell. Billig, M. (1990a). Collective memory, ideology and the British Royal Family. In D. Middleton & D. Edwards (eds.), *Collective Remembering*. London: Sage. Billig, M. (1990b). Rhetoric of social psychology. In I. Park & J. Shotter (eds.), *Deconstructing Social Psychology*. London: Routledge. Billig, M., Condor, S., Edwards, D., Gane, M., Middleton, D., & Radley, A. R. (1988). *Ideological Dilemmas*. London: Sage. Gergen, K. J. & Semin, G. R. (1990). Everyday understanding in science and daily life. In G. R. Semin & K. J. Gerger (eds.), *Everyday Understanding: Social and Scientific Implications*. London: Sage. Lukes, S. (ed.) (1986). *Power*. New York: New York University Press. Stam, H. (1987). The psychology of control: A textual critique. In H. J. Stam, T. B. Rogers, & K. J. Gergen (eds.), *The Analysis of Psychological Theory: Metapsychological Perspectives*. New York: Hemisphere.

概念困境

　　优势的(正如我在第一章提出的)、主流的人性研究传统致力于在自我、心理与人格特征中探询人的本质,认为人的本质存在于我称之为"自我包含个体"(self-contained individual),[1]以及卡里瑟斯(M. Carrithers)所指的我(moi)的内部。[2] "我"(moi)这一术语,源于莫斯(M. Mauss)的经典分析,指的是构成"社会有机体"的、深层次的、神秘的但能被认知的心理生理实体(psychophysical entity)。[3] 我们"视我们自身为有边界的人,正如我们所见到的身体,我们的人格也是彼此有别的"。[4]

---

　　[1]　Sampson, E. E. (1977). Psychology and the American ideal. *Journal of Personality and Social Psychology*, 35, 767 - 782.

　　[2]　Carrithers, M. (1985). An alternative social history of the self. In M. Carrithers, S. Collins, & S. Lukes (eds.), *The Category of the Person: Anthropology*, *Philosophy*, *History*. Cambridge: Cambridge University Press.

　　[3]　Mauss, M. (1938 /1985). A category of the human mind: The notion of person; the notion of self. In M. Carrithers, S. Collins, & S. Lukes (eds.), *The Category of the Person: Anthropology*, *Philosophy*, *History*. Cambridge: Cambridge University Press, p.242.

　　[4]　Morris, C. (1972). *The Discovery of the Individual 1050 - 1200*. London: Camelot Press, p.1.

　　传统理论告诉我们，任何个体都像一个旨在防止"内在本质"（inner essence）泄漏的小容器。我们相信，为了成为一个合适的容器，每个个体必须成为连贯的、整合的、单个的实体，其清晰的边界规定了其区别于与其他相似的有界实体的界限。

　　传统理论告诉我们，这种我（moi）正是我们要掌握人性的本质所必须深入研究的对象。①

　　传统理论告诉我们，这种自我包含的个体本质上是独白的，也就是"一种密闭的、自给自足的整体，其元素构成了一个除它们自身之外没有其他言说的封闭系统"。②

　　传统理论告诉我们，我们永远不可能真正理解人的本性，除非我们先将它们从与他者现行的关系中分离出来，然后就像研究怀特海（A. N. Whitehead）博物馆密封玻璃瓶中的物体那样研究它

----

　　① 卡里瑟斯批判性审视莫斯关于个体研究的经典论文，提出两种不同的个体意识：无我（personne）和我（moi）。前者描述的个体是作为一个公民，即一个有秩序集体的成员；后者指的是自我包含的个体感，用以描述独白和自我赞美观。韦瑟雷尔和波特将后者视作"诚实的心灵或特质模式"（honest soul or trait model），以区别于多样化且碎片化的角色模式。在我看来，甚至连角色模式都坚信存在一个超越我们所扮演的所有角色的基本角色认同；在更为重要的意义上，这种信仰成为自我包含理想。参见P54脚注①。参阅 Carrithers, M. (1985). An alternative social history of the self. In M. Carrithers, S. Collins, & S. Lukes (eds.), *The Category of the Person: Anthropology, Philosophy, History*. Cambridge：Cambridge University Press. Mauss, M. (1938/1985). A category of the human mind: The notion of person; the notion of self. In M. Carrithers, S. Collins, & S. Lukes (eds.), *The Category of the Person: Anthropology, Philosophy, History*. Cambridge：Cambridge University Press. Wetherell, M. & Potter, J. (1989). Narrative characters and accounting for violence. In J. Shotter & K. J. Gergen (eds.), *Texts of Identity*. London：Sage.

　　② Bakhtin, M. M. (1981). *The Dialogic Imagination*. Austin：University of Texas Press, p.273.

们,展示其自身纯粹与本质的形式。[①] 我们也被告知,一旦我们以这种独白观理解本质的人性——通过切断人们与现行生活和与他者的联系——我们就能更深层次地重新认识"他者",并基于我们发现的本质的个体特征来分析社会生活是如何被呈现的。[②]

18

这一理论继续驱动着西方文化以及对人的理解,并与男性的理想化概念密切相关。

独白主义的困境

主流传统的研究者如此执着探寻存在于个体内部的本质特征,以致自身陷入两个方面的概念困境,尽管他们从不承认任何一个方面问题的存在。这两个困境一是研究者没有关注他们自身的活动,二是研究者没有密切关注其研究对象的活动。

---

① Whitehead, A. N. (1938). *Modes of Thought*. New York: Free Press, p. 90.

② 显然,我描述的是人的自由个体主义理论(liberal individualist theory of the person)。该理论认为,个体要想成为权威的能动者(sovereign agent),必须彻底疏离可能约束和限定其制定自己生活规则能力的任何人或任何事。请参阅 Cahoone, L. E. (1988). *The Delimma of Modernity: Philosophy, Culture, and Anti-culture*. Albany: State University of New York Press. MacIntyre, A. (1984). *After Virtue*. Notre Dame, IN: University of Notre Dame Press. MacIntyre, A. (1988). *Whose Justice? Which Rationality?* Notre Dame, IN: University of Notre Dame Press. Sampson, E. E. (1989). The challenge of social change for psychology: Globalization and psychology's theory of the person. *American Psychologist*, 44, 914-921. Sandel, M. J. (1982). *Liberalism and the Limit of Justice*. Cambridge: Cambridge University Press. 同样显而易见的是——至少在盖登斯看来——我描述的是一个理想化的男性(idealized male):"性别中立的人绝对是男性……[他]被建构为自我包含的、其人格与禀赋的拥有者,一个与其他男性共享政治经济权力的自由竞争者……女性被建构成易于失调与情绪化的、经济上与政治上依赖于男性的人……自身毫无价值。"请参阅 Gatens, M. (1991). *Feminism and Philosophy: Perspectives on Difference and Equality*. Cambridge: Polity Press, p.5. 同时参阅第九章的讨论。

执行对话

当本质主义者提出人性独白观时，他们自身的研究其实已陷入冗长的对话之中，因而产生了一种不合逻辑的概念困境：他们用一种理论解释自身本性的同时，用另一种不同的理论来解释研究对象的本性。

以人类理性（human rationality）研究为例。[①] 典型研究报告的导言常常是这样开头的："人们往往认为人是理性的，然而本文的观点认为，人们的判断与决策过程本质上是非理性的。"接着，研究报告的撰写就忽略了以上的理解，试图在自我包含的个体内部而不是在其研究实践所基于的对话特性中寻求答案。这种建立在系统地忽略理论假设与合理性论证所具有的对话特性基础上的对人性的解释难道不是自相矛盾的吗？尽管在收集、报告、论证和解释研究结果的过程中一直执行着

---

① 这不是虚构的事例，而是基于许多学者提出的"理性"理论之间的比较。例如，罗斯（L. Ross）、特韦尔斯基（A. Tversky）、卡尼曼（D. Kahneman）和拉里克（B. P. Larrick）强调人类判断的非理性方面；丰德（D. C. Funder）强调人是理性的判断者；泰勒（S. E. Taylor）和格林沃尔德认为人虽不理性但也拥有一些有价值的幻想（illusions）。有关非理性观点，请参阅 Ross, L. (1977). The intuitive psychologist and his "shortcomings": Distortions in the attribution process. In L. Berkowitz (ed.), *Advances in Experimental Social Psychology*, Vol. 10. New York: Academic press. Tversky, A. & Kahneman, D. (1974). Judgment under uncertainty: Heuristics and biases. *Science*, 185, 1124 - 1131. Larrick, B. P., Morgan, J. N., & Nisbett, R. E. (1990). Teaching the use of cost-benefit reasoning in everyday life. *Psychological Science*, 1, 362 - 370。有关理性观点，请参阅 Funder, D. C. (1987). Errors and mistakes: Evaluating the accuracy of social judgment. *Psychological Bulletin*, 101, 75 - 90。有关人虽不理性但也拥有一些有价值的幻想的观点，请参阅 Taylor, S. E. (1989). *Positive Illusions*. New York: Basic Books. Greenwald, A. G. (1980). The totalitarian ego: Fabrication and revision of personal history. *American Psychologist*, 35, 603 - 618.

（doing）对话，但是主流研究取向还是坚持独白主义的理论框架！[①]

帕特南在描述物理学面临的这一困境时，[②]谈到系统与观察者之间的分割（cut）。这种分割指的是未能将所研究的系统特征与从事研究的研究者分离开来。这种分割或分离（separation）使得用于解释科学家自身行为的理论有别于适用于研究对象的理论。用帕特南的术语来说，科学家寻求一种"超然于人的上帝之眼观"，即一种排除了观察者影响的纯粹的视角（pure seeing）。

对话驱动着研究者，但研究者在追寻其研究对象内在的，即非对话的本质时，忽视了其生活的这一特征，使我们以及其他人文科学研究者都面临着同样的困境。例如，肖特[③]和爱德华兹[④]将这一观点应用于认知科学，指出对心理学家来说，通过系统排除研究者自身的心理活动以及诞生这些心理活动的社会世界的影响而建立

19

---

① 关于对话在科学中的作用的研究可参阅 Gilbert, G. N. & Mulkay, M. J. (1984). *Opening Pandora's Box: A Sociological Analysis of Scientists' Discourse.* Cambridge：Cambridge University Press. Mulkay, M. J. (1979). *Science and the Sociology of Knowledge.* London：Allen & Unwin. Woolgar, S. (ed.) (1988). *Knowledge and Reflexivity: New Frontiers in the Sociology of Knowledge.* London：Sage. 相关研究请进一步参阅 Gergen, K. J. & Semin, G. R. (1990). Everyday understanding in science and daily life. In G. R. Semin & K. J. Gergen (eds.), *Everyday Understanding: Social and Scientific Implications.* London：Sage.

② Putnam, H. (1990). *Realism with a Human Face.* Cambridge, MA：Harvard University Press.

③ Shotter, J. (1991). Rhetoric and social construction of cognitivism. *Theory and Psychology*, 1, 495-513.

④ Edwards, D. (1991). Categories are for talking：On the cognitive and discursive bases of categorization. *Theory and Psychology*, 1, 515-542.

起来的理论，不可能用于探讨其他人的心理活动。

同样，越来越多的心理学家以及其他有志于科学研究实践的学者——例如，话语分析的倡导者吉尔伯特(G. N. Gilbert)、马尔基(M. J. Mulkay)①以及波特等人②——均揭示了科学实践本身固有的对话和社会基础，这进一步证明那些试图坚持帕特南所说的"分割"的研究的不合理性。费边(J. Fabian)对人类学研究提出了类似的批评，我将在后面的章节中讨论其观点。③

简言之，独白主义易陷入帕特南所描述的困境：研究者在排除他们自身行为影响的基础上发展关于人类行为的理论，因而导致了其理论的内在矛盾性。

潜在的对话伙伴

独白观的倡导者不仅忽略了其自身的活动，而且忽略了研究对象的对话本质(dialogic nature)，从而将我们引向了一条错误的认知人性之路。当我们需要关注个体之间的联系(between individurals)时，他们却引导我们聚焦于个体内部(within the individual)。这种研究视角的失败(failure of vision)也有效地掩盖了自我与他者的社会建构所涉及的权力维度，从而使独白主义

---

① Gilbert, G. N. & Mulkay, M. J. (1984). *Opening Pandora's Box: A Sociological Analysis of Scientists' Discourse*. Cambridge: Cambridge University Press.

② Potter, J., Stringer, P., & Wetherell, M. (1984). *Social Texts and Contexts: Literature and Psychology*. London: Routledge & Kegan Paul.

③ Fabian, J. (1983). *Time and the Other: How Anthropology Makes Its Object*. New York: Columbia University Press.

得以维持现有的权力关系。

例如,大多数独白观完全忽略优势群体对适用的他者的建构过程。这不仅使我们倾向于从自我与他者内部探求其拥有的特质,而且也忽视了使这些特质得以呈现的建构过程。我们忽略了优势群体创造适用的他者的方式,而适用的他者的创造同时赋予了自我与他者用以界定其人性的特质。

第一章引用的两个范例"作为他者的女性"和"作为他者的非裔美国人"很好地揭示了这一机制。例如,研究者一旦发现研究被试表现出男子气概和果断的特质,就会将其归因为男性的本质;他们忽略的是那些所谓的本质的男性特质的对话主义建构。

莫里森提醒我们(参阅第一章),船长哈里·摩根的男性气质的建构源于非裔美国人沉默的在场。同样,女性主义者也提醒我们,男子气与自信的男性(被动的女性)是基于数个世纪以来女性被建构成适用的他者。然而,所有这一切正是那些致力于在个体内部探寻人性本质的主流的、独白观的提倡者所忽略的。

因此,独白主义不仅会导致帕特南、肖特、爱德华兹、波特等人提出的概念上的矛盾性,而且更可能受到"潜在的对话伙伴"(hidden dialogic partners)努力获得他们自己的声音的影响,从而有可能使整个独白主义走向终结。

对话主义的困境

然而,对话主义取向也未能侥幸摆脱它们自身的概念困境。

20

对话主义观点的核心在于强调人们的生活以他们的日常活动中所进行着的交谈和对话为特征，因此，人性最重要的并不是个体内部包含了什么，而是个体之间发生了什么。

例如，儿童成长于一个对话的世界——一些对话是直接指向他们的，另外一些则是关于他们的对话。儿童的自我认知来自其聆听父母、朋友以及他人对其故事的叙述。正如布鲁纳（J. Bruner）指出，[1]我们很快就了解到我们做什么并不重要，重要的是我们如何向他人描绘我们所做的。[2]

我们的社会化是在指向我们和关于我们的对话中并通过这种对话实现的，而且，在这一过程中，我们还学会了参与对话的技巧，尤其是学会如何利用对话来向他人和我们自身解读（account）我们自己。[3]例如，我们知道撒谎本身并无意义，直到我们学会赋予其意义的谈话方式："我这样做是为了不让西比尔（Sybil）感到沮丧。""我这样做是因为我承诺不把秘密告诉任何人，与愚蠢的诚实相比，

---

[1]　Bruner, J. (1987). Lifs as narrative. *Social Research*, *54*, 11 - 32. Bruner J. (1990). *Acts of Meaning*. Cambridge, MA: Harvard University Press.

[2]　请参阅其他叙事理论家的著作：Gergen, K. J. & Gergen, M. M. (1988). Narrative and the self as relationship. In L. Berkowitz (ed.), *Advances in Experimental Social Psychology*, Vol. 21. San Diego, CA: Academic Press. Harvey, J. H., Weber, A. L., & Orbuch, T. L. (1990). *Inter-personal Accounts: A Social Psychological Perspective*. Cambridge, MA: Basil Blackwell. Howard, G. S. (1991). Cultural tales: A narrative approach to thinking, cross-cultural psychology, and psychotherapy. *American Psychologist*, *46*, 187 - 197. Sarbin, T. R. (1986). *Narrative Psychology: The Storied Nature of Human Conduct*. New York: Praeger.

[3]　韦瑟雷尔和波特针对借口（excuse）的话语分析为这一观点提供了有力证明。请参阅 Wetherell, M. & Potter, J. (1989). Narrative characters and accounting for violence. In J. Shotter & K. J. Gergen (eds.), *Texts of Identity*. London: Sage.

我更看重忠诚。"我们了解到殴打约翰尼（Johnny）本身并不重要，重要的是我们如何向他人讲述这一故事（如"他先打我的！"）。

简言之，人性最根本的就是它的对话特质。它涉及发生在人们之间的过程，而不是发生在单一个体内部的事件。因此，无论人性的本质是什么，它必然存在于人们之间的社会对话、交流、谈话、争论等过程之中，不可能存在于被抽离出互动过程的个体内部。关注对话就是为了摒弃长期在人性、知识和理解中占据统治地位的赞美自我的独白主义观点。

困境之一：无本质的差异

对话主义令我们陷入了一个最根本的概念困境。一方面，在我看来，不仅我们称之为"人性"的本质是在与他者的对话中并通过与他者的对话建构的，而且，与独白观相对立的、真正的对话，需要两个拥有其自身完整独特性或立场的、独立的个体；另一方面，如果不承认独白主义所主张的、对话主义所试图解构的本质主义观点（essentialist doctrine），我们又如何能拥有两个独特且独立的个体呢？

换言之，我们又如何能够在主张人性关系观（relational view of human nature）的同时，强调个体的独特性？这一困境在激进女性主义理论中表现得尤为明显。激进女性主义在强调女性区别于男性的独特特征的同时，又主张所有人性都是社会地（对话地）建构的。

社会建构（即关系的／对话的）观认为，人性没有内在的、自我

21

包含的本质，所有人类经验都要受到语言、文化及所处时代的制约。再以女性主义观点为例，身体（body）在女性主义理论中处于核心地位。但是，它是自然之躯和生物学意义的事实吗？还是文化意义的身体，即身体是否受到文化符号系统（cultural sign systems）的制约呢？

每一个进入对话的对话伙伴所带来的独特性都是一个带着社会印记的身体；它并不是未被影响过的或所谓的自然之躯。在他者被建构成适用于社会优势群体的客体的前提下，这意味着我们正在与已经被优势群体做过记号（marked）的身体对话。那么，这是我们希望看见的在对话中发挥作用的身体的独特性吗？或者，我们是否需要一个完全不同的身体？如果是后者，这在对话主义理论中又意味着什么？

许多女性主义者都会赞同艾森斯坦（Z. R. Eisenstein）的观点：

> 我的观点不是说身体——作为生物学的"事实"——决定它自身外在于父权制社会的话语或关系的意义。就本质而论，不存在"外在的"或生物学的"事实"……作为"事实"的身体和作为"解释"（interpretation）的身体都是真实的，即使我们无法清晰地区分它从哪里开始又在哪里结束。①

① Eisenstein, Z. R. (1988). *The Female Body and the Law*. Berkeley: University of California Press, p.80.

基于伊利格瑞和西克苏对女性独特性（female specificity）的具身化本质（embodied nature）的强调，盖登斯比较了弗洛伊德的生殖器隐喻（phallic metaphor）和伊利格瑞的两片唇隐喻（metaphor of two-lips），并提出了自己的观点：

> 弗洛伊德视女性的性为"被阉割的、缺失的"的形态学描述，并不比伊利格瑞将女性的性描述为"由……两片唇构成"的观点更得到生物学的认可。差异在于，弗洛伊德将女性形态描绘为被视为完满的、阳物崇拜的男性形态的对立面，而伊利格瑞将女性形态视为完美的、毫无缺失的。很显然，这两种描述是"有偏见的"（biased）或政治的，但是法国女性主义者认为任何话语都不可能是客观中立的或免受政治因素影响的。①

以上两个段落均阐明了对话主义理论的困境。我们面对的是两个被社会建构过的个体，其差异也是社会建构的，而且不存在独立于文化话语影响之外的意义。弗洛伊德对阴茎的关注和伊利格瑞对两片唇的关注，其不同点在于，它们已经被社会建构为关键的差异。只有这两者在西方话语中是平等的，我们才有可能在这两种不同的被建构的在场之间进行一场真正的对话。然而，目前，我

---

① Gatens，M.（1991）. *Feminism and Philosophy: Perspectives on Difference and Equality*. Cambridge：Polity Press，p.115.

们只有一种独白观，它对在场的界定是单方面的，另一方成为一个非男性(not-male)，而不是一个平权的女性(affirmative female)。

在这个问题上，许多激进女性主义者要求我们保持紧张的状态——或者，用布拉伊多蒂的术语来说，"失调"(dissonance)①的状态。这种紧张或失调往往被作为一种自我意识的政治策略，至少在短期内是必要的，也许长远来说也是必要的。

一方面，否认女性具身的特殊性要冒着在优势男性话语中永远失去女性声音的风险；另一方面，强调女性具身的特殊性也要冒着回到关于男性与女性的本质主义传统定型的风险。既然紧张与失调不是基于对抽象的哲学上的矛盾性的忧虑(如在强调独特性的同时否认本质主义)，而是基于对女性命运的实践和政治的关注，那么就会呼吁要保持这种失调与紧张状态。

23　　对那些需要解决困境、消除紧张并将失调状态转变成调和状态的人来说，这一取向似乎令人不满。然而，我深信，某种程度的紧张是必要的，即便它对那些希望彻底解决这一问题的人来说仍是一个困境。

困境之二：相对主义的泥沼

第二种困境是基于对话主义的相对主义(relativism)。这种相对主义尤其体现在盖登斯的那段引文中。② 她似乎缺乏在

---

① Braidotti, R. (1991). *Patterns of Dissonance: A Study of Women in Contemporary Philosophy*. New York: Routledge.

② Gatens, M. (1991). *Feminism and Philosophy: Perspectives on Difference and Equality*. New York: Polity Press.

弗洛伊德与伊利格瑞之间作出选择的基础，因为他们都未能提供关于人类的性的中立性描述，而只是提出了一种政治上有偏见的观点。在引自艾森斯坦的那段引文中，[①]相对主义也很明显。对他来说，不存在话语之外的外在（outside），这使我们深陷内在（inside），缺乏在好的或坏的话语之间作出选择的基础。

相对主义的常见问题在于，它们在允许所有事情拥有平等地位的同时，似乎又缺乏在对立范式中进行选择的标准。摆脱这种相对主义陷阱的常用方法就是转向允许我们在好的或坏的思想、宣言或关于现实的观念等之间作出选择的外部基础。这种允许理性地作出选择的标准则是现实（reality）本身。

例如，如果世界（现实）由一系列适用于任何时空和任何人的规则操纵，因而不受人们的需要、愿望和文化偏好的影响，那么一个好的或正确的理论就是与这个现实相一致的理论。换言之，正是现实本身允许我们转向话语之外的领域，在现实的好与不好的表征之间作出选择。在这种情形下，我们使用的标准就是将观念与现实进行比较，并选择能最好地反映现实的那些观念。

在这里，我既不想列举对这一基本观点的批判，也不想列举那些试图找到某些方式使它得以延续的研究，这些与我目前

---

① Eisenstein, Z. R. (1988). *The Female Body and the Law*. Berkeley: University of California Press.

的研究无关。① 我想要表达的是，现实和现实表征的正确性，似乎是唯一（the only）能为我们所用的判断与选择的标准，但事实上，它只是判断特定观念或概念价值的一个标准而已。很显然，这一已被视为唯一正确的标准，在哲学与科学领域反映的是优势男性的利益，因而它体现的恰恰是一种相对主义的观点。②

24　　通过主张独立于信仰的现实（belief-independent reality）以避免相对主义的泥沼（relativistic morass），其目的在于与允许人们主宰、控制和统治自然的传统男性主义观点分道扬镳。然而，如果我们的目的并非在技术层面，而是更多地集中在道德/精神领域，用以为所有人谋求福利，那么，观念与现实的匹配或许是我们最不需要关注的事情。

　　就此而论，对话主义确实为我们提供了一种选择的标准。换言之，没有所有事件的参与，就没有每件事被平等地对待。尽管这种标准不是存在于话语、对话或交流的外部，但它确实为我们提供了一种方式以评估现存的话语生成理论（discourse-generated

---

① 参阅 Arbib，M. A. & Hesse，M. B. (1986). *The Construction of Reality*. Cambridge：Cambridge University Press. Bernstein，B. (1983). *Beyond Objectivism and Relativism: Science，Hermeneutics and Praxis*. Philadelphia：University of Pennsylvania Press. Putnam，H. (1990). *Realism with a Human Face*. Cambridge，MA：Harvard University Press. Rorty，R. (1979). *Philosophy and the Mirror of Nature*. Princeton，NJ：Princeton University Press. Rorty，R. (1989). *Contingency，Irony and Solidarity*. Cambridge：Cambridge University Press.

② 参阅 Code，L. (1991). *What Can She Know? Feminist Theory and the Construction of Knowledge*. Ithaca，NY：Cornell University Press. Harding，S. (1986). *The Science Question in Feminism*. Ithaca，NY：Cornell University Press.

formulation)的价值。这种标准使我们从对观念或心理与现实匹配的关注,转向一种道德判断(moral judgment):这种理论是否允许所有群体共同参与以决定他们存在的地位?或是否其中一方支配着这个过程?这种标准涉及对自我与他者建构中被扭曲程度的评估,因而显而易见是一个足以使艾森斯坦、盖登斯、莫里森以及其他持类似观点的理论家抛弃父权的和白人的独白观而代之以对话观的标准。

为了理解我们所处的立场,以及我主张尽管对话主义存在于话语领域,但它并不必然地陷入相对主义的泥沼的原因,我想再次重申对话主义观点。我的观点如下:

1. 人性是在对话、交谈和谈话之中,并通过对话、交谈和谈话被社会地建构,因而存在于人们之间和之中的关系,而不是存在于个体内部。

2. 无论何时,当一个群体在对话中发挥主要作用,并决定其对话伙伴的特质以及生活机会时,人性的社会建构就会被歪曲,从而使对话转变为独白。

3. 只有当参与对话的群体在自我和他者的建构中拥有平等的权力时,人性的社会建构才不会被歪曲。

4. 人性的对话建构将不会揭示任何一个群体的本质,而是展示新兴的、变动的和开放的人性的可能性。这些可能性不可能被提前认知或在对话外被认知,只能作为进行中的对话本身的一种属性而产生。

根据以上观点，对女性主义而言，盖登斯所指的弗洛伊德的建构不是一种中立的理论；对非洲民族主义者来说，白种—欧洲—美国人的建构也不是一种中立的理论。在这两种情形下，前者通过控制后者被认知与生活的规则来歪曲事实，提供一种明显劣等的解释。更为重要的是，由于任何独白主义的范式都是赞美自我并建构适用的他者，因而都必然是劣等的而不是中立的理论。

同样，正如许多对话主义理论家赞同的，女性主义者或非洲民族主义者的独白也不是中立的，因而不可能产生真正的对话。例如，女性主义分析的目的在于创造一个空间，使长期处于沉默状态的他者能够发出自己的声音，从而参与到建构自我与他者关系的对话中。

换言之，我们可以在对话的框架中运作，同时又能避免相对主义的泥沼，所有这些的实现无须对本质主义的回归。

另一个事例——取自一个完全不同的领域——能够进一步加深我们对这一观点的理解。这一发表于《国家地理》(*National Geographic*)的文章探讨 1491 年哥伦布(C. Columbus)到来之前的美国。特瓦族(Tewa)美国原住民作家将考古学关于特瓦族起源的故事与特瓦族人自己的故事进行比较后指出，"考古学家告诉你，我们至少在 12 000 年前就从亚洲来到这里"，[①]并用大量数据证明这一观点：

①　Ortiz, A. (1991). Through Tewa eyes: Origins. *National Geographic*, *180*, 6 - 13, p.7.

但是,特瓦族人对考古学家的研究并不感兴趣……他对我们自己的起源故事更感兴趣,因为它传递了所有我们需要了解的,关于我们的族人,以及我们应该如何作为人类而生存。故事界定了我们的社会。它告诉我,我是谁,我来自哪里,我的世界的边界在哪里,我的世界里有什么样的规则;磨难、罪恶以及死亡是如何来到这个世界的;当我死亡时可能会发生什么。[①]

很显然,科学的世界观无法达成特瓦族人的叙事所想达到的目的。

同样,试图将理论与现实匹配的独白观所要达到的目的,是不可能用于解决危如累卵的道德问题的;对话主义则有可能更好地处理这些问题,为我们提供一种在不同理论中进行选择的方式,而不需要在本质主义理论与非本质的独立于话语的理论之间作出选择。

困境之三:建构与现实

对话主义强调对话,认为自我与他者是在对话中以及通过对话被建构的。对这一观点的批判认为,我们只是在处理人脑中的话语与思想,与现实世界真实存在的事物无关。这使我想起了一首童谣:"棍棒和石头能够打断我的骨头,但话语从来不会伤害

26

---

① Ortiz, A. (1991). Through Tewa eyes: Origins. *National Geographic*, *180*, 6–13, p.7.

我。"在这样说的时候，儿童似乎在说你可以想你所想，甚至用书中的任何名字喊我——但这从来不会伤害到我。它们只是话语、思想和观点；我只可能被实物伤害——那就需要棍棒、石头和被打断的骨头。

瓦茨(S. Watts)提出了一个稍许世故的观点。他批判那些被他称为"话语激进分子"（discourse radicals）和"语言学左派"（linguistic leftists）的建构主义者：

> 话语激进主义者假定权力存在于文本和封闭的语言结构之中，因而致力于解码、再现语言的压迫以及摧毁现代西方社会的基本假设……抓住了语言学的不公正维度只是擦伤了影响语言和文化并将语言和文化与物质世界相连的社会的、经济的和政治环境的表皮。①

瓦茨认为，这种与人们日常生活现实的疏离使得这些话语激进主义者除了无休止地互相谈论幻觉的和非现实世界的事件，一无所成。尽管我将在第十章再次讨论这一问题，尤其通过阐述麦金农的观点，但是，在我看来，这里有必要从一开始就平息这种批判观点。

人们头脑中的观念塑造了人们的现实生活经验，同时也被那

---

① Watts，S. (1992). Academic's leftists are something of a fraud. *The Chronicle of Higher Education*，*29*，April 1992，p. A40.

些经验塑造。这并不奇怪。再以男性对女性的建构为例,不仅男性建构了偏离女性现实的关于女性的意象,问题的关键在于,男性权力已使女性实际上变成了男性之于她们的意象:"知识既不是对现实的复制,也不是对现实的误读;既不是表征,也不是歪曲……是对它所存在现实的一种反应。"①

在这段话中,麦金农加入了其他激进女性主义者的行列,共同挑战纯粹唯物主义观与纯粹唯心主义观的分离。在她看来——这一观点令我信服——观念变成被建构在意象中的实在的现实。女性成为男性对她们的意象,非裔美国人变成多数白人对他们的意象。他者之所以成为意象,是因为意象建构者(image-constructors)的权力也在于他们拥有建构与其意象相一致的世界的能力。

观念与现实的距离太短,而且内在关联太过紧密,以至于很难论证前者是非现实的而后者是真实的。对一个因色情杂志将她描绘成乐意迎合优势男性而被强奸的女性来说,这一事件就是现实,而不单纯是杂志中或男性心理的表征。对那些生活在贫困中、毫无改善希望的非裔美国人来说,认为他们过于懒惰和享受福利的观念事实上成为他们日常生活的现实。他们过着自己的生活,或偶尔迸发出片刻热情以肯定自己的存在。

更进一步考察,对那些处于权力地位、有意识地区别头脑中的

---

① MacKinnon, C. A.(1989). *Toward a Feminist Theory of the State.* Cambridge, MA: Harvard University Press, p.98.

27

意象与作用于他们身体的现实的人来说，观念-现实的区分（idea-reality distinction）是有益的；而对那些处于从属地位、服从于优势群体建构的人来说，观念-现实的区分毫无意义。优势群体拥有物质的力量来使现实符合他们的观念，从属群体则成为观念所表达的现实。换言之，对优势群体来说，他们的观念就是现实。由于拥有话语权的人也拥有以那种意象建构世界的权力，因而，他们的所说和所想成为他们的生活现实。

1992 年洛杉矶内城暴乱是对一件公众高度关注的案件的愤怒回应。在这一白人警察殴打非裔的案件中，陪审团裁定白人警察"无罪"。这一事件发生之后，大量文章讨论白人对"愤怒的非裔年轻人"（angry black youth）的恐惧。阅读这些文章会让人们认为"愤怒"是年轻非裔的一种特质，从而忽视真实的社会过程：社会政策使"非裔男性"（black male）生活无望，倍感愤怒。事实上，这种无助的生活情境会使所有人都感到愤怒。

对优势群体来说，建构与现实并非完全分离的领域，他们并不担心其所想有可能会成为现实。而对那些处在劣势地位的人来说，如何被谈论会变为如何被对待，因而在他们的日常生活中，观念与现实紧密联系。因此，我们的问题需要直接指向那些主张建构-现实区分的人的社会立场与权力。

如果棍棒和石头能打断我的骨头，话语却从不会伤害到我，那么，为什么当有标识说"仅限白人"（Whites Only）时我会觉得沮丧？标识中的话语道出了我生活的故事。当我拒绝男性而被称作

"贱妇"时,我为什么会觉得如此受到冒犯? 这些话语说出了我生活的故事。当我被陪审团判定有罪而被送入监狱时,我为什么会觉得那么痛苦? 陪审团的话语创造了我生活的故事。

第二部分

独白主义：赞美自我

占有性个体主义与自我包含理想

为了赞美自我或我（moi），[1]首先需要我们将自我视为一种有边界的容器，以区别于其他有相似边界的容器，并拥有对自身能力和禀赋的所有权。[2] 为了确保该容器的完整性，我们需要考察其边界之外的潜在威胁和危险，以及边界之内需要保护的东西。这些信仰奠定了关于人的占有性个体主义观（possessively-individualistic view of person）和消极的自我与他者关系（negative relation between self and other）的假设。这两种假设均广泛渗透

---

① Mauss, M. (1938 /1985). A category of the human mind: The notion of person; the notion of self. In M. Carrithers, S. Collins, & S. Lukes (eds.), *The Category of the Person: Anthropology, Philosophy, History*. Cambridge: Cambridge University Press. Carrithers, M. (1985). An alternative social history of the self. In M. Carrithers, S. Collins, & S. Lukes (eds.), *The Category of the Person: Anthropology, Philosophy, History*. Cambridge: Cambridge University Press.

② 对于西方的自我概念，从来没有也不可能有一致的理解——或者，在多大程度上是西方的而不是普遍的。莫斯对"我"的个体感与"无我"的社会感的经典区分，揭示了这一主题的一个方面。卡里瑟斯也对此进行了回应。当莫斯告诉我们"我"是普遍的，卡里瑟斯发现在现代概念与早期和跨文化观念之间有着某些相似性时，我们发现我们自己陷入了无穷无尽的复杂的故事中。因此，我将在一般意义上将"我"理解为渗透于西方文化的自我感。

于西方文明之中。[①]

不管我们体验过怎样的生活，也不管生活在其他社会里的体验又是如何（参见第五章），或者甚至不管我们有多少抱怨和抗议：

> 个体主义思维模式是现代西方文化的典型特征。虽然我们可能会部分或全部地批判它，但我们无法逃避。它会深刻地影响我们对其他思维模式的解读，以及为修正我们自己的思维模式所作出的努力。[②]

这种无法逃避的文化钳制已经赋予我们——或至少是西方优势的社会群体[③]——一种与众不同的、独立的能动者的自我感。

---

① 然而，正如韦瑟雷尔和波特的研究指出，这一观点有待商榷。他们将核心自我，即"一个固定的、无碎片的、连贯的个体与……碎片的、分开的或断裂的主体"进行了区分。很显然，如果自我遵循的是前者，与后者相比，更可能产生一种消极的关系。如前所述（如 P30 脚注①），尽管我认为这一区分颇有价值，但我仍坚信在许多西方文化中，尤其是美国——有着如此强烈的信仰，即我们扮演的所有角色之下必有核心自我。参阅 Wetherell, M. & Potter, J. (1989). Narrative characters and accounting for violence. In J. Shotter & K. J. Gergen (eds.), *Texts of Identity*. London：Sage, p.206；同时参阅第八章。

② Lukes, S. (1985). Conclusion. In M. Carrithers, S. Collins, & S. Lukes (eds.) (1985). *The Category of the Person: Anthropology*, *Philosophy*, *History*. Cambridge：Cambridge University Press, p.298.

③ 我们不能轻视自我包含的理想与优势社会群体之间的关联。许多关于自我的讨论完全来自西方白人男性立场——当然，这一点从来不被承认。尽管事实上有坚固的、需要保护的边界恰恰说明了优势群体理想化的自我感，但这一立场仍被假设为中立的、标准的、普遍的，并不适用于社会的非优势他者。例如，盖登斯认为，自我包含、占有性个体主义观点只适合男性的理想。参阅 Gatens, M. (1991). *Feminism and Philosophy: Perspectives on Difference and Equality*. Cambridge：Polity Press；参阅 P31 脚注②。

他们拥有自我,有着相当清晰的需要保护的边界以保证其完整性,并允许他们在世界上发挥更有效的作用。这就是自我包含理想(self-contained ideal)。而支撑这一理想的"双柱"(twin pillars)就是,个体(主要是男性)的占有性个体主义观和作为容器的自我感(sense of self)。

占有性个体主义

公民选举权是民主制度的标志。鉴于此,美国被认为是世界上民主的主要堡垒之一。有些人认为选举权是美国公民的天赋人权,但他们忘却了是漫长的政治斗争使越来越多的美国人拥有了选举权。直到 1870 年,所有男性才不分种族、肤色或阶级获得选举权;1920 年,女性获得选举权;1971 年,行使选举权的最低年龄才从先前的 21 岁降低至 18 岁。[①] 如果我们认为公民权是现代社会人的核心意义,那么我们可以发现每一次宪法修正案(constitutional amendments)都在扩大"人"(persons)的定义,使其比以往更具包容性。

但是,公民权、人(personhood)和选举权与自我包含理想有什么关系? 对发生在 17 世纪英格兰的平等派(Levellers)与克伦威尔(O. Cromwell)之间的数场争论的考察,把我们引向这种联系,

———————————

① 这里分别指美国宪法第 15 条、第 19 条和第 26 条修正案。

并有助于丰富我们的理解。[①] 该争论的中心问题是谁应该被赋予选举权：是所有居住在英格兰的人，还是仅特定的人？如果是后者，那么谁应该被赋予选举权，而谁又不应该被赋予选举权呢？

依据对这些争论的研究，麦克弗森(C. B. Macpherson)将这一问题归结为人的问题，[②]而人本身又涉及一种以自我决定的和自主的方式行为的能力。"出生"这一事实就足以赋予个体选举权人的身份吗？平等派指出：

> 我们可以假定，与生俱来的权利，不仅可以因反社会行为而被剥夺，而且对那些因年龄、仆人或乞讨者的身份而被视为不具备自由行使权利的理性意志的人来说，这种权利也是可以被剥夺的，甚至从来没有拥有过。[③]

在平等派看来，所有"独立于他者意志的人，是有资格被赋予选举权的"。[④] 其观点的核心在于独立于他人意志，而罪犯、仆人与乞讨者或者被剥夺了这种特质，或者甚至从一开始就从未拥有过这种特质。

---

① 这一讨论基于麦克弗森于 1962 年的研究。请参阅 Macpherson, C. B. (1962). *The Political Theory of Possessive Individualism*. London：Oxford University Press.
② Macpherson, C. B. (1962). *The Political Theory of Possessive Individualism*. London：Oxford University Press.
③ 同上，p.124.
④ 同上，p.128.

例如,给那些处于劳役地位的人以选举权是毫无意义的,因为主人拥有比他应得的更多的选择权,即主人自己的选举权加上那些为他服务的个体的权利。类似的主张认为,给工薪阶层(投票仅仅是为了保障他们自己的就业权)、乞讨者和那些依靠福利救济的人以选举权也是不合适的,毕竟他们不是自主的,即并非独立于他者意志。

克伦威尔对平等派的观点进行了讥讽式的批评。他指出,"平等派关于选举权的提案'必将在混乱中结束'(must end in anarchy)……因为他们所指的人除呼吸外别无兴趣"。[①] 他认为应将选举权赋予那些明显不受他者意志影响的有产者,保护财产权的兴趣能确保他们通过投票进行自我决定。

这些源自英国传统的主题随后在美国引发了关于选举权以及其他个人权利的辩论。例如,最初的美国宪法(The US Constitution)只是为了确保白人男性有产者不仅拥有选举权,而且可以免受政府对其私人事务的干预;只是到后来,选举权和其他个人权利才扩展到更多的人。[②] 在所有社会中,是否赋予个体以选举权或其他个人权利,由文化对人的理解决定。反之,这种文化对人的理解也由麦克弗森所说的占有性个体主义(possessive individualism)界定,即成为自身禀赋和自我的所有者。

---

① Macpherson, C. B. (1962). *The Political Theory of Possessive Individualism*. London: Oxford University Press, p.126.

② 参阅 Winkler, K. J. (1991). Scholars examine issues of rights in America. *The Chronicle of Higher Education*, *20*, p. A9, A13.

占有性个体主义主张：首先，为了选举，人必须是自由的；其次，为了成为自由的人——独立于他者意志——个体必须成为自我的所有者。任何侵犯个体对自身所有权的情形都会侵犯到自由，并因此否定个体拥有选举权。

那些过于年轻、需要依赖他人的人、女性（依赖丈夫的意志，如果未婚，则依赖父亲的意志），以及那些身负劳役、需要服从他人以供养自己的人，都不应该享有选举权。所有这些人都不能拥有他们自己，是不自由的，因而不应该享有选举权。如此看来，选举权在决定个体生活情境中扮演了重要角色，没有选举权的人实际上被认为是一个不完整的人。

很明显，占有性个体主义理论界定了自我包含理想，同时也建立了一种消极的自我-他者关系，而这正是赞美自我世界观的根源之所在。为了拥有自我，个体不能受惠于任何人。换言之，占有性个体主义假定了消极的自我与他者关系：他者越多涉足于个体的生活，个体则越少涉足于自己的生活。成为有选举能力的个体意味着具有不受他者意志影响的自我决定的能力。他者是个体作为自我而存在的潜在威胁：他者越占优势，个体则越处于劣势。

作为一种容器的自我是自我包含理想依赖的第二根支柱。

自我作为一种容器

在西方，大多数人都同意以下三个相对简单且看似"自然"的观点：（1）个体的边界与身体的边界是一致的；（2）身体是一个容纳着个体的容器;(3) 个体是一个自我包含的实体(self-contained entity)。西方文化人性观的赞美自我特质就建立在这三种假设基础之上,主张个体的容器观。

显然,观点(1)将个体的概念与皮肤包裹着的身体(skin-encased body)的观念联系起来,告诉我们,个体开始并终结于其身体的极限。① 也许有人会说,"当然是这样的",因为我们所有人都拥有身体,我们对个体的理解必须基于这个简单的自然事实。于是乎,所有人都拥有身体以及即将拥有身体,这一自然事实界定了人们对什么是个体、个体存在于哪里等问题的理解。简言之,观点(1)有一个自然圈(natural ring)——至少对我们来说。在后面的章节(第五章)中,我将论证这一观点主要存在于西方世界,根本不是人类通用的理解。

观点(2)将身体看作一个容器,容纳了所有关于人的重要的东西。因此,装在作为容器的身体(body-as-container)内的既有人的生理特质,也有人拥有的心理特质。如果我们想知道胃、肝和心脏的位置,我们要在作为容器的身体内部寻找。如果我们要寻找心理,我们同样必须在作为容器的身体内部寻找。感觉在哪里? 当然存在于作为容器的身体内部。那么,观念、态度、信仰和价值观

---

① 众所周知,古代神话以及当代一些宗教与神秘观主张人既是身体也是精神。虽然作为身体的人(person-as-body)像一个容器,但作为精神的人(person-as-spirit)会自由地超越这个容器。我不想对此观点提出异议,但我认为,消极的自我-他者关系需要我们将人看作容器。假定这一观点得到广泛支持,尽管许多人可能相信存在着未被包含的精神(uncontained spirit),但这种观点并未对与我的观点密切相关的自我与他者观产生影响。

又在哪里呢？同样要在作为容器的身体内部寻找。意志、动机和内驱力在哪里？当然存在于作为容器的身体内部。

观点(3)简单地描绘了这样一个图像：如果个体是一个身体，而身体是一个容器，那么个体必然是一个自我包含的实体。

语言学家拉科夫(G. Lakoff)和哲学家约翰逊(M. Johnson)从不同视角探讨了这一问题，并得出与我稍有差异的结论，但他们对"容器隐喻"(container metaphor)的分析对我颇有启发。让我们先来听听约翰逊的观点：

> 与屏障和边界相遇是身体经验最普遍的特征之一。我们清晰地意识到，我们的身体是一个被我们放入特定东西(食物、水、空气)并产生其他东西(食物残渣、空气、血液等)的三维容器(three-dimensional containers)。从出生开始，我们在周围环境中(那些密封我们的东西)体验到持续的物理学屏障(physical containment)。我们进出房间、衣服、车辆等各种各样的有边界的空间。我们操控物体，将它们放入容器(杯子、盒子、罐子、口袋，等等)。每一种情形下都存在着重复的空间与时间组织(spatial and temporal organization)。①

约翰逊认为，我们日常重复的体验属于作为身体的自我和作为

---

① Johnson, M. (1987). *The Body in the Mind: The Bodily Basis of Meaning, Imagination, and Reason*. Chicago: University of Chicago Press, p.21.

容器的身体。一连串文化的谚语传达了这样的含义:"我拥有充实(full)的生活。对他来说,生活是空洞的(empty)。他剩下的时间不多(not much left)。她的生活充斥(crammed)着各种活动。好好地享用生活。他的生活中充满(contained)着悲伤。把你的生活过到极致(to the fullest)。"[1]我们会谈论自己和他人充满(filled)愤怒;无法抑制内心的(contain)喜悦;满溢(brimming)着愤怒;努力将愤怒排出我们的系统(out of our system)。[2]

我们甚至会把心理视为依据容器隐喻而进行的推理。例如,约翰逊指出,传递性(transitivity)与集合关系(set membership)的逻辑意义是基于作为容器的身体作出的对经验的推论。如果我们的肝在身体里,而我们的身体在房间里,那么,我们的肝便在房间里。约翰逊认为,其他的逻辑原则同样源于作为容器的身体的观念。

换言之,将人看作容器是我们日常生活的普遍特征。当约翰逊和拉科夫让我们相信这种经验起源于一个自然的(natural)事实,即身体实际上是一个容器,并向外延展以包含更多的日常生活经验的特征时,我更关注我们的文化是如何塑造我们的身体经验的——身体本质上不是容器或其他什么,是文化之手(hand of

---

[1] Lakoff, G. & Johnson, M. (1980). *Metaphors We Live By*. Chicago: University of Chicago Press, p.51.

[2] Lakoff, G. (1987). *Women, Fire and Dangerous Things: What Categories Reveal about the Mind*. Chicago: University of Chicago Press, p.383.

culture)塑造了我们与身体的关系。① 正如我所指出的，在追求容器隐喻的过程中，我选择以文化观来揭示我们对自我-他者关系的理解。对我们来说，身体-人-容器的连接（body-person-container connection）是达成这一理解的关键。

我不认同拉科夫-约翰逊关于"本原"（origins）的观点，但我发现他们对容器隐喻的研究有助于理解我们思考自我与他者的方式。一旦我们将个体看作容器，我们就可以运用容器的特质去理解个体。② 这里包含两个核心观点：（1）容器有内部与外部；不在内部的东西必然存在于外部，反之亦然。换言之，容器有相当明确的内外之分（clear-but in-out distinction）。（2）容器有边界以区分内部和外部，并提供了一种保护性屏障。

我们将容器的特征应用于对个体的理解。首先，我们认为个体具有一个内在（inside），它包含所有构成人的重要特征——人拥有的所有东西——而且，这种内在是独特的、分离的，切断了容器之外所有不属于人的部分。人的本质（human essence），不管我们认为是什么，是存在于个体内部的，并区别于外在的任何事物。由于我们在身体的边缘画了一条区分内外的界线，我们因而坚信人

36

---

① 参阅第一章；类似的分析请参阅 Edwards，D. (1991). Categories are for talking：On the cognitive and discursive bases of categorization. *Theory and Psychology*，*1*，515 - 542.

② 关于此讨论请参阅 Johnson，M. (1987). *The Body in the Mind: The Bodily Basis of Meaning*，*Imagination*，*and Reason*. Chicago：University of Chicago Press，p.22.

之本质(human core)存在于边界之内。因此,当我描述当今作为自我包含的个体的人的概念时,我所指的就是这种容器,它的边界在皮肤的边缘上,边界里面存在着人的本质。

其次,我们发现,作为容器的个体(person-as-container)的边界至关重要,它能保护人之本质并维持个体作为有机体的完整性。边界保持(boundary maintenance)和边界防御(boundary defense)是成为人和维护个体所有权的关键特征。我们认为,边界的丧失——例如,当个体无法区分她和孩子时——会威胁到个体性,因为个体性的维持需要边界保持。

记得我家中曾上演过这样一幕:那时,我的儿子还很小。有一天,他拿着成绩单放学回家。看到他拿着成绩单,我们问他成绩怎样。他有点挑衅地给我们看了他考试科目里的一个F(态度只是我的猜测)。突然间,我的妻子大哭起来。等她平静之后,我们三个人在讨论这个问题时发现,"他的F"已经变成"她的F"。换言之,在那一刻,她的边界融化包含了他的F。她体验到他的F,就像那是她的F,似乎是她得到了那个失败的成绩,而不是他。我们倾向于消极地看待这种融化,并认为她应该学会如何将自己与他分离。

在我有些反传统的青年时代,我留着满嘴络腮胡子,看起来比实际年龄大,即使不成熟,但至少需要不让自己看起来太过年长和疲惫。当我母亲第一次看到我的胡子时,她一边拍打着自己的脸一边说:"留着胡子,我的脸(她说的是她的脸)留胡子不好看。"再一次,自我与他者的边界被打破。我们甚至有一个专业术语来描

37

述家庭中出现的边界破裂（boundary-busting）："被卷入"（enmeshed）。这个词从来不用作指代任何健康的或好的东西！

边界保持同样也涉及适用的他者的建构，这一观点在第一章和第二章中已有清晰的阐述。换言之，我不仅通过建造坚固的边界来保护我的完整性以使我区别于他者，而且我还要建构一个他者，它的特质能确保我的完整性不受侵犯。

显然，那些在社会上占据着优势地位的人比被建构为适用的他者的人更有可能使用这一手段，适用的他者通常只能简单地适应优势群体的支配。无论是构建一个牢固的界线以使自我与他者分离，还是建构一个安全适用的他者，自我-他者关系都不会改变：他者是一个潜在的、危险的威胁。我们不能拥抱或赞美他者，但可以慎重或恣意地接近她——仅在她受我们控制之时。

日常生活的证据

让我们来考察一些能论证自我包含理想的日常经验。

在当今父母对他们的（男）孩子所说的鼓励话语中，最可能听到的是"学会顺从"（learn to be obedient），而最有可能听到的是"学会独立"（learn to be independent）。[①] 我们强调个体的独立性与自主性，而且——正如我们在占有性个体主义的讨论中所看到的——将

---

① 参阅 Kagitcibasi, C. (1987). Individual and group loyalties: Are they compatible? In C. Kagitcibasi (ed.), *Growth and Progress in Cross-Cultural Psychology*. Lisse, The Netherlands: Swets & Zeitlinger.

它们视为某些个体拥有的，他者曾经拥有但失去了的，甚至有的他者从未或者未来也不会拥有的特质。始终存在的失去自主性的危险，使我们必须对危及个体自由和自我决定的威胁保持警惕。

正如第五章我们将要讨论到的，并不是世界上所有文化都强调独立性，也不是所有文化都将自我-他者关系看作消极的。再如第一章阐述的那样，当男性理想被视为隐性标准时，大众心理学所表达的独立性理想对社会中的非优势群体来说，往往是不可能实现的。我将在第十一章继续讨论这些观点。

再来考察当下流行的关于人类发展的观念。我们受大众心理学的影响，同时也受科学心理学的影响（参阅第四章和第十一章）。科学心理学告诉我们：正常的人类发展是从依赖到独立的过程；自立和自主性是个体成熟的标志；某些亲职行为（parental behavior）会促进或阻碍儿童"自然的"（natural）发展的进程。

在青春期，当孩子试水独立性而开始成熟时，当个体最终离开家庭独立生活时，孩子对家庭的正常依赖会减弱。父母的角色在于通过鼓励独立性与反对依赖性来促进孩子的发展。听听那些睿智的父母是如何鼓励他们的孩子的："现在，你长大了，你完全可以自己做这件事。""如果你不照顾你自己，谁又会照顾你呢？""你得自己决定你要什么，不要动不动就跑回家，你得成为你自己。"①

---

① 这些讨论来自 Shweder, R. A. (1984). Anthropology's romantic rebellion against the enlightenment, or there's more to thinking than reason and evidence. In R. A. Shweder & R. A. LeVine (eds.), *Culture Theory: Essays on Mind*, *Self and Emotion*. Cambridge: Cambridge University Press.

我们认为，如果我们过多地干预孩子的生活，包办太多，我们将会在一定程度上阻碍他们的成长，使他们停留在这一发展路径的早期阶段，最终成为一个大龄的、依赖的和不成熟的人。在孩子离开舒适的巢穴独自闯荡世界后，情境的变化迫使他们再次回到家，我们会体验到挫折感。我们失败了吗？他们失败了吗？35 岁的儿子回到家里居住，或 35 岁的女儿怀抱着婴儿回家"小住一阵子"，对我们来说，这些事情听起来不像是真实的。

同样，大众心理学还告诉我们，任何还未获得独立性的个体必然难以与他人建立持久的亲密关系。正如大众观念和心理科学所主张的，后者需要前者。[①] 那些有着失败的或不清晰的和混乱认同的人，如果尚未建立起作为自主和独立的个体的自我感，都会被认定为成问题的婚姻伴侣。没有认识到自己是自由的自我决定个体，就意味着他们还没准备好承担与他人建立和维持亲密关系的责任。

正如我前面指出的，这些观点始终贯穿着一个隐性的白人男性标准。优势男性在他准备好去承担所有成年人责任，包括建立与他人的亲密关系之前，必须获得独立性并建立起清晰的自我-他者边界——只有当他拥有了坚固的个人边界，他才是安全的。这一理想对女性来说几乎是不可能实现的，因为它可能会干扰她们

---

① 埃里克森(E. H. Erikson)的著名理论是主张个体性是亲密行为的前提与基础的理论之一。参阅 Erikson, E. H. (1959). *Identity and the Life Cycle*. New York: International Universities Press.

作为母亲和家庭主妇的"天然的"角色,尽管她们也有作为全职工作者的附属角色(ancillary role)。

然而,有分析家指出,只有那些已经建构了他者来照顾其余生的人们才能实现这一理想(假如它是真正的"理想")。[1] 男性独立与自主的前提条件是:他的身边有一个女性或其他人帮助他养育孩子、照顾家庭、洗衣,等等,从而使其独立性理想成为可能。简言之,为了实现独立性理想,优势群体必须建构他们可以依赖的适用的他者!

如今,我们听到大量依存和成瘾的关系(co-dependent and addictive relationships)。我们对成瘾和依存的看法传达了我们的文化关于人类发展的大众观念。成瘾已经成为个体对所参与的,并难以自制的行为模式的总称。人们几乎可以对任何行为成瘾:性成瘾、饮食成瘾、睡觉成瘾、不睡觉成瘾、工作成瘾、走路成瘾、慢跑成瘾、关系成瘾,等等,不胜枚举。

显然,成熟而健康的人能够管理好自己,控制自己的行为,而不需要依赖任何人或任何事。成瘾的人如同 17 世纪的英国乞丐,丧失了对自身意志的所有权,其最大的恐惧在于他依赖除其自身独立的自我之外的任何东西。

---

[1] 参阅 Braidotti, R.(1991). *Patterns of Dissonance: A Study of Women in Contemporary Philosophy*. New York: Routledge. Flax, J.(1990). *Thinking Fragment: Psychoanalysis, Feminism, and Postmodernism in the Contemporary West*. Berkeley: University of California Press. Gatens, M.(1991). *Feminism and Philosophy: Perspectives on Difference and Equality*. Cambridge: Polity Press.

由此可见，依存是指任意他人合谋帮助个体，使之保持依赖状态并避免以一种成熟的、自主的方式行事。父母能与孩子合谋，因而无意地培养出一个永远孩子气和依赖的成年人；丈夫能与酒精成瘾的妻子合谋，帮助她维持对戒酒药物的依赖；个体可以与朋友合谋，强制性地使他们陷于各种成瘾行为。在每种情形下，善意的他者，与个体的成瘾问题合谋，使个体囿于有问题的行为模式，并阻碍他们对自由和独立的追求。理想的个体模型在我们点点滴滴的大众文化智慧之中表现得非常清晰；并且，我们再一次看到了一种消极的自我-他者关系。

成瘾和依存只是个体因缺乏真正的独立性而受到其他个体、物体或活动威胁的反映。我们对任何个体、物体或活动的投入都会威胁自主性。我们的文化告诉我们，无论他者以什么形式出现，我们必须守卫好自我以防在他者手中失去自我，即因他人（如女性与其深爱的男性）、物体（如食物、药物）或活动（如赌博、购物）而失去自我。我们的幸福（wellbeing）要求我们是自我决定的实体。

自我与他者的消极关系再一次展现，只有努力地占据优势，我才能获得幸福。这就需要我有时避免与你共处，有时又能确保你受制于我：恐惧他者、排斥他者、压抑他者。我们将在第三部分以一个完全不同的理论构架来解构这一观点并赞美他者，而无须担心自我在这个过程中的丧失或减弱。

第四章

心理学的赞美自我

如果没有由自我包含个体构成的社会，就没有诸如心理学这样的领域。但是，如果没有心理学这样的领域，也难以维持这样一种信念：自我包含个体掌握着解开人性秘密的钥匙，因而是社会本身存在的目的（reaison d'etre）。研究个体的科学与这些研究得以在其中开展的社会之间建立了一种默契的关系。社会需要个体的科学，正如科学需要社会，社会能够帮助创造作为科学研究对象的个体。①

通过对主流心理学研究的简略考察，就能揭示心理学研究在多大程度上参与建构赞美自我的文化信仰，而且在强化消极的自我-他者关系的信念中发挥了关键作用。不足为奇的是，我们会发现心理学中许多创新的"发现者"和革新的"发现"，均源于前辈们

① 我认同福柯的观点：应将包括心理学在内的人文科学与涉及权力与控制的社会议程相结合。这一观点颇有价值，但我无意在此详述，只是强调：诸如心理学这样一个领域，如果只关注自我包含个体，是不可能存在于一个完全不同的组织化社会之中的。请参阅 Foucault, M. (1979). *Discipline and Punish: The Birth of the Prison*. New York：Random House. Foucault, M. (1980). *The History of Sexuality. Vol. I: An Introduction*. New York：Random House.

的研究传统。他们在社会中进行研究并应用于社会，他们提出的只是与社会主流意识相一致的观点。我并不是要贬低他们的贡献，而是旨在提醒我们，其影响程度主要取决于与现行社会利益的一致性。

我要考察的第一个传统是弗洛伊德与古典精神分析理论。我们可以看到，不仅赞美自我的主题显而易见，而且弗洛伊德的研究也并不是关于人性的新发现，而只是延续了西方世界的优势思维传统。借用格拉德斯通（Gladston）的话来说，卡里瑟斯指出："如果弗洛伊德从来没有在这个世界上生活和工作过……精神病学知识、精神病理论以及精神病学实践将完全不会与当下有什么差别。"[1]

例如，为了在自我包含个体而不是在社会中寻找人性的秘密，弗洛伊德与先辈们结成联盟——包括休谟（D. Hume）、洛克（J. Locke）、叔本华（A. Schopenhauer），以及其他一些将个体凌驾于社会之上的学者。在此方面，弗洛伊德理论也是基于加尔文派的基督教传统。正如杜蒙（L. Dumont）告知我们的，[2]这一传统将看待人性的方式从关注外在（如关于"退隐"的智慧）转变为一种更加注重内在的个体主义观点。

---

[1] Carrithers, M.（1985）. An alternative social history of the self. In M. Carrithers, S. Collins, & S. Lukes（eds.）, *The Category of the Person: Anthropology*, *Philosophy*, *History*. Cambridge: Cambridge University Press, p.256.

[2] Dumont, L.（1985）. A modified view of our origins: The Christian beginnings of modern individualism. In M. Carrithers, S. Collins, & S. Lukes（eds.）, *The Category of the Person: Anthropology*, *Philosophy*, *History*. Cambridge: Cambridge University Press.

弗洛伊德的研究也特别适合：

> 19 世纪初期我(moi)的图景：深层的，因而是神秘的；但它又是可研究的，一定程度上是可塑的；它是显微镜，通过它能看见宇宙；它是社会得以建立的生活核心……它是具身化的，因而与大多数有机界(organic world)相联系。①

卡里瑟斯指出，这种描述使德国比涂尔干(É. Durkheim)和莫斯所描述的法国集体主义传统更适合弗洛伊德的出现，为其理论观点提供了一种友好的文化氛围。

上述观点导出这样一幅关于弗洛伊德和心理学中其他革新者的图景：他们并非我们想象中的哥伦布那样——麦格雷恩(B. McGrane)②称哥伦布是一个创造了全新传统和概念世界的人——他们的理论之所以能在一种文化中占有一席之地，只是因为它们适应了业已存在的文化框架。

精神分析理论：赞美自我/焦虑他者

精神分析——由弗洛伊德创立，其门徒发展，经过一群英美对

---

① Carrithers, M. (1985). An alternative social history of the self. In M. Carrithers, S. Collins, & S. Lukes (eds.), *The Category of the Person: Anthropology, Philosophy, History.* Cambridge: Cambridge University Press, p.242.

② McGrane, B. (1989). *Beyond Anthropology: Society and the Other.* New York: Columbia University Press.

象关系与人际关系理论家的改良，最后由法国的拉康进行重构——为我们提供了一个极好的范例来证明心理学是其社会主流信仰的一种表达：心理学通过其对人性的"发现"（findings）来推进社会主流信仰。[①] 弗洛伊德对人性的解释的关键要素之一就是他对人的自然本能的强调——被视为人的核心的基本的、生物学的本能。英美改良派将弗洛伊德理论称为"驱力理论"（drive theory）——以区别于他们的关系理论——弗洛伊德主要探讨性与侵犯的内驱力如何充当人类行为的动源（mainspring），又如何在社会需要面前踌躇不前。

　　社会在弗洛伊德的人性观中发挥了作用，但这种作用最终是一种消极的作用，它以文明的名义抑制本能内驱力的直接表达。人类故事因而依据本能与文明之间的冲突，以及冲突导致的扭曲和病态得到书写。

　　俄狄浦斯情结剧（Oedipal drama）如果不是性驱力寻求表达的故事又会是什么？只是被社会风气阻挠？这种情结剧的结果是本能的完败：小男孩不可能得到他的母亲。然而，这种挫败可能导致良性的或病态的内在结构。例如，当父母以愤怒和威胁的声音对每一个寻求公开表达的冲动说"不"时，有的儿童会发展出一种严格的超我，有的儿童则可能较少地体验到紧张性的

---

　　① 现存大量关于弗洛伊德、他的弟子以及改良派的第一手和第二手资料，但我发现格林伯格和米切尔的观点尤有价值。请参阅 Greenberg，J. R. & Mitchell，S. A.（1983）. *Object Relations in Psychoanalytic Theory*. Cambridge，MA：Harvard University Press.

结果。而且，为什么这一情结只关于男孩、他们的母亲与父亲，而不是对女性的性兴趣缺失的叙事呢？因为，这样一个最终接受弗洛伊德关于男性主导和男性凝视的故事的社会，必然不适合女性独立存在的现实。

就我们目前的讨论而言，弗洛伊德动机理论的核心就是转向自我包含个体内部以探寻心理与行为的动力。我们知道，如果我们想要了解人们行为的原因，我们必须在其内在动机与外在世界之间寻找答案。当个体为达成本能与社会之间的平衡，而自我（ego）试图在这些生物的与社会的矛盾性需求之间作出选择时，心理结构随之产生。

但是，只有通过探索内在的心理才能达成对行为的理解，并非仅限于个体。全部社会生活已经变成一个内在心理战争的竞技场。马克思（K. Marx）讨论了具有相互矛盾的经济利益的阶级之间的冲突，而弗洛伊德将那些群体之间的外在冲突转化为个体内在的心理冲突。

我还记得 20 世纪 60 年代期间伯克利大学的一名教授所作的弗洛伊德式解释。他依据学生与其父亲悬而未决的俄狄浦斯情结来解释学生的反叛！在他看来，反叛者通过反对大学代表的权威来解决与父母权威的内在冲突。仿佛大学没有合法性的问题，它只是代表着反叛者与其作为问题的真正来源的父亲之间未解决的俄狄浦斯情结。这样看来，在那些偏好将不满和抗议的社会与经济根源转化为内在心理冲突的社会问题

45

解决模式的社会里，弗洛伊德理论最终能大行其道也就不足为奇了。

弗洛伊德式的解释已成为人们日常文化图景的重要组成部分。我们会采用他的术语和分析框架，似乎它们就是我们的第二天性（second nature）。我们谴责我们的对手过于自我防御（too defensive）；我们告诉朋友们他们在影射（projecting）；我们会合理化（rationalization）自身的行为；我们将梦（dream）看作密码，对它的解析将会揭示我们自己与其他人的潜意识动机。

莫斯科维奇的经典著作充分证明了弗洛伊德主义（Freudianisms）在法国社会的广泛应用。[①] 他指出，比如说，当人们审视日常生活的特征时，相当大比例的人都会使用弗洛伊德的概念。我们以各种各样的方式，视精神分析世界观为我们自己的世界观，似乎人们确实存在着弗洛伊德提出的这些内在机制和过程。

如果弗洛伊德经典理论的第一个要点在于从内部来寻求答案因而赞美自我的话，那么其第二个要点则涉及对自我-他者关系的阐述。弗洛伊德的群体心理学（group psychology）和"刺激屏蔽"概念尤其有助于人们对其自我-他者关系观的理解。

在某种程度上，弗洛伊德关于他者在个体生活中扮演的角

---

① Moscovici, S. (1976). *La Psychanalyse*, *Son Image et Son Public*. Paris: Presses Universitaires de France. Moscovici, S. (1984). The phenomenon of social representations. In R. Farr & S. Moscovici (eds.), *Social Representations*. Cambridge: Cambridge University Press.

色的看法是自相矛盾的。一方面,他意识到他者对于个体生活和健康的重要性,主张正是这样一种关键的角色,使得"从一开始,个体心理学……同时也是社会心理学"①;另一方面,弗洛伊德受勒庞(G. Le Bon)②观点的影响颇深:群体效应(the effects of crowds)使得个体从理性思考者转变为简单而幼稚的个体。

弗洛伊德的群体心理学

我们是否经常会陷入某些活动以至于迷失了自己?在事后进行反思时,我们疑惑自己身上到底发生了什么:"这不像我的行为方式;我不确定自己遇到什么情况。"我们感到既存在一个正常的以适当方式行为的真我,也存在一个会莫名其妙地受一些令人迷惑的陷阱影响的我。例如,当我们的球队在最后两秒取得了辉煌的胜利之后,我们加入了人群,疯狂地涌向球场,拆下球门柱,以一种非同寻常的粗暴方式狂欢。我们很吃惊:"那是谁?""那完全不像是我。"这正是弗洛伊德在考察勒庞的观点时所面对的场景:

> 不管构成这个群体的个体是谁,不管他们的生活方式、事业、性别或智力是相同还是不同,他们变成一个群体

---

① Freud, S. (1921/1960). *Group Psychology and the Analysis of the Ego*. New York: Bantam, p.3.

② Le Bon, G. (1895/1960). *The Crowd*. Harmondsworth: Penguin.

这个事实，使他们获得了一种集体心理，令他们的情感、思想和行为变得与他们单独一人时的情感、思想和行为颇为不同。①

勒庞并没有从积极的角度来看待这种转变。群体中的个体失去了所有界定他们的个体性的东西。他们采用了：

> 群体的某些特点，如冲动、急躁、缺乏理性、没有判断和批判精神、夸大感情，等等，……[这些特质]几乎总是可以在低级进化形态的生命中看到，如女性、奴隶和儿童。②

勒庞没有质疑个体与群体之间的关系。群体规则越多，自我的存在就越少；当个体身陷群体之中时，每一个自我都消失并失去了某些最优秀的本质。勒庞也深信关于女性正常状态的观点：在他看来，女性的正常状态等同于男性在群体中丧失个体性。我将简要地阐述弗洛伊德在此方面的观点。

尽管勒庞对弗洛伊德的影响颇深，但后期群体生活与群体行为理论家[如勒温、泰弗尔（H. Tajfel）、特纳（J. C. Turner）、谢里夫（M. Sherif）]并没有采纳勒庞的观点。在他们看来，群体为个体认同提供了一个更具包含性的基础，因而并没有得出诸如勒庞-弗

---

① Le Bon, G. (1895/1960). *The Crowd*. Harmondsworth：Penguin, p.27.
② 同上，pp.35 - 36.

洛伊德理论中消极的自我-他者关系。[①]

简言之，尽管我们不必总是以如此威慑性的方式看待个体与群体关系，也不必视群体为个体的他者，但这似乎是对弗洛伊德影响最为深刻的特征。在他的理论中，群体随时都可能变成有威慑性的他者。因此，弗洛伊德提出这样的观点：群体腐蚀着个体，因而我们的任务是弄清如何保留或恢复丧失了的个体性：

> 问题在于如何使群体准确地获得个体的特征，以及在群体形成过程中丧失的那些特征……我们因而认识到，目的在于用个体的特质来武装群体。[②]

弗洛伊德在谈及这一目标以及这些有益的特征所应包含的内容时，还列举了一些似乎颇为现代的观点（如群体生活的连续性，群体之间的竞争过程，群体传统的发展，等等），但是，事实上，他更关注其倚重的个体性在大众-群体-他者（crowd-group-other）的形成

47

---

① 参阅 Lewin, K. (1947a). Frontiers in group dynamics: Concept, method and reality in social science; social equilibria and social change. *Human Relations*, 1, 5-41. Lewin, K. (1947b). Frontiers in group dynamics II: Channels of group life; social planning and action research. *Human Relations*, 1, 143-153. Sherif, M. & Sherif, C. W. (1953). *Groups in Harmony and Tension*. New York: Harper. Tajfel, H. (1978). *Differentiation between Social Groups: Studies in the Social Psychology of Intergroup Relations*. London: Academic Press. Tajfel, H. (1982). Social psychology of intergroup relations. *Annual Review of Psychology*, 33, 1-39. Turner, J. C. & Giles, H. (eds.)(1981). *Intergroup Behavior*. Oxford: Basil Blackwell.

② Freud, S. (1921/1960). *Group Psychology and the Analysis of the Ego*. New York: Bantam, p.25.

中是如何丧失的。

勒庞的观点使弗洛伊德认识到，当个体被投注于群体的他者性时，个体便发生了戏剧性的变化。勒庞理论的这一核心原则对弗洛伊德的影响颇深。在他看来，这一原则与其能量动力学的观点是一致的，主张能量驱动着所有人类思维与行为。

依据弗洛伊德的动力学隐喻，每一个体都有一定数量的依恋、爱或性能量，即力比多（libido）。这种能量可以以各种方式投注，但由于其数量有限，如果它被投注于他者，自我获得的就较少，反之亦然。换言之，弗洛伊德的动力学隐喻描述了一种消极的自我-他者关系，以及他者是对自我的潜在威胁：投注于他者越多，自我获得的就越少。

弗洛伊德看到了力比多在构成群体的个体转变中的作用。在弗洛伊德看来，群体形成的本质，涉及群体的每一个体成员对其核心人物，即领袖的力比多投注；而在对领袖共享投注（shared investment）的基础之上，每个成员还会投注于其他成员。教会就是一个双向投注（dual investment）的例证：成员们结成兄弟，信仰耶稣——他们对耶稣的共享投注构成了他们互相之间的共享投注的基础。

个体进入群体后发生戏剧性的变化，表现为两个相互分离又密切相关的力比多投注。第一个是每一个体对领袖的力比多投注；第二个是每一个体对追随同一领袖的他者的力比多投注。显然，以上两个方面对他者的力比多投注使能够投注于自我的力比多数量明显减少。难怪弗洛伊德推论道，个体之所以在群体中发生了戏剧性的变化，是因为他们已将自己关键的部分交给了他者。

弗洛伊德没有满足于此。他进一步研究投注于他者的个体转变，发现催眠（hypnosis）也是如此："对催眠师（hypnotist）就像对所爱的客体一样有着同样谦卑的臣服、同样的顺从，同样缺乏批判精神。同样削弱主体的主动性。"[1]这再一次证明了弗洛伊德所假设的自我与他者关系：他者越多，自我则越少。自我被他者侵蚀（sapped）：他者剥夺了自我的个体性和理性权力。他者越多，自我则越少。

对弗洛伊德研究更深入的解读——包括他的群体心理学观点，还需拓展到他的其他著作——表明他真正契合了在他的时代和我们的时代占据主导地位的赞美自我模式。然而，威慑性的"他者性"不仅出现在群体或大众之中，有时也存在于个体自己的愿望之中。弗洛伊德的著名论断"伊底在哪里，自我就在哪里"表达了这一观点，认为他者性——这里指伊底的他者性——是危险的。

所有他者性都被视为对自我的完整性、个体性和理性的威胁。带有强烈内驱力冲动的伊底的他者性，威胁着要摧毁自我，而自我尚未作好准备以抵抗这种内部攻击。但是，世界、现实、他人、群体的他者性同样也威胁着要摧毁毫无保护和准备不足的自我。

---

[1] Freud, S. (1921/1960). *Group Psychology and the Analysis of the Ego*. New York: Bantam, p.58.

弗洛伊德的群体心理学并没有讨论勒庞（上文中引用的）论及的性别差异问题，但显而易见的是，在弗洛伊德的很多著作中，他都是以本书第一章所阐述的男性凝视的观点看待世界。更为重要的是，在他看来，必须对自我的完整性加以保护以使其免受他者性的侵蚀。这里的"谁"（who）当然是指男性。女性早已被他者性侵蚀，因而无疑成为他者性的基础模式。

例如，在《摩西与一神教》（*Moses and Monotheism*）一文中，弗洛伊德区分了两种形式的认知：一是"与感性连接"（bondage to the senses）的认知；[①]二是涉及"所谓高级智力过程"（so-called higher intellectual processes）的认知。[②] 他视前者为女性所有，而后者为男性所有。在他看来，母性往往直接通过感觉被认知，父性则需要逻辑推理。弗洛伊德将从直接的感知到高级心理过程的历史运动称为"世界历史的进化"——例如，它揭示了从母性宗教（mother-religion）向父性宗教（father-religion）的转变。

这里，我们无须关注弗洛伊德推理的复杂性。然而，他将女性与低级心理过程相连，表明他赞成勒庞关于群体中的男性（men-in-crowds）的描述，以及"男性的个体性与良好的心理功能会迷失在群体之中"的观点。这对女性来说已经太迟了，因为她们的个体性已经由于她们与具体而直接的感知过程的连接而被破坏。因此，有理由相信，弗洛伊德将他者性视为对男性的最主要的威胁，

49

---

① Freud, S. (1939). *Moses and Monotheism*. New York: Bantam, p.147.
② 同上，p.150.

女性已经饱含他者性而无须得到关注。

刺激屏蔽

1968年，马丁（R. M. Martin）在一篇颇有价值的论文中探讨弗洛伊德的"刺激屏蔽"（stimulus barrier）概念。弗洛伊德认为，如果没有为有机体提供保护性庇护（protective shield）以应对外部环境的刺激，它真的会被杀死："对活的生物有机体来说，防范（protection against）刺激几乎是一项比接受（reception of）刺激更重要的任务。"[①]

我无法想象还有什么其他论述以如此非同寻常的方式传达他者性对个体的威胁——在此指外在世界的"非我他者性"（not-me otherness）。然而，弗洛伊德对此还有更多阐述："接受（reception）刺激的主要目的是发现外界刺激的方向和性质；为此，只需从外部世界取少量样本、做少量抽样就足够了。"[②]换言之，少量的他者性是安全的；但是，过量的他者性会置我们于危险之中。

马丁认为，这种保护性庇护的形式会随人类从婴儿到成年的发展而发生变化，而人的"自身主动的自我过程"正是反映对成年人的基本庇护。[③]马丁有意让我们认识到，诸如注意、记忆和概念形成等自我过程均以某种方式充当着保护的角色。十年之后，格林沃尔德（A. G. Greenwald）以赞美的术语来描述这种方式，即

[①②]　Freud, S. (1920 /1959). *Beyond the Pleasure Principle*. New York: Bantam, p.53.

[③]　Martin, R. M. (1968). The stimulus barrier and the autonomy of the ego. *Psychological Review*, 75, 478–493, p.482.

"极权主义自我"（totalitarian ego）：一种旨在歪曲现实以"保护自我知识体系的完整性"的自我。[①]

与马丁和格林沃尔德一样，弗洛伊德也认为，作为他者的世界（world-as-other）显然是危险的，它威胁着要冲破我们建立起来的使自我完整性不受破坏的屏蔽与庇护。我们——至少我们中的一些人——似乎是为保护我们自己免受他者性的威胁而生：因为只有这样，个体的自主性与完整性才能得以维持。

以上论述明确描绘了这样一个原则：个体的完整性需要得到保护以防范他者的威胁。他者的角色是具有潜在危险的和威慑性的，因而不可能是对话主义所强调的——我们的存在的真正来源。马丁和格林沃尔德指出，赞美自我、压抑他者的观点不只是弗洛伊德或他所处的时空所独有的。正如第三章指出的，它表达了一个我们大多数人已经学会甚至如今还在实践着的基本信念。我们的行动基于这一信念，即作为个体，我们的完整性与自主性需要我们保持警醒，以防受到萦绕在我们周围的始终具有威慑性的他者性的摧毁。

对象关系：人际关系转向

如果说弗洛伊德理论以生物性驱力与社会文明的抗争为特征，那么 20 世纪 30 年代末出现的一个与之不同的研究取向，夺取

---

① Greenwald, A. G. (1980). The totalitarian ego: Fabrication and revision of personal history. *American Psychologist*, *35*, 603–618, p.613.

了人们对生物学与社会的抗争的关注，探讨人际关系的困境以及一个社会人（social being）如何生活于其他社会人之中。

换言之，人际关系取代生物学关系成为新的关注点。人们可能依然需要与其内在生物性冲动抗争，但是人类困境似乎日渐重要地表现在别处：他人（other people），而不是我们的生物学，才是我们问题的根源。1944 年 5 月在巴黎首演的萨特（J.-P. Sartre）的戏剧《没有出路》（*Huis Clos*，*No Exit*）说明了一切：他人即地狱（hell is other people）！

上文所述并不是说这一令人耳目一新的人性新发现会立刻唤醒社会，达成突变式的理解。然而，与多元文化的相遇以及与生物学理论的悲观主义的日趋疏离，表明任何视人类问题为生物学与社会的抗争之结果的研究取向，不如主张人类关系来源于有缺陷的人际关系的理论更具解释力。我们或许无法改变我们的生物学（至少在 20 世纪 30 年代和 40 年代还无法实现），但我们能够学会如何改善人际关系。因此，改善人际关系而非管理个体内驱力成为理论与"治疗"的新焦点——尤其是在美国精神分析机构中。

在精神分析中，始于 20 世纪 30 年代末的人际关系理论认为，成年问题是由我们生命早期与重要他者的紊乱关系导致的。父母和照顾者的责任发生了转变：当弗洛伊德式的父母帮助孩子学会使其生理需要体面地适应社会需要时，人际关系式的父母便面临着更为严峻的任务。毕竟，父母的相互关系以及父母与孩子的关系既可能造成永久的创伤也可能是良好心理健康的标志。大量研究试图改善人们之间的人际关系，斯波克（B. Spock）博士给父母的建议就是其中之一。他指出，人们之间的关系常常很糟糕，因而人们必须学会如何以破坏性最低的方式对待彼此。

51　　　现代科技与医学使生物学的理论变革成为可能——它暗示着立刻重建从未想过的、个体所谓的基本动机和驱动力的可能性——但是，人际关系理论的观点似乎比以往任何时候都更具吸引力。随着大量自助指南的出版，涌现了大量心理健康实践者。其职责在于帮助人们学会在生活中如何与人相处，而不是帮助他们管理不守规矩的内驱力（unruly drives）。[①]

　　然而，这种人际关系转向与赞美自我有什么关系呢？乍看起来，他者似乎终于在心理学理论中占据了中心地位。但令人遗憾的是，这并不是最终结果。人际关系取向对人性的理解最初确实倾向于他者，但其主要目的在于视他者为个体健康的一种障碍，而不是对话主义范式中强调的那种共同创造者（co-creator）（参阅第三部分）。

　　此外，大多数人际关系理论将他者看作与主要行动者表演场景相对应的幕后背景。现实的他与那种由个体的内在需要与愿望建构的他者毫无关系，他者成为个体心理创造出来的人物。因此，只有深入探讨个体心理内部，我们才能理解最好和最差的人性。

---

　　① 关于历史发展的综述，请参阅 Cushman, P.（1991）. Ideology obscured: Politics uses of the self in Daniel Stern's infant. *American Psychologist*，*46*，206 - 219.

格林伯格(J. R. Greenberg)和米切尔(S. A. Mitchell)清晰地揭示了这种赞美自我的观点。第一,他们观察到,无论是驱力理论还是关系理论,所有精神分析理论都强调"反映其独特人格的、持久的和特有的模式与功能"。[①] 因此,显而易见的是,要理解人性就必须深入个体的心灵结构中进行探索。

第二,在他们看来,大多数人际关系理论继续强调治疗实践对个体内在的问题事件的再建构,这无疑延续了统治整个西方传统的赞美自我的主题。而且,同样可以肯定的是,如果人际基础"变质"了,他者往往会作为一种潜在的威胁进入我们的生活。理想的他者是好的,但典型的他者是我们生活中所有困境的来源。

因此,在古典弗洛伊德驱力理论和改良派的人际关系理论中,我们发现了业已成为西方文化标志的赞美自我主题的连续性。尽管驱力理论与关系理论观点迥异,但在关于认知个体内部的重要性问题上,它们均主张对自我包含个体内在的认知是理解人性的关键之所在;而且,在大多数情形下,它们都用极其怀疑的目光看待他者以及他者在我们生活中的作用。

52

拉康

我无意为了找到更多能证明我的观点的理论,或者以拉康(J.

[①] Greenberg, J. R. & Mitchell, S. A. (1983). *Object Relations in Psychoanalytic Theory*. Cambridge, MA: Harvard University Press, p.20.

Lacan)为例①————一种初看似乎提供了重要反例(counter-example)的取向,来展示心理动力学取向完整且复杂多样的故事。然而,这里有必要简要考察拉康的贡献,尤其是对拉康理论的质疑。这必然会谈到拉康不仅是————用特克尔(S. Turkle)的话来说————法国的弗洛伊德,而且是自弗洛伊德之后精神分析界最有影响力的人物。② 在简要介绍拉康的同时,我将更为简要地(几乎没有)论及法国和欧洲关于拉康与弗洛伊德理念的其他变种,以及最近美国出现的一些类似取向,而且事实上,甚至包括我自己的理论谱系。③

我们暂且搁置所有争论,转向检视拉康的贡献————他的个人风格与他的思想一样,都是其贡献的体现————很显然,拉康对古典弗洛伊德理论的再发展与对弗洛伊德思想美国化的坚决抵制、语言与话语的转向,以及对他者中心地位的强调,都必然使我们将他视为精神分析模式中赞美自我传统的一个例外。拉康对主体(自

---

① Lacan, J. (1973/1981). *The Four Fundamental Concepts of Psycho-Analysis*. New York: W. W. Norton.

② 参阅 Lacan, J. (1973/1981). *The Four Fundamental Concepts of Psycho-Analysis*. New York: W. W. Norton. Lemaire, A. (1977). *Jacques Lacan*. London: Routledge & Kegan Paul. Turkle, S. (1978). *Psychoanalytic Politics: Freud's French Revolution*. Cambridge, MA: MIT Press.

③ 与韦斯(J. Weiss)等人合作的 H. 桑普森是我的兄弟! 他和他的同事们提出了精神分析理论与实践的控制-征服取向(control-mastery approach)。目前,这一取向已得到广泛认可,尤其是在美国分析师中。请参阅 Weiss, J., Sampson, H., & the Mount Zion Psychotherapy Research Group (1986). *The Psychoanalytic Process: Theory, Clinical Observations and Empirical Research*. New York: Guilford Press. 我也没有论及沙利文的人际关系理论,它————在表面上————似乎是我所批判的观点的一个例外。请参阅 Sullivan, H. S. (1953). *The Interpersonal Theory of Psychiatry*. New York: W. W. Norton.

我)的整体性和完整性的挑战,以及关于"个体与他者无明确界线"的观点——由于他者性存在于个体内部并构成个体——使他从属于强调他者重要作用的后现代运动,并使他区别于那种以主体的整体性、完整性以及明确区分性为核心的赞美自我观,尤其区别于美国的赞美自我观。

但是,法国激进女性主义代表人物伊利格瑞对拉康的质疑,①以及爱伦·坡的作品对拉康和莫里森的区别对待,又使我们对拉康产生了模糊的认识。如果我们真正对面的是一个他者理论家,正如对拉康的初始解读所提出的,那么,为什么伊利格瑞会因拉康的父权制理论没有真正地处理好女性的问题而与他决裂呢? 为什么爱伦·坡试图论证拉康的观点时,又被莫里森当作美国非洲民族主义作家的重要代表人物之一?② 换言之,他似乎是一个赞美自我少于赞美他者的理论家;事实上,当那个他者是真正的他者(除白人和男性之外的真正他者)时,他就会表现为赞美自我!

伊利格瑞不仅与拉康决裂,而且被逐出拉康研究的圈子和机

① Irigaray, L. (1974 /1985). *Speculum of the Other Woman*. Ithaca, NY: Cornell University Press. Irigaray, L. (1977 /1985). *This Sex Which Is Not One*. Ithaca, NY: Cornell University Press. Whitford, M. (ed.)(1991). *The Irigaray Reader*. Oxford: Basil Blackwell.

② 拉康的论文谈及爱伦·坡的故事《被窃之信》,而莫里森并没有论及。但是,莫里森确实提到"没有哪个早期美国作家对美国非洲民族主义概念的贡献大于爱伦·坡",这支持了我关于拉康的"真正的"他者观点的阐述。参阅 Kurzweil, E. (1980). *The Age of Structuralism: Levi-Strauss to Foucault*. New York: Columbia University Press. Morrison, T. (1992). *Playing in the Dark: Whiteness and the Literary Imagination*. Cambridge, MA: Harvard University Press.

构，就像拉康自己被逐出曾经作为会员参与的正统精神分析的圈子。在这种情形下，门徒们面临的挑战会更大。伊利格瑞对拉康的语言的父权制秩序观进行了严厉批判，强调拉康研究所忽略的女性独特性。

例如，伊利格瑞的重要论文《精神分析的贫乏》（*The Poverty of Psychoanalysis*），[①]对拉康主义（Lacanianism）如何延续"菲勒斯中心主义"（phallonarcissism）（伊利格瑞的术语）传统、否认女性的独特性进行了猛烈抨击。她谴责拉康未能处理好其研究所处的父权制文化与历史传统，竟然还宣称其理论反映了一种社会文化的精神分析观；认为拉康试图将女性的他者性融入男性世界观的同一性：

> 我们不得不质疑……这些理论的欺骗性，它们将一种性别的需要或愿望视为话语的规范，以更广义的术语来说，语言的规范……你自称的普适性只是满足了你的性别的需求。而且，正因为它们本身就是你的，所以你难以分辨其独特性。你拒绝任何内在与外在的抵制，宁愿谴责他者的各种白痴行为，也不愿忍受你所称之为的……符号阉割（symbolic castration）：一种不同于你的秩序的可能性。[②]

---

① Whitford, M. (ed.)(1991). *The Irigaray Reader*. Oxford: Basil Blackwell.
② 同上，p.96.

她甚至更为尖锐地指出：

> 无论你如何思考，女性都无须通过镜子就可以知道母亲与女儿有着相同性别的身体。她们需要做的是互相抚摸、聆听、嗅和看——没有必要非得有优势的凝视……不必屈从于"如果要使身体具有吸引力就必须蒙上面纱"的力比多经济（libidinal economy）！但是，这两个女性无法以现存的言语符号来表达她们的情感，甚至无法想象她们深受表征系统的约束……女孩早期的快乐是无声的……当女孩开始说话时，她已经不可能代表她自己说话了。①

拉康的精神分析观将分析重点置于"分析家的愿望"——这里指精神分析理论的创始人弗洛伊德的愿望。我感兴趣的是哪一部分会因弗洛伊德的男性的性别愿望而成为男性的。例如，如果弗洛伊德是女性的话，这一基础便是基于女性的愿望而不是男性的愿望，如此拉康又会如何解释呢？同样，拉康在其著作中一再重复地应用视觉隐喻（visual metaphor）指代视觉驱力（scopic drive）、凝视欲望、视觉满足，等等。再一次，我怀疑这种隐喻在多大程度上反映了男性凝视，因而消除了女性与世界可能的视觉关系。

如果我们认同伊利格瑞对拉康的批判的合理性（因为我认为

54

---

① Whitford，M. (ed.) (1991). *The Irigaray Reader*. Oxford：Basil Blackwell，p.101.

我们必须认同），我们又如何能视拉康理论为对他者真正的赞美呢？在我看来，他的理论是回归同一性的赞美自我观。

当我们比较爱伦·坡《被窃之信》（*Purloined Letter*）①中的拉康式解读（引用来证明其工作理论）和莫里森对爱伦·坡趋向于使非裔美国人缺场的批判（我在第一章所表达的观点），这时，同样的问题出现了。我们再一次看到，尽管拉康在口头上重视他者，当他者性不是他自己——不是白人和男性时，拉康理论还是未能处理好真正的他者性。因此，它并不在那些超越赞美自我观的精神分析理论之列。正如我已经指出的，这种赞美自我观，也反映在其他精神分析理论之中。

行为主义

心理学主要有四种试图理解人性复杂性的研究传统：行为主义、精神分析、人本主义心理学和认知心理学。在这四种研究传统中，唯有行为主义主张应该避免通过个体内在心理研究来理解人性。尽管行为主义在很大程度上成功抵制了其他三种传统共有的对内在心理的关注，但它依然与其他三种传统一起聚焦于自我包含个体的研究。

为了避免成为非科学的、思辨性的事业，行为主义拒绝以内在心理解释人的行为。例如，在行为主义的奠基之作中，华生（J. Watson）宣称：

————————

① 参阅 Kurzweil，E.（1980）. *The Age of Structuralism: Levi-Strauss to Foucault*. New York：Columbia University Press.

　　持行为主义观点的心理学,是纯粹客观的、实验的自然科学分支。它的理论目标在于对人类行为的预测与控制。内省既不是行为主义方法的构成部分,其研究资料也因依赖对意识的解释而不具有科学价值。[①]

行为主义并没有否定"隐藏在个体心理黑箱内的事件也许是重要的"这种可能性,而是认为由于我们无法对个体内在世界进行科学研究,因而必须摒弃这种倾向以进行"客观的"(objective)研究。正如行为主义者斯金纳(B. F. Skinner)指出:

　　任何行为主义理论都有两个无法避免的空隙:一是介于环境的刺激行为与有机体反应之间;二是介于结果与导致的行为变化之间。只有脑科学才能填补那些空隙。[②]

在这段话中,斯金纳明确地暗示:完善的理论需要关于内在心理过程的信息。

　　尽管行为主义本身拒绝探讨有机体的内在心理,但它认为,不管这一过程如何将可观察刺激与相应的可观察反应相结合,这一过程都发生在自我包含个体的有机体内部(within)。因此,尽管

55

---

①　Watson, J. B. (1913). Psychology as a behaviorist views it. *Psychological Review*, 20, 158 - 177, p.158.

②　Skinner, B. F. (1989). The origins of cognitive thought. *American Psychologist*, 44, 13 - 18, p.18.

行为主义没有强调研究个体的内在心理，但与其他心理学研究传统一样，认为个体是研究的焦点和主要原则的来源。

另一方面，斯金纳指出："只有通过行为学（ethology）、脑科学以及行为分析（behavior analysis）的协同，才能最终解释人类行为（也才能得到解释）。"[1]这句话似乎表明斯金纳也许是赞美自我观的一个例外，似乎斯金纳的行为主义强调个体大脑中刺激-反应联结之外的因素的重要性。他将这些称为"行为学的"（ethological），包括对特定文化的强化模式的关注。

此外，在反对认知主义内在转向（inward turn）的争论中，斯金纳指出："关于人类身体内部发生机制的解释，无论多么全面，都无法解释人类行为的起源。"[2]他用时钟来证明自己的观点，认为无论我们如何细致地观察时钟内部以研究时钟的机制，都始终无法理解为何时钟能准确报时，而这一问题只有通过考察文化及其关注点才能得到解答。

这种文化转向似乎消减了赞美自我观，主张我们必须超越个体去研究文化适境性（cultural contingencies），以此才能真正理解人的行为。然而，斯金纳的行为主义虽具有打破赞美自我的符咒的潜力，却并未超越长期主导心理学传统的赞美自我观。

56　　首先，斯金纳没有质疑其所指的强化的文化适境性，因而必定以我们文化的赞美自我的强化方式来建立那些适境性。因此，斯

---

① ② Skinner, B. F.（1989）. The origins of cognitive thought. *American Psychologist*, 44, 13 - 18, p.18.

金纳让我们超越个体只是让我们回到同样的社会特征（social character）。

换言之，如果我们接受现有文化的理解框架，并认可这一框架为斯金纳的理论提供了强化的适境性；而且，如果那些适境性建立在"自我包含个体是所有理论的来源"这一假设之上，那么，斯金纳的行为主义能够表达一切它想探讨的超越个体的东西。假定驱动其整个理论的是个体主义文化的适境性，那么他论及的其他方面必然是无声的。

其次，斯金纳的行为主义消除了个体与他者的相互影响，而这不仅仅是对话主义的核心（正如我们在第三部分和第四部分将要阐述的），也是所有试图超越赞美自我观而赞美他者的理论的基础。斯金纳认为，人除了接受来自他者（如环境）的刺激并以相当机械的方式作出反应，人与他者之间没有任何相互作用。因此，斯金纳的行为主义并不关注自我与他者在创造社会世界中的相互建构——大多数其他行为主义理论同样如此。更确切地说，我们被当作简单地接受刺激并作出反应的个体。这再一次证明，尽管我们可能认为文化在塑造个体行为中有非常重要的作用，但我们仍然完全以自我包含个体为中心，我们的态度仍完全是赞美自我的。①

---

① 我无意论证这一观点，但是，任何非调停的解释，如行为主义——至少它的激进形式——除了能肯定社会组织的主流形式，毫无作为。

心理学的人本主义运动

今天的心理学是分裂且破碎的，事实上可以说成三个或更多相互分离的……科学……第一是行为主义的、客观的、机械的实证主义流派；第二是起源于弗洛伊德和精神分析的心理学流派；第三是人本主义心理学，或称"第三势力"（Third Force）。[①]

在此，马斯洛（A. H. Maslow）向我们介绍了心理学的第三势力——人本主义心理学，以及它对心理学研究的新挑战。然而，人本主义并没有挑战的是——而且，事实上反而走向了最极端——对自我的赞美。

佩里斯（F. Peris）、赫夫林（R. F. Hefferline）和古德曼（P. Goodman）关于格式塔治疗（Gestalt therapy）的经典著作阐述了人本主义心理学家所关注的问题。首先，他们认为，自我发现（self-discovery）是我们生活的核心过程，也是他们治疗的核心过程："它涉及你对自我的独特态度以及对行为中自我的观察。"[②]

其次，我们的大多数问题来源于这样的事实：我们摒弃了自我中幼年时期使人苦恼的部分，像掉进陷阱而不得不咬断自己的腿的动物——仿佛否定的自我威胁着我们的生命——只好委曲求全地

---

① Maslow, A. H. (1971). *The Farther Reaches of Human Nature*. Harmondsworth: Penguin, pp.3 - 4.

② Peris, F., Hefferline, R. F., & Goodman, P. (1951). *Gestalt Therapy: Excitement and Growth in the Human Personality*. New York: Dell, p.3.

度过余生。^① 然而,与动物不同,通过寻找曾经威胁着我们生命的否定自我,以一种更健康的方式重新建构它,我们就可以得到重生。

最后,格式塔治疗的目标在于:

> 我们陈述一些指导语,通过此……你可以进行自我的探索:通过你自身的积极努力,你可以为你的自我有所作为——发现它,组织它,并建设性地应用于你的日常生活。^②

很少有人能发现这一建议的缺陷,或质疑它的合理性。毕竟,为什么我们不能努力发现我们的自我呢? 学会重构缺损的和歪曲的自我又有什么过错? 如果我不争第一,那么谁又将争第一呢? 如果我自己都一团糟,我又怎能对你有价值呢?

然而,如果走向极端,正如许多情形那样,我们会终结于极端自由主义(laissez-faire)的人际策略。每个个体只做她或他自己的事情,不关心他人。"我做我的事,你做你的事;我来到这个世界不是为了满足你的期望,你也不是为了满足我的期望。因此,你是你,我是我;如果我们碰巧发现彼此,这是一件美好的事情;但如果不能,那也没办法。"^③

---

① ② Peris, F., Hefferline, R. F., & Goodman, P. (1951). *Gestalt Therapy: Excitement and Growth in the Human Personality*. New York: Dell, p.4.

③ 这一哲学应归功于佩里斯——早期人本主义心理学的代表人物之一。这段引文来自20世纪60年代我的伯克利文档中某个不知名资源。

即使没有走向极端，人本主义心理学也明显趋向个体自身的自我。除了生命早期导致所有痛苦的困境或当前在自我发现过程中提供帮助的治疗师，他者如何相关并不清晰。人本主义没有改变赞美自我的文化议程。事实上，这一议程成为它自己的议程。

许多人本主义理论家认为，人在本质上是好的，他们并没有充斥着需要被控制的阴暗而肮脏的生物学本能。弗洛伊德说教式的警告被真正地强调人类内在的善良本性替代。如果我们顺其自然，人们将是善良的。当然，陷阱就是只有顺其自然，人们的善良才会出现。因此，人本主义心理学家鼓励人们切断与过去的联系，深入地审视自己，让其健康的童年进入这个世界：善良只能来源于此。

58　　　自我实现成为主流观点。[①] 人类的需要被描述成如金字塔般层级性的：生理需要位于最底层，最顶端为自我实现需要，依次有安全需要、归属需要和自尊需要。在西方国家、白人国家和发达国家中，人本主义心理学家感到较高层次的需要——尤其是自我实现——长期以来被拒绝表达。自我实现意味着实现个体作为人的潜能：持续地探索、发展和成长；成为有创造性的人；不断拓展个体目前受限的机会范围。

将东方宗教和哲学与西方自我包含个体主义方式相联系就会产生这样的理解：个体的自我似乎处在达成自我实现的过程之

---

① 参阅 Maslow, A. H.（1971）. *The Farther Reaches of Human Nature*. Harmondsworth：Penguin, pp.3 - 4.

中。如果弗洛伊德追求健康的模式劝诫我们要用自我的理性力量约束伊底，那么人本主义运动则呼唤减少自我的束缚以使健康的伊底能够得到表达。

也许，将这一信息置于集体主义文化，维持对他者的关注不会像置于一个已经极度自我导向（self-oriented）和关注其主角（自我包含个体）的社会那样具有破坏性。[①] 在后一种情形下，对人本主义的赞美自我观的过度宣扬，会疯狂地走入歧途，滑进并超出任何人的自恋幻想。[②]

人本主义运动为生活富足者提供了一种生活方式，以探索他们的个人世界，并找到解决错综复杂的现代生活困惑的路径。它允许人们挑战权威，忽略他者，以及发现不受他者或社会约束的内在的自我。

我实在想不起还有哪些人性理论家能像心理学领域中的人本主义理论家那样将赞美自我推至极致。不仅自我和自我的个人发展夺取了中心地位，而且他者仅仅被设计成主角自我成长和快乐的纯粹道具（mere prop）。

当非裔美国人听到马丁·路德·金（Martin Luther King）宣告"终于自由了，终于自由了"的演讲时，人本主义运动也欢呼"终于自由了，终于自由了"。虽然字词相同，目标却完全不同。一个

---

①② 参阅 Bellah, R. N., Madsen, R., Sullivan, W. M., Swidler, A., & Tipton, S. W. (1985). *Habits of the Heart: Individualism and Commitment in American Life*. Berkeley: University of California Press.

群体试图摆脱数十年的压迫，成为公民和受到尊重，在相互关心和帮助的合作运动中携手共进。而另一个已经生活在顶峰却仍感空虚的群体，发现这一信息极具吸引力。这一信息赋予每个人独立地、无须顾及他人地探索其内在，发现并表达真实自我的权利：一场真正的自我狂欢（dionysian feast for the self）。

认知革命

无论精神分析术语如何渗透于日常生活而成为我们的第二天性，无论人本主义心理学有多大的吸引力和亲和力，当今科学心理学真正的故事是由认知革命书写的。[①] 我们的日常经验属于一个有秩序的、连贯的、有意义的世界。对我们来说，任何事情都不是无意义的、琐碎的随机运动，而是有特殊意义的活动模式。我们看到的是家具，而不是分子运动。我们看到的是单词，而不是简单的字母链。我们处理信息，解决问题，依智慧行动。但是，这种秩序、意义和智慧行为来自何处？认知主义者的答案是，个体的心理——往往是个体的大脑。在第九章，我会通过比较本章的传统解释与认知主义传统的社会文化取向，修正关于认知主义的狭隘

---

① 参阅 Gardner, H. （1985）. *The Mind's New Science: A History of the Cognitive Revolution*. New York：Basic Books. Osherson, D. N. &. Lasnik, H. （eds.） （1990）. *An Invitation to Cognitive Science. Vol.1: Language*. Cambridge, MA：MIT Press. Osherson, D. N., Kosslyn, S. M., &. Hollerback, J. M. （eds.）（1990）. *An Invitation to Cognitive Science. Vol.2: Visual Cognition and Action*. Cambridge, MA：MIT Press. Osherson, D. N. &. Smith, E. E. （eds.）（1990）. *An Invitation to Cognitive Science. Vol.3: Thinking*. Cambridge, MA：MIT Press.

性(cognitivism's narrowness)的粗略评判。

在回顾认知革命的早期历史时,加德纳(H. Gardner)特别强调 1948 年在加利福尼亚理工学院(California Institute of Technology)召开的一次会议,以及心理学家拉什利(K. Lashley)所做的"令人难忘的"演讲。拉什利反对当时仍具优势的行为主义浪潮,认为人类行为受外部刺激的影响,因而不会简单地以有序的方式展现,而且这些刺激本身也是依据大脑中枢加工组织起来的:"简单地说,拉什利的结论是,形式超前于并决定特定的行为,组织发源于有机体内部,而非外界的强加。"①认知革命因此诞生,以便在个体心理内部探索它的结构与操作原则。

然而,同样令人难忘的还有计算机革命,以及使认知革命成为可能的新的心理隐喻。人类心理被当成一台计算机,它会根据其内在结构和操作原则(如程序)对外在世界的信息进行加工,从而生成我们所生活的、有序的意义世界。因此,我们的任务就是探索内在心理以确定它的结构与操作原则。

从一开始,认知革命就有很多不同的形态,使我们难以找到它们的共通之处:

> 几乎没有什么能像认知科学那样,在缺乏明确标志的情形下还能迅速地出现在心理学主流视野之中……我们如何界

---

① Gardner, H. (1985). *The Mind's New Science: A History of the Cognitive Revolution*. New York: Basic Books, p.13.

60

定这一宽广的领域？……一个方向是对构成所有智力行为基础的计算系统的抽象特征进行研究；另一个方向是对检测毫秒信号的人类观察者进行实验研究……此外，还包括旨在发现解决语言模糊性的规律的言语沟通研究……这些不同取向的共通之处也许就是理解智力与智力行为……[和]人类心理的智力功能结构的进化、智力发展的限度以及智力改善的可能性。①

这段话的作者埃斯蒂斯（W. K. Estes）进一步描绘了这一新的认知科学的主题，认为它包括"关于计算机与认知结构、感觉信息与自然语言加工、学习、专家系统以及科学与数学教育的应用"的研究。②仅凭这样一个粗略的考察就能看出，认知革命在心理学理论与研究中占据优势地位，其影响如此广泛以至于已成为理解人类经验与行为的主要模型。

在我看来，认知革命确实试图完善和拓展它的研究领域，但并没有从根本上挑战西方的赞美自我传统。认知主义的核心在于其继续在个体内部探索人性的答案。我们能在个体内部发现什么？"加工"和处理外在信息的心理过程。这些内在的心理过程如何运作呢？看看计算机的信息加工装置，正是这一装置提供了一个完

---

①② Estes，W. K. (1981). What is cognitive science? *Psychological Science*，*2*，282，p.282.

美的人类心理模型。[①]

认知革命与计算机革命共同发展且互相促进并非偶然。科学往往受主流隐喻的影响。此处是一台机器，它以类似于心理运作的方式发挥作用。这太具诱惑力，难以令人不首先将计算机看成心理，然后再将心理看作好似一台复杂的计算机。牛顿的世界被比拟成一个巨大的机械钟，认知革命将人类世界比拟成一台巨型的计算机。

将人类心理比作计算机的隐喻还产生了其他一些相当惊人的后果，最重要的莫过于它去除了认知者的性别和其他相关特征，因而维持着我在第一章提出的优势地位。计算机隐喻为我们提供了人类智力与心理功能的非具身化的观点。[②] 在本章的后面我们还会继续探讨这一观点。

认知科学从出现，甚至到如今——我在后面的章节中会讨论到一些例外情况——一直以一种纯粹的方式进行研究。即使人类显然不仅仅有心理，还有身体和情感，即使人们显然是与他者共存

---

① 《心理科学》(*Psychological Sciences*)在 1991 年 9 月号中用大量篇幅讨论了奥舍松(D. N. Osherson)等人编著的认知科学的三卷著作，讨论的主题是计算机在理解和模拟人类心理中发挥的重要作用。参阅 Osherson, D. N. & Lasnik, H. (eds.)(1990). *An Invitation to Cognitive Science. Vol. 1: Language.* Cambridge, MA: MIT Press. Osherson, D. N., Kosslyn, S. M., & Hollerback, J. M. (eds.)(1990). *An Invitation to Cognitive Science. Vol. 2: Visual Cognition and Action.* Cambridge, MA: MIT Press. Osherson, D. N. & Smith, E. E. (eds.)(1990). *An Invitation to Cognitive Science. Vol.3: Thinking.* Cambridge, MA: MIT Press.

② 参阅 Dreyfus, H. L. & Dreyfus, S. E. (1987). From Socrates to expert systems: The limits of calculative rationality. In P. Rabinow & W. M. Sullivan (eds.), *Interpretive Social Science: A Second Look.* Berkeley: University of California Press.

61

于特定社会中的社会存在，但这些都与认知主义的真正目标无关。认知主义的目标在于"探索心理本质（mind-in-itself）是如何运作的"。[1] 对心理的强调能使研究抽离情境，似乎只有以这种纯粹的方式才能研究心理的运作。在这一点上，认知主义简单地复制了实验科学的要求，首先把研究对象抽离出情境加以研究，然后再放回到它在世界的本来位置。

例如，加德纳注意到社会历史因素不可置疑地会影响人类生活，但他仍告诫我们，这时讨论这些因素"必将复杂化认知科学事业"。[2] 他的"观点是，存在一个能以自身的术语加以解释的认知的核心区域，不需要参照（依赖）这些其他的，当然也是重要的因素"。[3] 这一观点得到许多认知科学家的认可。[4]

---

① 加德纳仍然坚持这一观点，尽管许多学者对此持批判态度。参阅 Bowers, J. M. (1991). Time, representation and power/knowledge: Towards a critique of cognitive science as a knowledge-producing practice. *Theory and Psychology*, 1, 543 – 569. Bruner, J. (1990). *Acts of Meaning*. Cambridge, MA: Harvard University Press. Dunn, J. (1984). Early social interaction and the development of emotional understanding. In H. Taifel (ed.), *The Social Dimension: European Developments in Social Psychology*, Vol. 1. Cambridge: Cambridge University Press. Goodnow, J. J. (1990). The socialization of cognition: What is involved? In J. W. Stigler, R. A. Shweder, & G. Herdt (eds.), *Cultural Psychology: Essays on Comparative Human Development*. Cambridge: Cambridge University Press. Johnson, M. (1987). *The Body in the Mind: The Bodily Basis of Meaning, Imagination, and Reason*. Chicago: University of Chicago Press. Lakoff, G. (1987). *Women, Fire and Dangerous Things: What Categories Reveal about the Mind*. Chicago: University of Chicago Press.

② Gardner, H. (1985). *The Mind's New Science: A History of the Cognitive Revolution*. New York: Basic Books, p.6.

③ 同上，p.388.

④ Bowers, J. M. (1991). Time, representation and power/knowledge: Towards a critique of cognitive science as a knowledge-producing practice. *Theory and Psychology*, 1, 543 – 569.

认知科学家以许多不同的方式剥离社会世界的影响。有位认知科学家曾指出："在最终的分析中，认知不能独立于知觉与运动系统而被理解；人类认知只有在物理世界的情境中才具有意义，正是这种物理世界塑造了认知的进化和每一种形态。"[①]尽管我不能对"我们生活在物理世界之中"这一说法提出异议，但同等重要的是，"人们也生活在一个社会世界之中"这一事实遭到忽略。似乎只要观察计算心理在物理世界中的运作，就能理解人类认知。

另一位认知科学家尽管闭口不谈物理世界或社会世界，但肯定了我关于认知主义的纯粹主义观点。尽管有批评指出，认知科学的实验研究缺乏生态学效度，我们还是被告知"显而易见的是……我们探索普遍规律以描述本质的规律性，而不是进行具有生态学效度的实验"。[②] 马萨罗（D. W. Massaro）继续指出："只有在控制良好的人工实验环境下，才能揭示这些规律；这一事实不会使它们与日常生活的解释不相契合，这些规律将有助于我们描述、模拟和理解复杂的自然现象。"

这些都是耳熟能详的假设：诸如心理这样的自在之物有其本质的特征，而只有以纯粹的方式将它抽离出一切可能掩盖其真正本质的事物，才能揭示其本质特征。这一推论的假设就在于，被隔离的本质回到"正常的"世界，其本质不会发生变化，即我们在隔离

⁶²

---

① Lindsay，R. K. （1991）. Symbol-processing theories and the SOAR architecture. *Psychological Science*，*2*，294－302，p.299.

② Massaro，D. W. （1991）. Psychology as a cognitive science. *Psychological Science*，*2*，302－307，p.303.

情境下发现的心理特征在回到生活于社会世界中的人类的身体时，决不会改变。

然而，事实上——正如我们将在第三部分看到的——这些都是成问题的假设。当心理被抽离出日常生活世界时，我们所获得的心理运作方式可能只给予我们很少的关于心理在其日常生活世界中的实际运作方式的信息。[1] 然而，大量认知心理学仍然继续无畏地探寻描述人类心理及其基本运作的基础性结构。

尽管认知科学既不痴迷于人本主义心理学的自我与自我实现，也不热衷于探求精神分析的无意识内驱力的秘密，更没有跟随行为主义拒斥任何内在心理，但是，它同样分享着科学和大众文化共享的赞美自我的框架。认知主义的英雄是自我包含个体，我们在其心理内部发现人性的秘密。认知主义的研究对象是抽象的、非具身的、超然的作为心理的人（person-as-mind），即自我包含个体，我们探索它的内在而忽视其他所有的人或事。

在对待他者的问题上，认知主义的失败明显体现在几个关键的方面。一个事例是布鲁纳注意到的问题。他在批评认知科学的"计算心理"（computational mind）时指出："处理所有信息的系统无法识别所贮存的是来自莎士比亚的十四行诗的字词还是来自随

---

① 一些研究者为此观点提供了相当有说服力的例证。请参阅 Lave, J. (1988). *Cognition in Practice: Mind, Mathematics and Culture in Everyday Life*. Cambridge: Cambridge University Press. Rogoff, B. & Lave, J. (eds.) (1984). *Everyday Cognition: Its Development in Social Context*. Cambridge, MA: Harvard University Press. Wertsch, J. V. (1991). *Voices of the Mind: A Sociocultural Approach to Mediated Action*. Cambridge, MA: Harvard University Press.

机数字表的数字。"①简言之，无论我们是写小说、诗歌、方程，还是给老板写备忘录，计算机的语句加工程序均以同样的方式运作。如果心理以与计算机相同的方式运作，而且我们的任务就是揭示心理的程序，那么，无论是结构还是运作都无关紧要——心理的程序——会引导我们去创作优美的十四行诗或毫无新意的备忘录。简言之，他者的独特特征与强调自我包含个体内部心理的独白研究毫不相关，而这种研究继续占据着认知传统的主流。②

认知科学最为严重的问题或许是其非具身化的知识观，而且这种知识观因采纳计算机隐喻而得到加强。弗洛伊德至少还看到身体在塑造人类心理中的作用。既然身体是有性别的，那么我们可以推论性别有可能影响具身化心理运作的方式。

认知科学将认知者还原为一个类似于计算机的心理，从而删除了认知过程中的身体（有性别的或没有性别的），由此为我们描绘了一个无身体的和无性别的思维与智力行为的图景。然而，正如我在第一章试图阐明的，无论何时，一旦遭遇明显无性别的描述，我们都需要小心其实质上的高度性别相关性；世界是以男性的视角被理解的。简言之，认知科学的计算机隐喻，并没有使认知科学无视布鲁纳所阐述的主题，更重要的是，尽管声称性别中立

63

----

① Bruner J. (1990). *Acts of Meaning*. Cambridge, MA: Harvard University Press, p.4.

② Shweder, R. A. (1990). Cultural Psychology—What is it? In J. W. Stigler, R. A. Shweder, & G. Herdt (eds.), *Cultural Psychology: Essays on Comparative Human Development*. Cambridge: Cambridge University Press, p.19.

（毕竟，计算机有什么性别呢？），但实际上，认知科学也不是真正性别盲的（gender-blind）或性别中立的（gender-neutral）——它无疑是男性的。

尽管拉科夫和约翰逊均没有以任何方式聚焦于性别化的身体，但他们的观点——我们在第三章首次提及——无疑是具身化与非具身化问题的核心。他们以与我的观点相一致的方式强调所有心理过程的具身化观点。约翰逊的主要著作《心理中的身体》（*The Body in the Mind*）的标题正是对这一观点的最好表达。他们对认知科学中占据主导地位的、仍在寻求非情境化的知识来源的笛卡儿式理解提出挑战：帕特南的"超然于人的上帝之眼观"和麦金农的"无任何观念立场"。

约翰逊挑战了笛卡儿的客观主义模式，指出：

> 客观主义忽略身体的作用，是由于身体被认为是将不相关的主观因素带进客观的意义本质；是由于理性被看作抽象的和超常的，即与任何人类理解的身体方面无关的；是由于在对抽象主题进行推理时身体看起来毫无作用。[1]

然而，约翰逊认为——拉科夫也认同——"任何对意义与理性的充分理解都必须将具身化的和富有创造力的理解结构置于核心地

---

[1] Johnson, M. (1987). *The Body in the Mind: The Bodily Basis of Meaning, Imagination, and Reason*. Chicago: University of Chicago Press, p. xiv.

位；只有这样，我们才能认识我们的世界"。① 他们以有说服力的理论和实证案例支持他们的观点，并论证人类智能活动的非具身观的不合逻辑性。

然而，正如我之前所阐述的，无论是约翰逊还是拉科夫，都没有涉及性别化的身体；如果他们涉及的话，我相信，他们的观点会变得更为强大和有价值。约翰逊和拉科夫使我们远离了计算机隐喻。他们强调意义并不是运算法则和公式的应用，而是解释和想象的具身化行为。现代认知科学，包括一些能更好地刺激心理/神经网络以预设的、相同的方式运作的并行网络计算机连接方面的最新发展，都如此痴迷于那样的隐喻，而我认为正是这种取向导致认知科学直接指向赞美自我的王国。

64

当然，从计算机隐喻本身隐含的性别主义立场出发，我们再次看到一种人类思维形式典型地与优势白人男性相关——然而，正如约翰逊和拉科夫所论证的，它是一种连男性优势群体甚至都没有意识到的形式——被视为适用于所有人的规范模式而被采用。这就压制了女性以及其他与具身化的情境相关的思维方式的独特性。因此，赞美自我不仅表现在认知科学将如同计算机的人类心理-大脑（mind-brain-as-computer）网络视为理解人性的来源，而且体现在认知科学未能与他者性本身达成一致，即

① Johnson，M.（1987）．*The Body in the Mind: The Bodily Basis of Meaning*，*Imagination*，*and Reason*．Chicago：University of Chicago Press，p.xii.

与他者的角色达成一致，不管他者是某人自己的身体还是其他
人的身体和经验。

　　如果真是这样，认知科学中的他者身在何处？当认知科学的
任务在于发现个体的内在本质时，他者只是背景，或者几乎毫不相
关；或者，他者的现实完全是由个体非具身化的心理的结构和运作
决定。他者实际上是谁或什么并不重要；他者在认知科学中的唯
一角色就是充当认知者心理运作所塑造的黏塑性介质（plastic
medium）。正如韦斯滕（D. Westen）[①]提到的，这就在认知科学与
精神分析的对象关系理论之间形成了一个独特的结合点：它们本
身均无意关注他者，只是将他者视为一个由个体心理运作塑造的
客体而已，而个体将继续充当我们最为尊崇的研究对象。

　　大众文化与科学心理学的共谋维持着长久的、几乎无法动
摇的西方文化传统。这种文化传统告诉我们，如果我们希望理
解人性，就必须理解人性所依附的个体。因此，作为一门研究个
体的科学，心理学共享着文化的常识性框架也就不足为奇；而试
图提出不同理解的心理学必然与常识相冲突，因而可能很快便
销声匿迹。

　　然而，幸运的是，现代生活的各种变化已经迫使我们质疑我
们的理解方式，为挑战长久以来的信念提供了一个更加友善的
氛围。与个体主义的、内在中心的以及赞美自我的观点相比，关

　　① Westen, D.（1991）. Social cognition and object relations. *Psychological
Bulletin*, 109, 429 – 455.

于在何处探究人性的替代观点可能比十年或更久之前更不可能
与今天的观点相冲突。但是，在进入第三部分详述这一观点之前，
我们还必须完成一项额外的任务——揭示我们自身世界观的怪
诞性。

66

第五章

一个最怪诞的自我

　　著名人类学家格尔茨（C. Geertz）对自我包含个体作出了正确的解读。当我们以全球视野进行考察时，西方世界为我们所熟知的，而且被视为世界唯一真实的存在方式的自我包含个体，用格尔茨的话来说，是"怪诞"（peculiar）的。这是对西方文化的自我感的控诉。格尔茨指出：

　　　　西方关于人的概念是一个有边界的、独特的、在一定程度上整合了动机和认知的……既区别于其他个体又有异于社会和自然背景的独特整体。不管对我们来说这个概念是多么天经地义，但放在世界文化的语境中，它只是一种极其怪诞的观念。①

---

　　① Geertz，C.（1979）. From the native's point of view：On the nature of anthropological understanding. In P. Rabinow & W. M. Sullivan（eds.），*Interpretive Social Science*. Berkeley：University of California Press.

换言之,无论我们多么熟知当今西方文化的主人公与英雄,这些自我包含个体都是一个怪诞的人物。

格尔茨的观点并非绝无仅有。中世纪史(medieval history)教授莫里斯(C. Morris)称当今西方观点是"文化中的怪胎"(eccentricity among cultures)。[①] 莫里斯对"怪胎"的描述类似于格尔茨对"怪诞"的描述:"我们站在安置我们的自然法则之外,不受其客观性的制约;我们有自己独特的人格、信仰和生活态度,这对我们来说是个常识。"[②]

莫里斯作为历史学家的观点使他意识到正是时间上的距离使得有强烈个体感的现代人的观念有别于早期的理解:

> 希腊教父(Greek Fathers)与希腊哲学(Hellenistic philosophy)的弟子们更可能痛苦地意识到他们的出发点与我们的出发点之间的差异……他们并没有类似我们所说的"人"的概念,尽管他们用来表达人的存在(being)的词汇非常丰富。[③]

下列例证将有利于我们清晰地理解格尔茨和莫里斯的观点的意义与基础。尽管前面大多数例证是基于诸如印度与大西洋岛屿

67

---

①③ Morris, C. (1972). *The Discovery of the Individual 1050－1200*. London: Camelot Press, p.2.

② 同上,p.1.

异国文化的，但后面直至本章结尾我们将转向探讨包括欧洲在内的工业化国家。

例证

有研究比较了印度人与美国人对各种行为的解释，认为美国人更多地采用个体主义的解释框架。[①] 例如，当要求美国人描述一种偏差行为发生的情境时，她谈起了自己一个骗税的邻居。当被要求为邻居骗税给出一个解释时，她回复道："她就是那样的人，她是那么争强好胜。"[②]这些解释是个体主义的，试图在自我包含个体内部寻求问题行为的成因——例如，好胜（competitiveness）。

相比之下，印度人在谈及被不讲道德的契约人骗取钱财时，他会用这个人的社会情境来解释其行为："这个男人失业了，无力支付这笔费用。"[③]可见，印度人的反应是社会导向的，将人们置于其生活的社会世界，并使用社会性的解释——例如，失业——来解释人们的行为。

在解读这些和其他类似的研究结果时，史威德（R. A. Shweder）和伯恩（E. J. Bourne）比较了两种文化主题：自我中心主义（egocentrism）和社会中心主义（sociocentrism）。在自我中心主义世界观中，社会世界是从属于个体的；社会的主旨是服务于

① Miller, J. G. (1984). Culture and the development of everyday social explanation. *Journal of Personality and Social Psychology*, *46*, 961 - 978.

② 同上，p.967.

③ 同上，p.968.

"一些理想化的、自主的、抽象的个体的利益；这些个体生活在社会之中，但不受社会的影响"。[1] 与之相对应的社会中心取向则认为，"个体的利益应服从于集体的利益"。[2]

对大西洋岛屿文化和美国中产阶级文化的跨文化研究进一步加深了我们对西方个体主义自我的本质及其对话机制对个体主义自我建构的理解。奥克斯（E. Ochs）[3]比较了萨摩亚与美国儿童照顾者的儿童社会化促进实践，认为美国儿童照顾者更倾向于鼓励对自我和他者的个体主义理解的发展，萨摩亚儿童照顾者则倾向于帮助儿童学会如何更好地融入他们所属的群体。

奥克斯检视了儿童表达不清晰时照顾者采用的"澄清码"（clarification sequences）这一术语。在他看来，美国儿童照顾者偏好使用猜测儿童表达的意义的澄清方式，如"你想要饼干吗？"与此相对照，那些没有理解儿童口头语言的萨摩亚儿童照顾者则简单地要求儿童重说一遍。

奥克斯认为，猜测（guessing）假设儿童内部存在某些成人有责任去发现的意愿，而且猜测意味着照顾者的角色在于调适自身行为以适应儿童的需要。在不采用猜测的方式而是要求儿童重述的情形下，萨摩亚儿童照顾者传达了他们的文化对儿童的期望：

68

[1][2] Shweder, R. A. & Bourne, E. J. (1984). Does the concept of the person vary cross-culturally? In R. A. Shweder & R. A. LeVine (eds.), *Culture Theory: Essays on Mind, Self and Emotion*. Cambridge: Cambridge University Press, p.190.

[3] Ochs, E. (1988). *Culture and Language Development: Language Acquisition and Language Socialization in a Samoan Village*. Cambridge: Cambridge University Press.

儿童应学会适应成人的世界，而不是调适自己以适应儿童的需要。这恰恰展现了一种美国儿童和萨摩亚儿童经社会化融入其各自文化的个体主义或集体主义取向的对话机制。美国儿童学会的是，他者在那里用以适应他们并满足他们的需要；而萨摩亚儿童学会的是，他们的任务就是学会如何适应他们的群体。

奥克斯的研究还揭示了另一个有趣的对话机制：文化的个体主义或集体主义的民族气质是内嵌在人们身上的。很明显，萨摩亚人参与了所谓的"微交流"（maaloo exchange）。在"微交流"中，我们可能会把每一个值得称道的行为归功于实施者个人，但该人的回应是他者同样有功。借助这一反馈，证明他者同样对此行为负有责任。例如，如果我做了好事，你因此而表扬我，微交流需要我在反馈中承认你对我成功行为的贡献。换言之，作为支持者的他者（other-as-supporter）是萨摩亚人文化的内核。

奥克斯列举了一些事例。例如，一个司机有着高超的驾驶技术，乘客夸奖他说："很棒的驾驶技术。"司机对此的反应是"很棒的支持"。[1] 或者，当一群旅行者旅行归来受到全家人的欢迎时，交换可能是这样的——"很棒的旅行"，旅行者的反馈——"回到家真好"。[2] 正如奥克斯主张，"任何成就都可被视为行为者与支持者的共同产物。在萨摩亚人的观念中，如果某事进展得很好，支持者

---

[1]　Ochs, E. (1988). *Culture and Language Development: Language Acquisition and Language Socialization in a Samoan Village*. Cambridge：Cambridge University Press，p.199.

[2]　同上，p.200.

的贡献与行为者的贡献同样大"。[①]

　　然而,当萨摩亚人将孩子送到西方学校时,又会产生怎样的结果呢? 正如我们中大多数成长于此种环境中的人们所熟知的,对个体达成的个体行为的强调取代了支持者与卓越表现的共同产物的概念。在西方的教室里,萨摩亚儿童学会避免微交流,并个体化他们的理解——"他们学会将任务看作个体的工作与成就",[②]他们学会摒弃萨摩亚人的世界观以及支持者、共同成就和微交流的概念,表现出西方自我包含个体的特质。但是,奥克斯也注意到,有些人能成功地学会这两种截然不同的观念——一种是他们在西方世界中采用的,另一种则是在他们自己家庭中采用的。

　　埃林顿(F. Errington)和格韦尔茨(D. Gewertz)再次考察了因米德的先驱之作而闻名的阐伯里(Chambri)文化,对米德的观点提出了挑战:与我们的文化不同的是,阐伯里人并不具有发展良好的个体人格的概念。为了论证这一观点,埃林顿和格韦尔茨描述了他们的 25 岁的研究助理因对巫术的恐惧而不能继续参与其研究项目的故事。随着其故事的披露,很明显的是:

　　　　他显示出无主体性。他表现出没有个性、能力和观点,而

---

　　① Ochs, E. (1988). *Culture and Language Development: Language Acquisition and Language Socialization in a Samoan Village*. Cambridge: Cambridge University Press, p.200.

　　② 同上, p.208.

这些对我们来说，是构成自我的要素；他不认为自己具有受到本土和欧洲文化共同塑造的独特个性；反而，按照他自己的解释，他就是多重交换的产物(catalog of his transactions)。①

换言之，与我们将人的概念视为由人格和主体性，即一个清楚界定了他们是谁以及是什么的内在领域构成不同，阐伯里人的认同以更为关系的方式界定：似乎一系列与他者进行的社会交换，既不来自其内在固有特质，也不受其影响。

法扬斯(J. Fajans)聚焦于另一种文化，即巴布亚新几内亚的新不列颠的百宁(Baining)，对人的概念提出更深入的挑战。如果说阐伯里人关于人的概念去除了一种连贯的、整合的和主观基础上的人格而支持了一种更加具有社会植根性的观念，百宁人则去除了大多数"心理上的特质"(things psychological)：

> 百宁人展现了一种对心理学话语模式的普遍性回避。如果我们将后者理解为文化的一个领域，那么这种文化的领域包括对情绪与情感的关注、人与自我的概念、偏差理论、行为解释、认知与人格发展观，百宁人很少对这些领域感兴趣。他们不愿意推测个体的(不论是自己的还是他人的)动机、行为

① Errington, F. & Gewertz, D. (1987). *Cultural Alternative and a Feminist Anthropology: An Analysis of Culturally Constructed Gender Interests in.* Cambridge: Cambridge University Press, p.139.

和情感。他们不使用这些术语对发生在他们身上的行为和事件的意义进行解释。[①]

在百宁人看来,将人们视为生活在社会网络中的社会行为者就足够了,这种社会网络拥有用以解释行为及其原因的传统和期望。我们偏好的西方文化取向试图从内部寻求解释,探索自我包含个体的私人领域,与之不同的是,百宁人——以及,正如格尔茨提出的,世界上的大多数文化也是如此——不会如此决然地将个体与社会世界分离。

70

人类学家卢兹(C. Lutz)在离大西洋 800 多千米外的伊法鲁克(Ifaluk)环状珊瑚岛进行实地研究的初期,[②]平生第一次做了一件失礼(faux pas)的事情。一群年轻的女性访问她的小木屋。她问她们:"你们(所有人)都想跟着我去取水吗?"[③]这个问题问得毫无恶意,她希望自己成为女性群体中的一员。但是,卢兹的询问得到的是沮丧与尴尬的反馈。那么,她错在哪里呢?

---

① Fajans, J. (1985). The person in social context: The social character of Baining "Psychology". In G. M. White & J. Kirkpatrick (eds.), *Person, Self and Experience*. Berkeley: University of California Press, p.365.

② Lutz, C. (1985). Ethnopsychology compared to what? Explaining behavior and consciousness among the Ifaluk. In G. M. White & J. Kirkpatrick (eds.), *Persons, Self and Experience*. Berkeley: University of California Press. Lutz, C. (1988). *Unnatural Emotions: Everyday Sentiments on a Micronesian Atoll and Their Challenge to Western Theory*. Chicago: University of Chicago Press.

③ Lutz, C. (1985). Ethnopsychology compared to what? Explaining behavior and consciousness among the Ifaluk. In G. M. White & J. Kirkpatrick (eds.), *Persons, Self and Experience*. Berkeley: University of California Press, p.44.

卢兹的错误在于，她对"我"，即一种分离的和个体主义的术语的使用。这一术语对伊法鲁克人来说意味着缺乏对他人关注的自我中心。尽管伊法鲁克人有"我"的概念，但他们很少使用，在很多我们很可能使用"我"的场合，他们更喜欢说"我们"。如果你希望大家和你一起去取水，更好的表达方式是："我们现在一起去取水，可以吗？"①

卢兹还发现，我们对"我"的使用与伊法鲁克人对"我们"的使用之间还存在一些其他方面的差异。例如，"在看到不寻常的事件时，一个伊法鲁克人更有可能说'我们（说话者与聆听者）不知道这里发生了什么'，而不是'我不知道这里发生了什么'"。②"我们"的使用不仅仅是出于礼貌，它还传达了伊法鲁克人对群体共享观念的强调，而不是脱离于群体的个体的独特观念，就像我们频繁使用"我"时所传达的。

换言之，"我"意味着我们看重的却让她们感到不安的东西：独立、私密、与他者的分离。"我"是一种自我凌驾于他者之上的宣言，忽略了伊法鲁克人如此看重的与他者共处的植根性特征。我们努力使我们与他者疏离，向世界宣告我们从群体中脱颖而出成为一群具有我们所崇尚的自我包含特质的人。然而，承认自我与他者的分离并没有从伊法鲁克文化以及许多其他文化中得到接纳

①② Lutz, C. (1985). Ethnopsychology compared to what? Explaining behavior and consciousness among the Ifaluk. In G. M. White & J. Kirkpatrick (eds.), *Persons, Self and Experience*. Berkeley: University of California Press, p.44.

的反馈,因为在这些文化中,这种用法意味着拒绝和过度自恋。

日本心理学家小岛(H. Kojima)研究了美国人和日本人对自我的理解的差异。他这样阐述日本人对自我的理解:

> 完全独立于环境的自我概念是外来的……日本人并不认为自己在对完全独立于自我的环境施加控制,也不认为自己在对脱离于环境的自我施加影响。①

71

霍夫施泰德(G. Hofstede)对格尔茨所说的"怪诞"给予了特别关注。② 他将我们的视线从印度与大西洋岛屿的异国文化转移到发达的工业化国家,支持了小岛的结论。霍夫施泰德报告了他进行的一项大型国际性调查取得的研究成果。在其中,他考察了包括他所指的集体主义和个体主义的维度在内的诸多差异。他指出,个体主义文化是那种个体利益和目标优先于群体利益的文化;而在集体主义文化中,内群体(in-group)和对内群体的忠诚具有至高无上的社会价值。

霍夫施泰德对来自 40 个不同国家的 10 万多份问卷的分析,揭示了这 40 个国家中——以格尔茨的术语来说,最为"怪诞"的——个体主义观念最为突出的是美国,其次是澳大利亚和英国。

---

① Kojima, H. (1984). A significant stride toward the comparative study of control. *American Psychologist*, *39*, 972 - 973, p.973.

② Hofstede, G. (1980). *Culture's Consequences: International Differences in Work-related Values*. Beverly Hills, CA: Sage.

个体主义观念较弱的国家包括一些欧洲国家（如南斯拉夫、西班牙、奥地利、芬兰），但最为突出的还是亚洲和拉丁美洲国家。[①]

两种怪诞性

尽管格尔茨和莫里斯已经向我们描绘了现代西方观念的怪诞性（peculiarity），尽管上述已有例证说明了怪诞性的内涵，但是，如果我们意在揭示怪诞性的真实本质，那么我们仍需进行更深入的探讨。怪诞性远比我们原先想象的复杂，而且与不同文化特征相互结合。在这里，我们将在西方的——尤其是占有优势地位的美国——框架内，揭示怪诞性的两个相关却又可分离的含义。第一种怪诞性是指西方关于人的概念的狭窄性与排斥性，第二种怪诞性促使我们审视权力在维持我所指的关于人性的谎言中所发挥的作用。

怪诞性之一：排斥与包含共存的自我

莫斯在其开创性的理论文章中指出，"从来不存在这样一个人：他不仅没有意识到他的身体，而且也没有意识到其包括精神上和身体上的个体性。这对我们来说尤其显而易见"。[②] 引用哈

---

① 在解释这些调研结果时，复杂性就出现了。例如，1980 年的数据将南斯拉夫放在集体主义的欧洲国家里，但 1992 年时，它已不再是一个国家，在战争期间成为一个国家联盟。然而，这种复杂性又是有益的，有利于揭示内群体的和谐与外群体的敌意，这正是集体主义国家的特征。

② Mauss，M.（1938 /1985）. A category of the human mind：The notion of person；the notion of self. In M. Carrithers，S. Collins，& S. Lukes（eds.），*The Category of the Person: Anthropology*，*Philosophy*，*History*. Cambridge：Cambridge University Press，p.3.

洛威尔(A. I. Hallowell)关于个体概念普遍性的著名论断,希勒斯
(P. Heelas)和洛克(A. Lock)基于对人的概念的跨文化研究得出
如下结论:尽管个体性概念复杂多样,但没有哪个文化缺少个体
性的概念。[1] 格尔茨所说的怪诞性并不是聚焦于是否拥有作为个
体的人的概念,怪诞性似乎体现在其他方面。

　　大量事实以及上文考察的例证均表明,关键取决于个体被界
定为排斥或包含的程度。[2] 排斥性概念(exclusive conception)将
个体定义为一个完全自我包含的、独立的实体,它的本质能被有意
识地抽离出她或他所属的各种关系与内群体。与之相对应,包含
性概念(inclusive conception)根据内群体来界定个体;在内群体
中,个体拥有成员身份并始终如一地忠诚于该群体。

　　自我中心-个体主义-排斥观和社会中心-集体主义-包含观都
拥有一个个体的概念,其差异在于内群体关系中个体的重要性程
度。极度排斥观割裂个体与内群体关系,忽略其可能拥有的关系
与成员身份,从而抽象出包含在个体内部的核心本质;而极度包含
观将个体的意义置于一个或几个核心的内群体关系之中,因此不
会在关系之外去抽象某些个体的本质。

---

　　[1] Heelas, P. & Lock, A. (eds.)(1981). *Indigenous Psychologies: The Anthropology of the Self*. London: Academic Press.
　　[2] 参阅 Triandis, H. C., Bontempo, R., & Villareal, M. J. (1988). Individualism and collectivism: Cross-cultural perspectives on self-ingroup relationships. *Journal of Personality and Social Psychology, 54*, 323–338. Wheeler, L., Reis, H. T., & Bond, M. H. (1989). Collectivism-individualism in everyday social life: The Middle Kingdom and the melting pot. *Journal of Personality and Social Psychology, 57*, 79–86.

在第三章和第四章中,我强调自我包含的构想是赞美自我的,将个体的自我视为解开人性秘密的关键。在集体主义社会和个体主义社会都拥有个体性概念的情形下——即使程度不同——如何评价它们的赞美自我的特征呢?

这两个概念都是赞美自我的,但是由于它们持有不同的自我观,因而赞美自我的方式也不同。个体主义的赞美自我与集体主义的赞美自我的主要差异之一在于被赞美的自我的本质:前者远比后者更为狭隘和排外。然而,两者都界定了自我(self)和非自我(non-self),建构了一个适用的非自我(他者),并赞美前者排斥后者。

例如,对美国样本和亚洲样本的比较研究表明:与较为个体主义的美国人相比,集体主义社会成员(如中国人)更看重隶属于内群体的他者的价值;但是,集体主义社会成员并不包容外群体,并且事实上,比个体主义的美国人更注重内群体与外群体的区分:[①]

> 与内群体成员保持和谐的关系是必要的,但是外群体遭到排斥。与之相反,个体主义者不会作出这么明显的区分,因

---

① 参阅 Triandis, H. C., Bontempo, R., & Villareal, M. J. (1988). Individualism and collectivism: Cross-cultural perspectives on self-ingroup relationships. *Journal of Personality and Social Psychology*, 54, 323 - 338. Wheeler, L., Reis, H. T., & Bond, M. H. (1989). Collectivism-individualism in everyday social life: The Middle Kingdom and the melting pot. *Journal of Personality and Social Psychology*, 57, 79 - 86.

为谁是"内"更多取决于发生了什么。①

尽管这段话清晰地表明集体主义文化排斥外群体,但它远远无益于我们理解个体主义文化如何以不同的方式参与对受排斥的外群体的建构。在我看来,比起集体主义文化,个体主义文化关于受尊重的内群体与受谴责的外群体的观念更具伪装性,因为在很大程度上,个体主义否认了对集体主义来说处于中心地位的这两种群体的区分。

换言之,个体主义文化对作为人之本质的抽象个体性的强调,削弱了人们对内群体与外群体的区分意识,虽然这种区分在幕后以非常重要的方式发挥着巨大的作用。惠勒(L. Wheeler)等人认为,内外群体的区分在个体主义文化中并不重要(但在集体主义文化中处于中心地位);而我持相反的观点,在个体主义文化中,这种区分高度相关但被否认,这就引发了我对西方文化的第二种怪诞性的思考。

怪诞性之二: 权力与谎言

西方个体主义观的第二种怪诞性体现在它对作为个体主义理解基础的内群体与外群体区分的否认。在高度个体主义文化中,将个体从她的或他的关系中抽离出来以确保自我包含的本质,忽

---

① Wheeler, L., Reis, H. T., & Bond, M. H. (1989). Collectivism-individualism in everyday social life: The Middle Kingdom and the melting pot. *Journal of Personality and Social Psychology*, 57, 79 - 86, p.84.

视了其运作的两个前提条件：第一，个体主义主要服务于社会的优势群体。换言之，个体主义必须建立在隐含的内群体与外群体的区分基础之上——此处是指在被理解为自我包含的内群体与非自我包含的外群体之间。

　　第二，人性标准是由优势群体决定的，他们的观点于是成为适用于所有人的普适性标准，因而掩盖了其自身的独特性。这也掩盖了作为个体性概念基础的内群体与外群体区分，使人们误认为个体性是个体固有的，而不是内群体/优势群体与外群体/劣势群体关系的产物，因而服务于优势群体的利益，并维持了优势群体的地位。简言之，优势群体的自我理解被当作适用于所有人的标准的、自然的理解；这置我们于一个谎言之中：人性建立在自我-他者差异的压抑基础之上，旨在维持并服务于优势群体的利益。

　　吉利根(C. Gilligan)的研究为我们理解这一问题提供了一个切入点。[1] 她选择了一组去诊所咨询流产的女性作为访谈对象。通过深度访谈，吉利根发现，她们作出流产的决定受"不同推理声音"(吉利根语)指导，这与男性作道德决定时的声音不同。这种不同的声音远比自我包含的男性的声音更具社会植根性和关系倾向。吉利根指出，与男性的抽象个体主义世界观相比，女性对人性

---

① Gilligan, C. (1982). *In a Different Voice: Psychological Theory and Women's Development*. Cambridge, MA: Harvard University Press.

有更为联系的、关系的理解。①

在这个问题上，吉利根与其他学者合作，对不同情境下女性的社会中心取向与男性的个体主义取向进行比较。② 格尔茨对怪诞性的批判和莫里斯对怪胎的批判似乎更多地指向西方社会中的优势群体——往往是男性——将人界定为自我包含的方式，而不是西方社会中每个人界定人的方式。③ 在此，我们不仅在讨论赞美自我的文化观，而且在探讨——正如我在第一章指出的——蓄意压抑差异和他者性的文化观。

在第三部分，我将指出所有人都必然在其社会世界中与他者

①　不是每个学者都同意吉利根关于性别差异的研究结果。关于吉利根的女性主义批判，请参阅 Mednick，M. T. (1989). On the politics of psychological constructs: Stop the bandwagon, I want to get off. *American Psychologist*, 44, 1118–1123。对吉利根经验研究的基础的质疑，请参阅 Colby，A. & Damon，W. (1983). Listening to a different voice: A review of Gilligan's In a Different Voice. *Merrill-Palmer Quarterly*, 29, 473–481.

②　关于关系自我的概念，请参阅 Code，L. (1991). *What Can She Know? Feminist Theory and the Construction of Knowledge*. Ithaca, NY: Cornell University Press. Jordan，J. V. (1989). Relational development: Therapeutic implications of empathy and shame. *Work in Progress*, No. 39. Wellesley, MA: Stone Center Working Papers Series. Miller，J. B. (1984). The development of women's sense of self. *Work in progress*, No. 12. Wellesley, MA: Stone Center Working Paper Series. Miller，J. B. (1987). *Toward a New Psychology of Women*. Boston, MA: Beacon Press. Noddings，N. (1984). *Caring: A Feminine Approach to Ethics and Moral Education*. Berkeley: University of California Press.

③　哈丁就非洲民族主义者关于"关系中的人"（person-in-relation）的理解与女性主义理解的相似性展开了大量讨论。由于这些非洲民族主义观点还体现在其他父权制社会中，因此哈丁认为关系性本身（relationality-in-itself）并不能必然地导致女性主义观点。在她看来，非洲人和女性是由优势西方白人男性建构并服务于他们的需要、愿望和利益的。请参阅 Harding，S. (1986). *The Science Question in Feminism*. Ithaca, NY: Cornell University Press.

发生联系。换言之，关系的或对话的观点是对人性本质的描述。自我包含是个体在世界上的存在方式，此观念是一种在现实生活中毫无根基的信仰，因为所有人都必须生活在现实世界中。它就是一个谎言。

我们无法将世界文化分成两大类，进而主张由于生活情境不同，A 型社会的人们是相互联系着的，而 B 型社会的人们是自我包含的。事实上，A 型社会与 B 型社会在关于人的主流观点上也许有所不同，但是我们不能这样描述 B 型社会的人们，似乎他们事实上就能以与他们的文化信仰一致的自我包含的方式生活。

例如，正如我前面所说，对男性而言，如果坚持自我包含理想并试图以其规则运作，他们必须建构一群适用的他者（如女性）以满足其自我包含的愿望。在世界范围内占优势的西方文化将他们自己的理想界定为自我包含的同时，将他文化（other culture）界定为集体主义范畴，这也反映出优势群体通过建构适用的他文化来维持他们的理想。然而，随着他者越来越抵制服务于优势群体——无论是西方还是非西方文化中的女性——维持自我包含理想的可能性开始瓦解。

在我更深入地论证这一观点之前，如果我们同意暂且接受这一观点，我们就能更好地理解第二种怪诞性：B 型社会不仅表现出压抑人性的真理，而且在压迫他者的基础上建立起那种被称为"谎言"的真理。

如果我们考察西方的现代生活情境，我们可以看出他们对相互依赖和联系的肯定程度远超对作为自我包含理想之特征的独立性和自主性的强调。而且，如果我们更仔细地考察优势群体维持其独立性和自我包含理想的权力机制，我们将能看到有多少他者必须被压制以使自我包含理想得以维持。换言之，我们不仅能看到独立性和自我包含的谎言，而且能看到从底层加固谎言的权力。

因此，我们面临着日常生活现实与指导着我们的自我理解的自我包含个体主义信仰之间的矛盾。我们看重的是那种现实生活中不可能存在的人，我们看重的是需要对他者的压抑才能生存的人。这正是西方文化怪诞性的真正根基。

第六章

启蒙观的他者压抑

一家旧金山本地电视台在结束今日新闻之后转向专题节目,介绍旧金山海湾地区的最新时尚——计算机咖啡吧(computer cafe)。很显然,一些有创新精神的计算机奇才想出这一创意并立即投入使用:在喝咖啡的时候,人们可以与世界上任何地区的网络用户进行计算机网络对话。计算机天才在一些咖啡吧安装计算机终端,连接成千上万的用户,并进行交易。这一电视节目以其中一家咖啡吧为背景,对数个顾客进行了采访。

一个年轻女性,一只手夹着香烟,另一只手敲着键盘,正与几个匿名的人进行对话。她谈到以这种方式与人们进行交流的乐趣:"这真是太棒了,你不用再去应付男性的骚扰,所有的只有心理。"一个兴奋的年轻男性谈到网络匿名性的好处:"人们能以完全匿名的方式相互交流,从来不需要知道他们的种族、年龄、性别,甚至是口音。"很显然,他很善于创造整体概念,并对网络的前景充满信心。

这一电视节目给我留下了深刻的印象。对这些人来说,匿名为群体之间的和谐与平等带来了真正的希望。当我听到我的学生对1992年洛杉矶内城暴乱以及几乎每天都在发生的大量性骚扰和歧视问题的反应时,这一印象变得更为深刻:"也许某一天我们仅仅将彼此看作人,清晰而简单,无须再将我们分为非裔与白人,男性与女性。毕竟,我们只是外表不同的人而已。"

我还想到莫斯科维奇(S. Moscovici)关于欧洲社会心理学家偏好少数族裔的影响与美国社会心理学家偏好多数族裔的影响的比较研究。[①] 他指出,欧洲人重视建立冲突和群体差异,而美国人似乎试图将所有差异融入一个匿名的和谐人性之中——正如我的学生所希望的,也正如计算机沟通的匿名性所能实现的。

当我带着写作这本书的想法进行观察和聆听时,我思考这一过程如何开始于启蒙时代的西方世界,又如何在几个世纪后栖息于旧金山的一间咖啡吧。有两句话尤其吸引我的注意:一是"所有的只有心理";二是"完全匿名,从来不需要知道种族、年龄、性别,甚至是口音"。心理和匿名性是启蒙时代创造的关键特征。

让我们听听史威德对启蒙观的描述:

> 人的心理是理性的和科学的……理性原则适用于所有人,无论时间、地点、文化、种族、个人愿望,或者个体的禀

---

① Moscovici, S. (1985). Social influence and conformity. In G. Lindzey & E. Aronson (eds.), *Handbook of Social Psychology*, 3rd edn. New York: Random House.

赋……人们可以在理性中找到评判有效性和价值的普适性标准。①

我们拥有这样一个启蒙故事。故事的主角是一个具有理性能力的心理，因而能确保存在着一个判断所有人性的共同基础：一个匿名的存在（anonymous being），即一个使用普适性衡量标准，超然于任何时空的无人（no one）。

理性战胜了先前统治着文明世界的迷信，将人们结合成具有共同特征的个体，他们具有共享理性权利的能力。理性没有独特的立场：它是不偏不倚的，"超然于人的上帝之眼观"；它不属于任何特定的人，为所有人共享。非普同性的观点（particularistic view）不再基于个体的群体成员身份；人性终于可以自由地发挥作用，只受匿名个体的理性权利的影响。

这样一间计算机咖啡吧，一个心理遇见心理而无需身体接触的地方；一个匿名个体能够遇见另一个匿名个体而无须烙上每个人的非普同性认同印记的地方；一个不存在曾经塑造命运的陈规陋习的地方；一个生活从此只为中立的理性原则和计算机屏幕上的电子信息所塑造的地方。

---

① Shweder，R. A. （1984）. Anthropology's romantic rebellion against the enlightenment，or there's more to thinking than reason and evidence. In R. A. Shweder & R. A. LeVine （eds.），*Culture Theory: Essays on Mind*，*Self and Emotion*. Cambridge：Cambridge University Press，p.27.

启蒙运动(Enlightenment)是两个截然不同的主题的较量,其预设的胜利者就是启蒙观本身。启蒙观肯定所有人性的同一性(unity),并试图凭同一性消灭以差异性和他者性为核心的传统观点。启蒙观不仅减弱他者性,而且蓄意压制并最终消除他者性,无论它出现在哪里,也不管它以什么样的伪装出现。

当然,莫斯科维奇提醒我们,这种启蒙观并没有平均分布在所有西方国家。在他看来,也正如我们所看到的,欧洲对各种差异性保持着敏感性,将人们聚集在一起又彼此隔离,而在美国,"大熔炉"(melting-pot)的巨大迷思占据着主导地位。尽管这一迷思已经受到挑战,而且可以预测的是,最终将会消失,但直到如今,对美国梦的追求依然强烈,这从我的学生们的强烈愿望中就可以得到验证。

我们对启蒙思想耳熟能详。在所有多元性与差异性之下存在着一个根本的普遍性,即一种人人共享的深层结构。在世界语言的多元性之下,我们会发现一个由人类心理共享的深层的语言生成结构;在显性行为的多元性之下,我们会发现一个人人共享的基因结构;在心理形式的多元性之下,我们会发现所有人共享的深层的理性结构;在人类发展的多元路径之下,我们会发现一种深层结构必然引领人们从原始和具体去往高级和抽象。①

① 我将大众熟知的以乔姆斯基(N. Chomsky)、皮亚杰(J. Piaget)和我在第四章提到的认知科学家为代表的大量研究压缩成一条故事主线。请参阅 Chomsky, N. (1957). *Syntactic Structures*. The Hague: Mouton. Piaget, J. (1929). *The Child Conception of the World*. London: Routledge & Kegan Paul.

　　启蒙观对差异性和他者性的系统压抑，源于以政治生活的民主化摆脱专制统治束缚的愿望，使得所有人（所有白人男性？）因相同而平等成为可能。启蒙观假定：只有基于理性本身的同一性和公正性，才能实现人人平等；只有坚持理性本身的公正性，才能在不偏向任何群体利益的情况下解决冲突。

　　对希望获得平等对待的人来说，其差异性必须服从适用于所有人的唯一的判断标准。日常生活的裁定必须遵循公正和盲视的程序。任何确保特殊对待的非普同性认同必须被忽略。我们必须忽略人们是女性、男性、非裔、白人、犹太人、基督教徒、穆斯林、异性恋、同性恋、年轻人、老年人，等等，只有这样，我们才能个性化地对待每一个个体，即依据他们的个体美德。

　　每一个体被视为比赛中的匿名跑步者。既然他们没有传统认同所赋予的优点或缺点，那么胜利只属于跑得最快的。这种自由人文主义的启蒙观本身（*per se*）并不忽略差异，只是强调忽略基于出身、家庭背景、收入等传统范畴的差异。个体在品德上的差异会导致个体在结果上的差异。

　　我将这种观点称为"相同即平等"（equality-as-sameness）——不是因为个体在本质上与其他个体相同，而是因为对某个独特的个体来说，唯一允许考量的差异就是其拥有的个人禀赋，其他的特征则被排斥在外。

　　启蒙观不仅未觉察传统的认同，而且在有意识地破坏这些认同的根基。只有这样，自我包含个体才能在世界舞台上充当唯一

80

有价值的表演者。这一新角色的出现与优势的维持均需要对他者的压抑。只有否认他者性、差异性和多元性,才能将每一个体置于同一普适的、超越的标准之下。

启蒙观的胜利不只是理性战胜迷信,或者说匿名的自我包含个体战胜社会组织化的个体,而是同一性战胜多元性。人们因纯粹相同而平等:每一个体与其他个体的平等,源于他们拥有相同的理性能力,因而具有相同的认知方式。

启蒙思想通过强调单一观点的内在同一性假设,压抑可能导致冲突世界观的社会组织化差异。理性的观点,即一种"超然于人的上帝之眼观",将这一切联合起来。人类差异的传统范畴可能使人类回到这样的时代:多元化的冲突会危及人们的生活,没有法庭,只有通过暴力才能解决这些争端。

启蒙的故事并不能简单地理解为毫无掩饰地赞美自我的故事,更重要的是,它是刻意压抑他者的故事——在这里,他者是一种非普同性的立场,只适用于有着群体成员身份和集体共享经验的人们。

扬(I. M. Young)对不偏不倚的启蒙理想进行了激烈的批判:"通过宣称提供了一个由所有主体共享的立场,它否认了主体之间的差异。"[①]她的观点类似于我们在第一章阐述的观点,也与大多数批判的、后现代主义的,以及——我们将要阐述的——对话主义

---

① Young, I. M. (1990). *Justice and the Politics of Difference*. Princeton, NJ: Princeton University Press, p.10.

观点相一致。无论是哪一种观点，它们都认为，通过否认立场的差异，不偏不倚替代了一种立场——理性立场，即"一种超然于人的理性的上帝之眼观"——因为每一个人或每一种独特的立场都基于人的独特性。通过这一方式，启蒙思想试图将一种立场置于多元性观点之上，并视其为中立的立场，即基于理性本身的纯粹性与公正性。

然而，其结果是，这远非一种无观点的立场。无论是在历史中还是在现代，这种被预设为公正的观点，与优势社会群体尤其是西方白人男性的观点紧密相连。因此，以它的方式运作，并不是在一个公平的运动场上竞赛，而是在一个优势群体通过否认他者的特殊性实施对他者的压制的运动场上竞赛。

但是，多元性与差异性的声音从未完全静止过。如今，我们听到他们大声地发出声音，提出自己的主张，认为理性自有心灵，只是茫然不知而已。① 这些声音从未完全平息过。它们挑战西方传统的"相同即平等"的政治，呼吁差异基础上的平等（equality-through-diversity）。

这些声音不是呼吁回到老路上去，而且在呼唤第二次超越。如果说第一次超越——启蒙观提倡的——通过追求不偏不倚的理性所提供的同一性观点以超越所有传统差异，那么第二次超越追

---

① 帕斯卡（B. Pascal）认为，心灵自有理性，理性茫然不知而已，赋予心灵和激情以特殊的逻辑。然而，在我的情境中，帕斯卡的论述被前后倒置，认为理性的逻辑基于理性本身有可能被忽略的独特的立场。

求的则是将理性本身作为一种特殊群体的思维方式；只有超越这种思维方式本身，差异基础上的平等才能实现。

如今发出的多元化声音，既是为了挑战这样的观点，即存在着一个立场——西方白人男性所主张的——中立的立场，也是为了强调倾听它们自己的他者性和特殊性。它们要求在反映不同观点的声音之中进行平等的对话，而不是长期支配着我们的理论与实践的霸权的独白。

我们在第五章讨论过的卢兹①对伊法鲁克人的研究为我们提供了一个有力的例证。她认为，每一种理论都隐含着某些群体的标准（这里指西方世界的标准），即便在我们认为我们只是在描述另一个文化的实践时，也是如此：

> 例如，如果抱孩子在一个文化被描述为"溺爱"，这一说法等同于描述欧洲-美国孩子的"不溺爱"；如果日本人被说成较易"羞愧"，这实际上也是对这个民族志学者没有民族自信的描述。②

① Lutz, C. (1985). Ethnopsychology compared to what? Explaining behavior and consciousness among the Ifaluk. In G. M. White & J. Kirkpatrick (eds.), *Persons, Self and Experience*. Berkeley: University of California Press. Lutz, C. (1988). *Unnatural Emotions: Everyday Sentiments on a Micronesian Atoll and Their Challenge to Western Theory*. Chicago: University of Chicago Press.

② Lutz, C. (1985). Ethnopsychology compared to what? Explaining behavior and consciousness among the Ifaluk. In G. M. White & J. Kirkpatrick (eds.), *Persons, Self and Experience*. Berkeley: University of California Press, p.37.

82 因此，当宣称我们能以中立的术语进行表达时，多元性和差异性的声音就出现了，并与卢兹一起，认为这种中立性掩盖了特定的偏好性：

 ➤ 科尔伯格（L. Kohlberg）认为，[①]在将抽象思维作为主要道德判断基础时，它只是描述了人类推理的自然过程；直到吉利根指出，抽象思维并不是一种中立的描述，而是优势群体，尤其是男性偏好的理论建构方式。但是，正如科德所评论的，[②]即便吉利根强调女性发出的不同的（different）声音——不同于男性立场的意义——也不是男性和女性各自发出的不同的声音，任何一种声音都不能成为标准！

 ➤ 心理健康专业工作者认为，他们只是在描述健康的、成熟的成年人，直到布罗韦曼（I. K. Broverman）及其同事的研究表明，[③]心理健康专业工作者所指的健康成年人只符合男性的传统定型——这不仅将女性归类为不健康的状态，而且揭示其"中立的"描述中包含的偏好性。

 ➤ 某项实验的被试认为，他们是在对典型的美国选民进行客

---

 ① Kohlberg, L. (1969). Stage and sequence: The cognitive-developmental approach to socialization. In D. A. Goslin (ed.), *Handbook of Socialization Theory and Research*. Chicago: Rand McNally.

 ② Code, L. (1991). *What Can She Know? Feminist Theory and the Construction of Knowledge*. Ithaca, NY: Cornell University Press.

 ③ Broverman, I. K., Vogel, S. R., Broverman, D. M., Clarkson, F. E., & Rosenkrantz, P. S. (1972). Sex role sterotypes: A current appraisal. *Journal of Social Issues*, *28*, 59 – 78.

观的描述,直到 D. T. 米勒(D. T. Miller)等人的研究表明,[①]这些实验被试描述的典型选民都是男性——完全不是"中立的"观点。

➤ 在另一项研究中,300 多个被试认为,他们仅仅是在描述各种文化群体中占主导地位的刻板印象,直到伊格利(A. H. Eagly)和凯特(M. Kite)的研究表明,这些民族的刻板印象"更类似于这些民族的男性而不是女性的刻板印象"。[②]

对启蒙观的批判认为,所谓理性的不偏不倚不过是一种迷思。与其说它是"超然于人的上帝之眼观",不如说这种所谓的不偏不倚的世界观反映出一种社会的和历史的非普同性的解释。批判还指出,与启蒙运动之前就存在的桎梏相比,中立性的观点使今天的人们束缚在更阴险和隐蔽的桎梏中——布莱克的心理束缚。

这些对启蒙观的批判公开地声明赞美差异而不是压制差异。它们拒绝融入单一的框架,而且认为这些融入只能加深对它们的压迫,而不是促进其解放。在这里,有来自女性的声音,强调其与男性的差异;有来自同性恋群体的声音,强调他们有特别值得关注的观点;有来自有色人种的声音,强调应该基于他们独有的特征而不是白人男性的标准和规则来对待他们;有来自老年人、残疾人和其他受压迫群体的声音,认为融入过程只会使压迫永存。

---

① Miller, D. T., Taylor, B., & Buck, M. L. (1991). Gender gaps: Who needs to be explained? *Journal of Personality and Social Psychology*, 61, 5-12.

② Eagly, A. H. & Kite, M. (1987). Are stereotypes of nationalities applied to both women and men? *Journal of Personality and Social Psychology*, 53, 451-462, p.459.

也许启蒙思想曾经有过解放意义，但如今它被用于掩盖更大的事实：否定人们自身的认同以使其无力抗争对他们的压迫，从而更好地维持优势群体在社会上的优势地位。扬为这一观点提供了颇有说服力的辩护。她认为启蒙观之所以失败，其原因表现在以下两个方面。

首先，忽视人们之间群体基础上的差异——包括肤色、生理、文化社会化基础上的差异——以使所有人都能在个体基础上被平等对待，将新的游戏者带进现有的游戏，并迫使他们挑战长期参与游戏的优势群体所偏好的标准。

例如，一个进入劳动力市场并试图升迁至管理层的女性可能会发现，尽管她拥有所有必需的动机和能力，但与男性同事相比，她已经被社会化为采取更少竞争性的和更少个体主义的关系处理方式。对她来说，要想在管理层的竞争中获得提升，她必须屈从于男性标准。遵循她的文化社会化只会将她越来越推至幕后，因为更有竞争力和进取心的男性会轻易胜出并到达顶端。扬指出，无视这种社会化差异，同等地对待每一个人，实际上就是采纳一系列置女性于劣势地位的规则。她还补充，强调只有使用这些规则才能参与游戏，其实就是否定了任何其他可能性，因而不仅置该例中的女性于劣势地位，而且将社会化经验造就的各不相同的所有他者都推向劣势地位（我将在第十章再次回到这个主题，并提供更多例证）。

第一章中引用的伊利格瑞和西克苏的两段话同样能很好地说

明这一问题。在每一种情形下，为了能被听到，女性必须否定她们自己的独特性，像男人一样说话；为了被看见和了解，在本质上，她又必须成为优势男性凝视的对象。麦金农指出，为了成为性感尤物，女性必须符合男性的性期望：

> 男性的性利益建构了性本身的意义，包括它被允许和认可的感觉、表达与体验的标准方式。[1]

> 更坦白地说，性就是使男性性兴奋的东西。无论以何种方式使男性性兴奋，都是性在文化意义上的表达。……所有这些都表明，性就是控制的机制。通过这一机制，男性统治——以各种形式：从亲密关系到制度化，从凝视到强奸——色情化，并因此界定了男性和女性、性别认同和性快感。[2]

这段话触及扬所说的第二个观点。她认为，当今优势群体倾向于认为他们并没有不同于他人的非普同性的立场，这使其群体规范和标准占据着主导地位，尽管他们从不承认拥有特殊的地位。换言之，优势群体倾向于认为他们自身拥有"超然于人的上帝之眼观"，因此无法察觉他们观察世界的独特视角。如果你询问上述管

84

---

[1] MacKinnon, C. A. (1989). *Toward a Feminist Theory of the State*. Cambridge, MA: Harvard University Press, p.129.

[2] 同上，p.137.

理案例中的男性，我相信，他们不会看到他们的升迁方式根本是一种方式：它仅仅是事物应有之方式。

我们再来看另一个范例。我们往往不会认为异性恋反映任何偏见，相反，我们假定异性恋是人类性行为的正常和自然状态，并由此形成衡量所有其他性取向的标准。这是一个有争议的观点。例如，著名性认同（sexual identity）研究专家莫妮（J. Money）认为，[①]单性恋（monosexuality），不管是同性恋还是异性恋，都是怪癖（oddity），只有双性恋（bisexuality）才是衡量其他模式的标准。她指出，这表明与其将异性恋规范视为中立的标准，不如审视为什么所有形式的单性恋也能成为社会的标准。[②]

因此，压抑差异性和他者性已成为一个群体对其他群体的统治政治，并以探索用以评估所有人类经验的单一的和统一的视角为名义实现这种压抑。尽管它是赞美自我的，但是更准确地说，它是一种压抑他者的政治（other-suppressing politics）：它蓄意地否定、约束他者性，或者将所有形式的他者性转变为优势自我包含个体的标准的、不偏不倚的范畴。

认同与差异

对某些群体来说，压抑差异性已成为其之所以受压迫而不是

① Money, J. (1987). Sin, sickness or status? Homosexual gender identity and psychoneuroendocrinology. *American Psychologist*, 42, 384-399.

② 参阅 MacKinnon, C. A. (1989). *Toward a Feminist Theory of the State*. Cambridge, MA: Harvard University Press.

解放的根源。对启蒙观的挑战不仅得到了这些群体的支持，而且成为一些学术-政治批判（academic-political critiques）的中心议题。尤其是阿多诺（T. W. Adorno）①的批评理论和德里达（J. Derrida）②文学批评的解构主义观点，它们通过揭示启蒙思想的内在矛盾性，对其认同观（identitarian thesis）的根基进行了不遗余力的批判。

阿多诺和德里达要求我们考察两个针锋相对的观点：第一个是与启蒙思想相关的认同观（identity thesis）；第二个是与当代一些草根（group-affirming）社会运动（如女权主义、同性恋、第三世界，等等）相关的差异观（difference thesis），这也是阿多诺和德里达的理论核心。

认同

我们如何理解客体的本质，以及我们认识世界所使用的范畴？认同观采用本质主义的观点来回应这一问题。客体有其自身的本质或认同。这种本质是客体自我所拥有的，即它是客体的内在特质，并赋予客体可识别的认同。客体凭借其拥有的自在认同（identity-in-itself），确保其具有超越时间的一致性，即不管有多少伪装和形式，客观的本质始终存在。

---

① Adorno, T. W. (1973). *Negative Dialectic*. New York: Seabury Press.
② Derrida, J. (1974). *Of Grammatology*. Baltimore, MD: John Hopkins University Press. Derrida, J. (1978). *Writing and Difference*. Chicago: University of Chicago Press. Derrida, J. (1981). *Dissemination*. Chicago: University of Chicago Press.

举例来说，存在着本质的男性、本质的女性、本质的异性恋、本质的同性恋，等等。因此，我们会认为，男性与女性的划分，其实质就是生殖器官以及其他诸如染色体类型等生物学特征：男性是XY模式，而女性是XX。因此，对男性来说，无论其强弱、高矮、主动或被动、满脸胡须或不蓄胡须、秃顶或卷发，我们都会坚持认为出现在我们面前的就是男性。我们采纳凯斯勒（S. J. Kessler）和麦克纳（W. McKenna）所说的"自然态度"（natural attitude），[1]认为世界在本质上包含两个完全不同的性别——男性和女性，并且——与加芬克尔[2]的民族方法学取向（ethnomethodological approach）的观点一致——性别的跨越在实质上是不可能的，或者是病态的标志。

我们可以接受这种本质主义观点，同时保持社会与文化的敏感性——例如，关注社会和历史如何生产同一客体（same object）的不同表现形式，或者说，客体的本质如何通过歪曲其真实形态的社会和历史的力量得到彰显。例如，在考察不同历史时期女性的命运时，我们发现，历史上的女性曾被视为危险的性对象，只是后来才被看作非性的和纯洁的。[3] 或者我们还可以关注不同社会对待同性恋的态度，发现在古希腊时代，同性恋被认为是合理的，只

---

[1] Kessler, S. J. & McKenna, W. (1978). *Gender: An Ethnomethodological Approach*. New York: Wiley.

[2] Garfinkel, H. (1967). *Studies in Ethnomethodology*. Englewood Cliffs, NJ: Prentice Hall.

[3] 参阅 MacKinnon, C. A. (1989). *Toward a Feminist Theory of the State*. Cambridge, MA: Harvard University Press.

是在西方历史的较晚时期才被认为是理应受罚的犯罪。[①]

在这样做时,我们对待客体就像它们是超越时代与文化差异的同一性的客体,只是在不同的时空被不同地对待而已。然而,客体有着一个本质认同,即无论何时何地,它都能被客观地看到、感觉、观察和了解。正由于此,例如,我们能听到这样的主张:当今社会如此猖獗的个体主义,早在古希腊和古罗马时代就已存在,因此,我们不应将它看作一个新的现象。[②] 毕竟,存在着一个共同的、自然的被称为"个体"的东西,实在没有什么新意。

根据认同观,客体是一种先验的自然范畴,有其本质的存在。正是这种本质的存在,使它成为它自己,并使我们无论何时何地都能辨认它。很显然,如果不是这样,我们又如何能与不同文化或不同时代进行有意义的对话呢? 如果对世界的客体没有认同感,我们就不可能与他者进行交流。

差异

与认同观迥异的是,差异观采用一种关系/对话观,认为从来没有客体会如同外表那样简单而朴实;任何事物都是由其内隐或外显(implicitly or explicitly)的比较对象所界定和共同建构的。

86

---

① 塞奇威克探讨了这一主题。具体请参阅 Sedgwick, F. K. (1985). *Between Men: English Literature and Male Homosexual Desire*. New York: Columbia University Press. Sedgwick, F. K. (1990). *Epistemology of the Closet*. Berkeley: University of California Press.

② Waterman, A. S. (1981). Individualism and interdependence. *American Psychologist*, 36, 762-773.

换言之，是差异而不是本质塑造了我们当下的认同。因此，与其考察人类历史长河中被以这样或那样的方式塑造的本质的女性，不如去研究女性是如何被界定的，以及依据的是什么样的内隐比较，即与不同时空中的什么样的他者进行比较（我将在第十章继续讨论这一观点）。

我们认为，差异观的关键在于，它主张所有客体的特征都是依据与其他客体内隐的比较而被关系地界定：如果不对建构其特质的比较关系进行深入探讨，就不可能抓住事物的本质。差异性是所有概念和理解的关键。无论事物有什么样的认同，都有界定其本质的差异的存在。当然，这正是上文所讨论事例中卢兹的观点。

当卢兹谈到我们将 X 文化的儿童抚养实践描述为"溺爱"时，她并不是说它们事实上是——本质上——溺爱的，似乎溺爱是 X 文化所固有的特质。相反，她要求我们采纳差异观，认识到溺爱是一种基于与作为内隐标准的 Y 文化模式的比较的特质。换言之，并非本质主义认同使我们在本质上存在差异。而且，正如卢兹的事例所表达的，在比较中，充当内隐标准的缺席的他者往往被赋予优势立场（privileged standing）。

当我们将 X 文化描述为"溺爱"时，我们不仅在与 Y 文化进行内隐的比较，而且认可 Y 文化所代表的内隐标准的优势地位。因此，这一标准就成为一种未经检验的优势术语，它提供了一个比较的框架，而标准本身无须我们的审视。我们将 X 文化视为与 Y 文化中的优等特质相对应的劣等表征。这种判断是一个过程的推

论,然而它似乎表现为一种纯粹且公正的描述:溺爱是 X 文化儿
童养育实践的特征。

从第一章列举的两个范例,即性别与美国人特征中,我们也看
到同样的过程。这里与我在第一章的观点一样,认为男性特征的
建构依据的是与服务男性利益而建构起来的女性特征进行内隐比
较/对照。只有女性被建构成屈从的,男性才是优势的;只有女性
被建构成依赖的,男性才是自主的。因此,男性是什么,并非由其
性别本身的本质的和内在的东西决定,而是基于与假想的女性
(concept woman)进行内隐的和必要的比较进而被建构的。毋庸
置疑,女性无法控制自己将成为谁,而男性在其中发号施令和制定
规则。

在美国人特征的建构中,莫里森的分析揭示了同样的过
程。[1] 在这种情形下,美国人是基于与非裔美国人的内隐的和必
要的比较而被建构的。在她看来,美国白人的自由是建构在非裔
美国人受奴役的状态之上的。如果没有控制非裔美国人被认知的
方式的权力,美国白人就不可能成为优势群体。因此,在每一种情
形下,所有界定都是关系的,都基于被建构起来的差异,都在优势
群体的控制之下并且服务于优势群体的利益。

在这里,我想先总结我想得到的结论,然后引用阿多诺和德里
达的研究来证明这些结论。我的结论有两点:第一,如果所有认

---

[1]　Morrison, T. (1992). *Playing in the Dark: Whiteness and the Literary Imagination*. Cambridge, MA: Harvard University Press.

同都建立在差异基础之上，那么认同观以及它所有的结论都必然瓦解为一种差异观。例如，建立在"认同的标准即现实本身"之上的公正观的失败，是由于现实其实是与内隐标准进行比较的结果——它不可能是公正的和中立的描述。第二，根据先前的主张，认同观本身被认为是矛盾的：它必须压抑它的需求以成为自身。下面，我将引用阿多诺和德里达的理论来论证以上结论。

88

阿多诺

阿多诺的否定的辩证法（negative dialectics）要求质疑所有形式的认同观，凸显其对维持本质主义或认同观的意识形态后果的关注。他是如此看待他的任务的：

> 对概念中的非概念物的基本特性的洞见将结束这种概念产生的强制性同一。概念对自身意义的反思将不再把概念的自在存在的外表当作意义同一体。[1]

此外，他告诉我们："崇拜来自自在的肯定之物（positive-in-itself）。与这种崇拜相反，坚持不懈的否定的意义在于，它拒绝认可现存事物。"[2]

阿多诺的观点，如同扬的观点——以及我们将看到的德里达

---

[1] Adorno, T. W. (1973). *Negative Dialectic*. New York: Seabury Press, p.12.

[2] 同上，p.159.

的观点——提醒我们要关注差异性让位于抽象性时（例如，纯粹理性的抽象或自我包含个体的抽象）造成的陷阱。具体且独特的差异性是阿多诺观点的核心，是对现代西方社会优势的认同取向存在的问题的时刻警醒与弥补。

　　与我们这个时代的许多草根抗议运动一起，阿多诺的理论转向政治，而且事实上甚至可以说是革命性的变革。巴克-莫尔斯（S. Buck-Morss）在考察阿多诺理论时注意到，阿多诺常常与其他志趣相投的同行，如弗洛姆（E. Fromm）进行争论。弗洛姆试图"建构一种关于现代人的积极的描述……一种新的和永恒的理论"；[1]但是，阿多诺认为，"拥有一种理论的愿望（冒着）在意识活动中再现商品结构的风险"。[2]阿多诺的理论是一种否定性的辩证法，追求"永远保持批判态度"[3]——但它不是一种为批判而批判的批判主义，而是一种为从启蒙认同观的优势统治中解放出来的批判主义。

　　阿多诺的否定的辩证法与德里达坚持不懈和持续不断的解构有着同样的"多变性"（quicksilver）：当你刚刚认为你抓住了要点时，它就消失了，而且走向反面。[4]然而，阿多诺理论的革命性目标是显而易见的，而德里达的理论仍是一个谜。阿多诺对"否定性的坚守就是为了拒绝在思维上重复社会优势的结构与物化取向，从

89

①②③④　Buck-Morss，S.（1977）. *The Origin of Negative Dialectics*. New York：Free Press，p.186.

而再现实在世界，并保持意识的批判性"。① 如今，人们仍在不断地质疑，这表明我们要走的路依然遥远，障碍的克服依然艰难，压抑差异性与他者性的思维方式依然根深蒂固。

德里达

德里达对"著作的作者决定其意义"的观点进行了挑战。在他看来，被隐藏在对意义的明确表达之内的是一种缺场的、他者的意义，而我们的理解是由差异而不是认同决定的。但是，由于差异与我们能够进行的比较一样无限，单一的理解不可能存在——甚至是作者自己的。

在德里达看来，我们继承的西方传统使我们满足于启蒙思想对基础性和同一性的追求，这为我们的理解提供了赖以存在的中心和核心。我们寻求的是一种深层的中心或起源，一种为知识大厦的建立提供基石的统治逻辑（governing ideal），用以替代我们在表层发现的多样性。这种统治逻辑被视为"上帝"，一种无需本源的根源，一种无须解释其存在意义的自在的在场（presence-in-itself）。

德里达认为，我们的传统已赋予所有最直接呈现在我们面前的事物以优势和原初的特性。他以说话与书写之间的区别来说明

---

① Buck-Morss, S. (1977). *The Origin of Negative Dialectics*. New York: Free Press, p.189.

这一观点。由于言语更接近心理运作的原初体验，而书写只是言语的一种复制品，并以语言为媒介，因此，言语优先于书写。德里达注意到，当我们说话时，声音——可能——直接反映我们的心理运作；然而，当我们书写时，我们只是简单地制作那些言语所发出的声音的复制品。因此，与言语的首要性（primacy）和直接性（immediacy）相比，写作被认为是次要的和间接的。

进一步引申，德里达指出，所有形式的认同，所有直接在场的客体，在西方等级制中占据着与言语同样的地位，即认同的优势地位来自其拥有现实的中心、起源以及指导原则的"预设的直接性"（presumed immediacy）。因此，是客体本身而不是任何复制或痕迹表明我们所认定为主要的和优势的客体的在场；是它的生动且真实的在场，而不是任何替代它的在场的东西，被认为是优势的。

例如，我们在刚下的雪中发现熊的足迹。优势的现实是真实的熊，而不是作为被留在雪中的足迹的在场的踪迹。这些只是隐藏在现实（自在的熊的直接性）之下的真理的复制与表征。

德里达反对言语、在场和本质的特权地位，认为我们假定的所有直接在场，总是-已经（always-already）是一种踪迹结构（trace structure）。所有在场都渗透着缺席、踪迹、复制。没有后者，前者就不可能存在。根据上述讨论，我们可以认为所有认同都是基于差异的。只有通过与不同之物——缺席的他者——的比较，我们才能了解直接呈现在我们面前的一切，我们也才能体验到在场的客体。在场以缺席为基础，认同以差异为基础，言语以书写为

90

基础。

换言之，每一个事物无论成为什么，都要依据其与缺席的他者的关系。我们认为第一个事物都有独立的本质（每个范畴、每个认同、每个直接的在场）；而且，由于潜在的现实具有"预设的直接性"，我们在理解时已经赋予其优势地位。没有什么天生就有特权与本质，每个事物都是基于差异。因此，追求先验的统一体而试图抹杀差异的启蒙思想完成了这种抹杀——通过否定、压抑和压迫作为其存在的基本条件的他者。

德里达说，特定客体的本质现实只有通过未被说明的他者才能呈现，而他者是客体的认同呈现的必要条件。简言之，他者性是所有认同的基础，对本质主义认同观的解构和理解都需要基于差异。

因此，启蒙观试图压抑差异以追求唯一的、优势的对世界和人类的理解框架；试图破坏群体基础上的认同以发现用以测量所有个体的共同标准；试图发现阿基米德支点（Archimedean point），即一种完全不偏不倚的"上帝之眼观"，因而掩盖了其存在必需的积极在场的差异性。

我们必然会采用这样一个框架来描述事物的本质：事物的在场被视为与不同之物的内隐的比较。溺爱的儿童养育不是 X 文化的本质，而是反映了一种基于与被视为内隐但缺席的标准的另一种文化的差异性的关系判断；同性恋取向并不是某些男性的本质，而是基于与隐含的异性恋标准的差异性的关系判断。男性或

91

女性都不是自在的范畴(category-in-itself)：每一种性别的界定都是基于将一个群体——主要是男性群体——视为标准的关系判断，另一种性别则作为参照。

因此，采纳异性恋标准，或者西方儿童抚养模式，或者白人男性社会化经验作为内隐的规范，并以此规范衡量所有与该规范不符的事物，同时宣称自身研究的中立性与公正性，其实就是试图忽略隐含的差异和关系判断，而这些是我们进行任何积极的或肯定的陈述所必然涉及的。

解构过程需要我们将他者性和差异性视为核心，以避免优势认同和本质取向。例如，在解构认同时，我们寻找使认同得以维持的隐含的差异。塞奇威克(F. K. Sedgwick)对同性恋/异性恋的界定的研究很好地说明了这一观点。在塞奇威克看来，我们已经将对象选择的性别作为核心来界定男性同性恋与异性恋之间差异的本质。她注意到，"性有太多的维度，以至于难以仅仅依据对象选择的性别进行充分的描述"；[①]"目前我们将'性取向'无批判地理解为'对象选择的性别'，至少被它在历史上的地位的独特性误导"。[②]

在界定上述每一个术语时，为什么我们强调对象选择的性别？为什么不是性的其他维度，例如，人还是动物，成人还是儿童，指向自我还是他者，同时指向一个性对象还是几个，等等？换言之，术

①② Sedgwick，F. K. (1990). *Epistemology of the Closet*. Berkeley：University of California Press，p.35.

语皆无本质，即同性恋或异性恋均无本质。它们不仅被关系地界定（一个术语的存在是由于被作为衡量另一术语的标准），而且是以一种限定性的方式（依据对象选择的性别）——所有这些都服务于社会功能，往往是压迫他者的方式。

简言之，自我包含观是建构在隐含的他者性的废墟之上的。赋予自我包含观以特权地位，相当于我们在文化二分对立中赋予第一个术语或优势术语以特权地位，如男性和女性、异性恋和同性恋、知识和愚昧、公正和特殊、白人和非裔。在每种情形下，我们都无法看到第一个术语如何需要第二个术语；在每种情形下，我们都无法看到第一个术语如何建构第二个术语，以肯定其观点优于第二个术语代表的备选方案的方式。我将在第十章继续讨论这些主题。

再次回到前面我曾介绍过的两个结论。第一，由于所有认同都基于差异，因而认同观其实是包含在差异观之中的；第二，压抑差异性的启蒙观在解构其自身存在的所需之物方面是矛盾的和失败的，这也导致"潜在的指导原则（如理性）的公正性能够解决一切争端"这一信仰的失败。

如果我们声称的每一个指导原则都来自不同于其的内隐标准的比较，我们则无法建立一个公正的标准。启蒙思想最终会成为——而且，当前就是——一种根本上是矛盾的和不可能持续的政治观点，除非它主张对需要作为其存在条件的他者性的压抑。

如同启蒙观所强调的自我包含个体的创造，以及单一且统合的指导原则的追寻，拥有一个认同，并不是要拥有其自身独有的本质。任何认同都建立在它与其他认同的关系之上；不考虑自我同一性被建构的关系，任何事物都不可能存在。

由于我们忽略差异，我们探索的是自在之物（thing-in-itself）而不是关系之物（thing-in-relation）的本质，因此充当描述和评价其他群体的内隐标准的那些群体获得优势地位。于是，对差异被忽略的劣势群体来说，唯一的解放路径就是挑战所有认同以寻求更加关系/对话的理解。现在，我们已经作好准备，由将差异性转变为自利的同一性的赞美自我观转向将差异性视为我们理解之核心的赞美他者观。对话主义观点不仅赞美他者，而且引领我们迈向新的征程。

第三部分

对话主义：赞美他者

赞美他者：对话主义转向

　　我们花费大量时间与其他人一起做了什么？我们交谈和倾听，我们争论，我们同意和反对，我们协商和妥协，我们提问和回答，我们描述和解释，我们讲故事，我们赞美，我们承诺，我们笑，我们哭。

　　换言之，当我们观察人们一起做的事情时，最突出的就是在行动中作为交流手段的语言。因为我们已经习惯从个体的深层心理层面寻找关于人性的答案，往往难以看清当前正在发生的，我们与他者共同生活的典型特征——对话（conversation）。现在到了重视对话的时候！①

　　对话具有四个方面的特征：

　　第一，对话发生在人们之间；它们不是仅凭探索个体内在心理就能被理解的事件；即使是人们独处深思时，他们的思维也是以内

　　① 弗拉克斯质疑我以及本书考察的许多话语理论家主张的对话观。请参阅 Flax, J.（1990）. *Thinking Fragment: Psychoanalysis, Feminism, and Postmodernism in the Contemporary West*. Berkeley: University of California Press, p.228.

在的交谈或对话形式表现的。

第二，对话是公共的而不是个人的和私人的。他们使用一套由团体共享且为参与对话的人们所理解的符号系统。

第三，对话具有复调性（addressivity）：它们是在独特的情境中由一个独特个体和另一个独特个体讲话。它们才真正是"我们所做的事情（something we do）……旨在完成社会行为"。[①]

第四，对话包含着言语的、非言语的、符号的和书面的素材。写作的作者和阅读作品的读者都参与对话，就好像亲密低声耳语的两个人，又或是独自深思的人。

98　　　以上四个特征将个人与他者以这样一种亲密的方式连接起来，以至于任何试图解开这种联结的尝试都成为徒劳无益的行为。

这种对话取向将西方世界赞美自我、压抑他者的优势观点转变为对他者的必要的赞美。对话主义对人性对话特征的关注标志着一个令人振奋的研究新取向，对当前和未来的研究都有着广泛的应用价值。如果我们是对话的存在，那么探索发生在每一个体内部的个人的和私密的过程将不可能达成对我们的理解。所有成为人性和人类生活核心的东西——这里我指的是心理、自我和社会本身——都发生在我们日常生活的公共领域内，人们之间

---

① Edwards，D.（1991）. Categories are for talking：On the cognitive and discursive bases of categorization. *Theory and Psychology*，*1*，515－542，p.517.

（between）的互动过程之中。[①]

尽管大西洋两岸出现了很多对话理论的先驱者，尽管目前仍有许
多研究者在此领域进行拓展性研究，但对我的理论影响至深的主要是
两种相对独立的研究：一是米德、维特根斯坦、维果茨基（L. S.
Vygotsky）和巴赫金的研究；[②]二是女性主义研究者，尤其是哈丁[③]和

---

① 任何熟悉米德著作的人都很容易看出我引用了米德《心灵、自我与社会》的标
题与章节。该书主要探讨心理、社会和自我的符号与互动基础。请参阅 Mead, G. H.
(1934). *The Social Psychology of George Herbert Mead*. Chicago：University of
Chicago Press.

② 我将在相关情境下引用特定的研究。但总体来说，包括以下研究：Mead,
G. H. (1934). *The Social Psychology of George Herbert Mead*. Chicago：University
of Chicago Press. Wittgenstein, L. (1953). *Philosophical Investigation*. Oxford：Basil
Blackwell. Bloor, D. (1983). *Wittgenstein: A Social Theory of Knowledge*. New
York：Columbia University Press. Monk, R. (1990). *Ludwig Wittgenstein: The
Duty of Genius*. New York：Free Press. Vygotsky, L. S. (1978). *Mind in Society:
The Development of Higher Psychological Processes*. Cambridge, MA：Harvard
University Press. Kozulin, A. (1990). *Vygotsky's Psychology: A Biography of
Ideas*. New York：Harvester Wheatsheaf. Wertsch, J. V. (1991). *Voices of the
Mind: A Sociocultural Approach to Mediated Action*. Cambridge, MA：Harvard
University Press. Bakhtin, M. M. (1981). *The Dialogic Imagination*. Austin：
University of Texas Press. Bakhtin, M. M. (1986). *Speech Genres and other Late
Essays*. Austin：University of Texas Press. Clark, K. & Holquist, M. (1984).
Mikhail Bakhtin. Cambridge, MA：Harvard University Press. Morson, G. S. &
Emerson, C. (1990). *Mikhail Bakhtin: Creation of a Prosaics*. Stanford, CA：
Stanford University Press. Todorov, T. (1984). *Mikhail Bakhtin: The Dialogical
Principle*. Minneapolis：University of Minnesota Press. 我已将沃洛希诺夫的著作包
括在巴赫金小组中，将他名下的这些著述视为其自己所作，以避免与我的写作目的
不相关的争论。不管它们是如一些学者所主张的由巴赫金所著，还是其他人所认
为的由沃洛希诺夫所著。

③ Harding, S, (1986). *The Science Question in Feminism*. Ithaca, NY：Cornell
University Press. Code, L. (1991). *What Can She Know? Feminist Theory and the
Construction of Knowledge*. Ithaca, NY：Cornell University Press.

科德的贡献。[1] 虽然这些对话主义理论家的观点并不完全一致，但我更多地聚焦于他们共享的一致性领域和关于人性的共同观点。

无论以何种形式，这些研究者均批判了赞美自我且压抑他者范式，挑战了其关注的人性内在的个体主义观点和——对女性主义者来说——男性中心观念，强调人类经验的社会的、历史的和实践的特征；无论以何种形式，他们都强调，产生于独特情境之中，参与独特活动的人们之间的对话过程，是心理、自我与社会的产生和发展的源泉。

维特根斯坦告诉我们，[2]尽管语言习惯让我们误以为个体内部存在某种用以解释人类行为的心理本质，但这种心理活动内在领域的概念毫无价值。我们的任务就是揭示，在公共社会世界中，人们之间交流使用的语言如何成为我们理解人性的密钥。

米德[3]和维果茨基[4]认为，心理及其特质来源于社会过程。这

① 许多其他女性主义者对此亦有贡献，包括 Braidotti，R. (1991). *Patterns of Dissonance: A Study of Women in Contemporary Philosophy*. New York：Routledge. Gatens，M. (1991). *Feminism and Philosophy: Perspectives on Difference and Equality*. Cambridge：Polity Press. Flax，J. (1990). *Thinking Fragment: Psychoanalysis，Feminism，and Postmodernism in the Contemporary West*. Berkeley：University of California Press.

② Wittgenstein，L. (1953). *Philosophical Investigation*. Oxford：Basil Blackwell. Wittgenstein，L. (1958). *The Blue and Brown Books*. New York：Harper & Row.

③ Mead，G. H. (1934). *The Social Psychology of George Herbert Mead*. Chicago：University of Chicago Press.

④ Vygotsky，L. S. (1978). *Mind in Society: The Development of Higher Psychological Processes*. Cambridge，MA：Harvard University Press.

用维果茨基的术语来说是心理间性（intermental），以米德的术语来说是社会互动（social interaction）。在这两种情形下，他者在心理发展和心理活动中发挥着核心作用。

巴赫金[1]和米德告诉我们，所有意义，包括自我的意义，均植根于社会过程，且必须将其视为社会过程的产物。意义或自我本身不是社会互动的前提条件，它们来源于人们之间的对话，并且因对话而得以延续。

我们了解到，社会现实本身的建构是基于对话过程的。人们之间的对话不仅反映其社会世界的潜在结构，更为关键的是，对话是这种结构得以创造、维持或转变的过程。

心理（以及自我，正如我们即将看到的）对话观的女性主义观点主要着重于对"好知识等同于客观知识"优势认识论观点的批判，这种客观知识被视为抽象的、情境剥离的——上文所指的"超然于人的上帝之眼观"。这是一种物理学的知识观，也为哲学论证提供基础，如关于"猫实际上在垫子上""这个房子事实上是红色的""这事实上是一块岩石"的知识。其观点是，一旦我们理解我们如何认知世界中的简单事物或事实，我们便能理解我们如何认知复杂物体。

哈丁和科德反对这一观点。与米德、巴赫金以及其他人类似，

---

[1]　Bakhtin, M. M. (1981). *The Dialogic Imagination*. Austin: University of Texas Press. Bakhtin, M. M. (1986). *Speech Genres and other Late Essays*. Austin: University of Texas Press.

她们将对话范式视为所有理解的根源，而不只是将它看作相关的——如果可能的话——不过是人类知识和理解的一个很小的、可能独特的部分。例如，科德要求我们考察我们如何理解"他者即朋友"是适用于所有知识和理解的范式。

事实上，作为一种范式地位的竞争者，认知他者至少具有与中型的、日常对象的知识同等的价值。从发展的观点来看，认知他者，了解他们的期望，是儿童最先获得的知识，也是最基本的知识之一。婴儿在能够认知最简单的物理对象之前已经学会对其照顾者作出认知的反应。[①]

主张人们应以认知朋友那样细微的方式去认知世界，远比主张人们应以认知世界那样粗放的方式去认知人们更为荒谬。[②]

维特根斯坦对个人内在世界的挑战

存在这样一种思维的通病：总是试图寻找（和发现）被称为"心理状态"的东西，似乎我们的行为都来自这个蓄水池。因此，有人说："流行的变化源于人们品位的变化。"这个品位

---

① Code, L. (1991). *What Can She Know? Feminist Theory and the Construction of Knowledge*. Ithaca, NY: Cornell University Press, p.37.
② 同上，p.165.

就是心理蓄水池。但是，如果当今的裁缝设计了一款不同于一年前的裙子，难道其品位的变化部分或全部地体现在了他今天的不同设计之中吗？①

在这段经典段落中，维特根斯坦以实例来证明人类行为的解释无须假定一个内在心理世界。他认为，在上述引文中，术语"品位"（taste）的意义——被用作"一种感觉的名称"②——不同于，如指一种饮料的口味时的意义。但遗憾的是，我们的语言习惯使我们混淆了这两种（及更多）不同的用法，因此会认为"品位"就是指个人内部的基本心理特质，用以唤起和解释某种特定的行为，但事实上并非如此。

维特根斯坦列举的另一事例是奥古斯丁（Augustine）关于时间测量的界定。他得出以下结论：这是一件令人困惑的事情。毕竟，人们不能测量过去，因为过去已经结束；不能测量未来，因为它还没有到来；也不能测量现在，因为它缺乏延展性。

> 矛盾似乎是一个词的两种不同用法之间的冲突。在这里，这个词是"测量"（measure）。奥古斯丁……想到的是测量长度（length）的过程，即我们面前传送带上两个标识之间的距离……这一困惑的解决将在于，比较我们所指的"测量"被

---

①② Wittgenstein, L. （1958）. *The Blue and Brown Books*. New York: Harper & Row, p.143.

用于测量传送带上的距离时与被运用于测量时间时，这个词的语法。[①]

换言之，当我们遇到这类难题时，解决方案往往是更深入地探讨语言在沟通中的作用。这种探讨将能解决那些本使我们困惑的事情。时间测量仅在我们将"测量"作为长度计算时才会成为一个难题。

以同样的方式——但这里被直接应用于心理术语——维特根斯坦告诉我们：语言使我们误以为我们指的是一种特定的心理装置或活动，而事实上，我们面对的只是语法的使用而已。"在这种情形下，我们所做的事情常常就是考察这些成问题的单词事实上在我们的语言中是如何被使用的。"[②]这再次证明："对我们来说，一个词组的意义取决于我们如何使用它，意义并不是表达的心理伴随物（mental accompaniment）。"[③]

维特根斯坦并不否认心理或心理概念，认为它们确实在我们的语言中（in our language）有着固定的用法。但是，维特根斯坦希望强调的是它们在交流中的使用，而不是指真正独立于社会用法（social usage）的内在本质。他以许多实例反复论证这种内在本质毫无价值，使用标准才是我们理解的关键："那些描述'心理活动'

① Wittgenstein, L. (1958). *The Blue and Brown Books*. New York: Harper & Row, p.26.
② 同上，p.56.
③ 同上，p.65.

（如看、听、感觉等）的单词的语法，使人们误以为他们已经发现了新的实体，即世界结构的新元素。"①

在用法方面，维特根斯坦认为，共享实践的公共社会世界是所有理解的关键。有着不同实践与用法（不同的语言游戏）的不同社会世界创造了不同的规则。

显而易见，跨文化研究已经验证维特根斯坦的观点。我们自身的语言游戏需要使用心理术语，这些心理术语指向个体的、内在的、秘密的世界，包括现实的和实质性的心理实体。使用心理术语并不是因为这些术语指的是我们内在的某些实质性的东西，而是因为我们发展了一种以这种用法为核心的共同生活形式。

K. J. 格根指出："在解释自我时，当代西方文化的参与者均坚定地认为情绪、观念、计划、记忆和喜好等都是至关重要的；这种对心理的解释是理解我们是谁、我们代表谁以及我们在世界上如何行动的关键。"②以维特根斯坦的方式，K. J. 格根继续评论道：这些术语中没有哪一个是"扎根于、来源于或植根于现实世界的"；③这些术语并不能"反映或描绘独立的现实，只［是］社会过程本身的一种功能性元素而已"，④被文化中的各种利益集团用来确

---

① Wittgenstein, L. (1958). *The Blue and Brown Books*. New York: Harper & Row, p.70.

② Gergen, K. J. (1989). Warranting voice and the elaboration of the self. In J. Shotter & K. J. Gergen (eds.), *Texts of Identity*. London: Sage, p.70.

③④ 同上，p.71.

保或合法化他们对世界的解释。[1]

我们基于这些术语建立起我们的生活。但这并不是因为它们是真实的，而是因为它们独立于使其获得意义的社会生活和对话。心理术语在解释、合理化和确保我们的生活方式——或者，正如 K. J. 格根所暗示的，至少是社会上优势社会群体的生活方式——上发挥了重要作用。其他社会——如我们在第五章讨论过的百宁人——尽管避开了类似的心理学说法，却仍在他们的社会背景和共同生活的需求下融洽相处。

心理的社会基础

对大多数人来说，也许没有比将心理过程看作"不受个体智力或心理的约束"更为古怪甚至矛盾的事情了。[2] 然而，这正是维果茨基[3]和米德[4]倡导的观点，如今再度以全新的面貌进入认知发展的经验研究领域，从而矫正了我们在第四章所讨论的传统认知主

---

[1] Gergen, K. J. (1989). Warranting voice and the elaboration of the self. In J. Shotter & K. J. Gergen (eds.), *Texts of Identity*. London: Sage, p.72.

[2] Resnick, L. B. (1991). Shared cognition: Thinking as social practice. In L. B. Resnick, J. M. Levine, & S. D. Teasley (eds.), *Perspectives on Socially Shared Cognition*. Washington, DC: American Psychological Association, p.1.

[3] Vygotsky, L. S. (1978). *Mind in Society: The Development of Higher Psychological Processes*. Cambridge, MA: Harvard University Press.

[4] Mead, G. H. (1934). *The Social Psychology of George Herbert Mead*. Chicago: University of Chicago Press.

义理论。①

维果茨基理论流传甚广，但直到最近才引起北美心理学家的关注。"一个年幼儿童的'指向'（pointing)"是维果茨基所举的关于心理的社会基础的经典案例。儿童面对他够不着的物体做抓握运动，这时，照顾者进入房间，看到儿童的动作，理解这一姿态代表着儿童想要拿到这一物体。

"指向"成为一种趋向他者的动作。儿童失败的努力引发了一种来自另一个人（from another person)，而不是他想要的物体的反应。因此，失败的抓握运动的意义是由他者建构的。只有当儿童能够将其失败的抓握运动与物体的整体情境结合在一起时，他才能开始将这一运动理解为"指向"。而那

---

① 近来，认知心理学家掀起了关于思维的社会基础，尤其是对维果茨基理论的研究热潮，其标志是雷斯尼克等人编著的、由美国心理学会出版的《社会共享认知观》，参阅 Resnick, L. B. (1991). Shared cognition: Thinking as social practice. In L. B. Resnick, J. M. Levine, & S. D. Teasley (eds.), *Perspectives on Socially Shared Cognition*. Washington, DC: American Psychological Association. 在这场认知心理学的重建中，下述著作也颇具代表性：Bruner, J. (1990). *Acts of Meaning*. Cambridge, MA: Harvard University Press. Lave, J. (1988). *Cognition in Practice: Mind, Mathematics and Culture in Everyday Life*. Cambridge: Cambridge University Press. Rogoff, B. & Lave, J. (eds.)(1984). *Everyday Cognition: Its Development in Social Context*. Cambridge, MA: Harvard University Press. Wertsch, J. V. (1991). *Voices of the Mind: A Sociocultural Approach to Mediated Action*. Cambridge, MA: Harvard University Press. Cole, M. (1988). Cross-cultural research in the socio-historical tradition. *Human Development*, 31, 137 – 145. Cole, M., Gay, J., Glick, J. A., & Sharp, D. W. (1971). *The Cultural Context of Learning and Thinking*. New York: Basic Books. Cole, M. & Means, B. (1981). *Comparative Studies of How People Think: An Introduction*. Cambridge, MA: Harvard University Press. 同时参阅第九章。

时，运动的功能就发生了变化：从物体导向的运动转变为指向另一个人的运动，即一种建立关系的手段……只有当它客观地证明了所有指向他者的功能，并为他者所理解后，它才能成为一个真实的动作。①

简言之，随着时间的推移，最初的人际过程（interpersonal process）被转变为一种个体内在的过程（intrapersonal process）：

> 在儿童的文化发展中，每一个功能都会出现两次：第一次是在社会水平上，第二次是在个体水平上；第一次发生在儿童心理之间（interpsychological），第二次发生在儿童心理内部（intrapsychological）。这同样适用于有意注意、逻辑记忆和概念形成。所有高级功能都起源于人类个体之间的现实关系。②

米德以极其相似的方式，提出了人类心智产生所涉及的包含于所有社会行为的三个阶段：

> 一个有机体的原初姿态及其体现出的社会行为结果，以

---

① Vygotsky, L. S. (1978). *Mind in Society: The Development of Higher Psychological Processes*. Cambridge, MA: Harvard University Press, p.56.
② Mead, G. H. (1934). *The Social Psychology of George Herbert Mead*. Chicago: University of Chicago Press.

及另一有机体对这一姿态的反应，是一个三方面关系的关系体（relata）……这三方面的关系构成意义诞生的矩阵。[①]

我们可以维果茨基的"做抓握行为的儿童"为例来说明米德概括的三个阶段。儿童的抓握运动（第一阶段）表明事件的一种结果状态，即拿到想要的物体（第二阶段）。在这个事例中，这一结果最初存在于照顾者的社会世界中。对照顾者而言，手势代表儿童期望的结果。照顾者的反应完成了这一社会行为，并赋予它意义（第三阶段）。

维果茨基和米德认为，这些阶段最初存在于与他人相关的社会世界；只是到后来，当它们共同唤起儿童与照顾者的三个阶段，才能成为有意义的社会沟通的基础。换言之——正如维果茨基所主张的，以及米德所认同的——只有当儿童能够理解先前只有成年照顾者才能理解的行为时，真正的内在心理过程才会产生。这种内在的对话被称为"思维"，它描述了个体进行中的、发源并植根于与他者共处的社会世界的内在过程。

维果茨基和米德都强调人类思维、认知和心理的社会基础。事实上，个体心理并不是陈述社会秩序的规则，相反，它描述了真实的事件：社会过程——对话与交流——不仅先于随之产生的心理过程，而且是心理过程产生的基础。此外，由于我们往往生活在

103

[①] Mead，G. H.（1934）. *The Social Psychology of George Herbert Mead*. Chicago：University of Chicago Press，p.178.

与他者共处的社会世界中，因此心理也植根于同样的社会过程。

米德和维果茨基共持的最后一个观点是，他们都明确强调他者在所有个体特征（如个体的心理、思维、记忆等）形成中的核心作用。正是他者的反应首次赋予了儿童蹒跚的姿势以意义，正是他者的反应完成了包含三方面关系的社会行为并建构了其意义。

在对科学问题的女性主义挑战的伊始，哈丁指出，正因为聚焦于人们的知识与理解，社会科学"理应成为所有科学的榜样；而且，如果完美的物理学解释有什么特别需求的话，那么正是社会科学"。[①] 正如我们已经看到的，科德也注意到这一问题，[②] 主张我们有关他人的知识应该成为知识的范式。

哈丁和科德明确肯定了维果茨基与米德的观点，主张人际模式（interpersonal model）应该成为所有知识的典范。在每一种情况下，在他者中学习、通过他者学习、学习他者都是有程序的，而且确实可以成为所有认识过程的模式，为我们提供很好的借鉴。

104　　科德的观点尤其值得我们深思。它为我们提供了一个完全不同的知识范式。在认知他人涉及的认知活动中，我至少领悟到以下八个方面。

1. 我们关于他者的知识的多维度和多视角特征与知识的"标

---

① Harding, S. (1986). *The Science Question in Feminism*. Ithaca, NY: Cornell University Press, p.44.

② Code, L. (1991). *What Can She Know? Feminist Theory and the Construction of Knowledge*. Ithaca, NY: Cornell University Press.

准范式的简洁性(stark simplicity)"之间形成了对比；①对此，科德提出了这样的质疑：为什么我们会赋予"标准范式以典范的地位"？②

2. 恰恰是出于主体性的变动性与矛盾性，认知他者成为一种进行中的交流与解释的过程。它从来不是固定的或完成的，任何固定性……充其量不过是处于不断变化之中的固定性。③

3. 由于上述原因，得出概括性结论是一件极其冒险的举动，更何况提出普适性原则。认知他者能使我们保持"认知警觉"(cognitive toes)：知识的模糊性不断证明保持和修订判断的必要性。④

4. "然而，进行中的个人与政治承诺不能悬而未决；它们需要确保人们能很好地互相理解并使之继续下去"。⑤

5. 认知者/认知对象的立场不是固定的："宣称认知他人就是为认知者与被认知者之间的协商提供了可能性；在这里，'主体'与'客体'的立场在原则上往往是可以互换的。"⑥

6. 在这样的情境下，"自我概念与认知者概念都不可能是绝对的和终极的权威"。⑦

7. 认知他者的过程需要持续学习：如何与他们相处；如何回

---

①② Code，L.（1991）. *What Can She Know? Feminist Theory and the Construction of Knowledge*. Ithaca，NY：Cornell University Press，p.37.

③④⑤⑥⑦ 同上，p.38.

应他们；如何对待他们。①

8. 认知他人的关键且有趣的事实——以及它之所以能深入理解知识的问题——就是即使人们能够了解关于某个人的所有事实，也不可能了解这个人的本来面目。②

在哈丁和科德看来，我们已经将知识观、认知观和心理观建立在一种非社会的、疏离的以及抽象的范式之上。尽管这一范式适用于物理学——但是明显不适用于现代量子物理学——尽管问题仅仅涉及有着一致认知的简单物体的知识（如这个杯子是红色的）时，几乎没有歪曲事实，但是，它为所有知识、认知和心理提供了一种蹩脚的范式。

在这一点上，尽管这些哲学家（如米德和维特根斯坦）、心理学家（如维果茨基）和文学批判家（如巴赫金）并没有质疑非对话主义范式的男性中心主义，但挑战优势范式的男性主义特征的女性主义批判加入了他们的行列，并提供与对话主义范式完全一致的观点。

自我的出现

萨特的戏剧《没有出路》中的场景提供了一个很有价值的例证：自我不仅是社会互动的产物，而且植根于社会互动持续的成

---

① Code，L. (1991). *What Can She Know? Feminist Theory and the Construction of Knowledge*. Ithaca，NY：Cornell University Press，p.39.

② 同上，p.40.

就(ongoing accomplishment)。这一场景涉及两个人物：一是艾丝黛尔(Estelle)——一个特别虚荣的女性，发现自己被永久囚禁在一个没有镜子的地方；二是伊内丝(Inez)——与艾丝黛尔一起被永久囚禁在地狱的密室之中。由于没有一面让她可以将自己作为客体的镜子，正如他者的作用，艾丝黛尔为此惶惑不安，甚至怀疑自己是否真的存在。她会轻拍自己的脸以确认自己是否真的存在，这才发现与通过他人的眼睛看自己的样子相比，触摸是微不足道的。

这正是伊内丝进入场景的地方。无论是在直接意义上(允许艾丝黛尔走近，观察她在伊内丝瞳孔中的反射)还是在间接意义上(通过赞美艾丝黛尔的美貌)，她自愿充当艾丝黛尔的镜子。伊内丝认识到，充当艾丝黛尔的镜子使她拥有强大的凌驾于艾丝黛尔之上的权力。伊内丝和艾丝黛尔说起，在她另一侧的完美面庞上有一个面疱。其实，这只是一次戏弄，根本没有面疱。然而，没有伊内丝的反馈，艾丝黛尔如何能知道呢？这一戏弄使得艾丝黛尔颇为沮丧，她甚至会因伊内丝威胁不再看她而感到更加沮丧，甚至迷失了自己。

这一场景揭示了米德所认为的自我的两个阶段(phases)："主我"(I)与"客我"(Me)。"主我"是始终不能被直接认知的阶段。在米德看来，我们做某事时，我们不会意识到自己在做什么，直到我们所做的事情被反馈，我们能够看见它；这种反馈(reflection back)又使我们自身成为一个客体，一个"客我"："如果你问'以你自己的经验，"主我"的作用是什么'，答案是'主我'充当着一个历史人物。你正是数秒前'客我'的'主我'。"①更进一步说，"'主我'是对应于其行为所处的社会情境的行动；只有当个体实施了这种行动，'主我'才能进入其经验"。②

巴赫金的分析与米德颇为相似。他也谈到个体自我的无形性，或者他所称的"我之为我"（I-for-myself）：

106

       作为一种独特的存在，我的"我之为我"往往是无形的。为了认知自我，它必须找到能固着它的范畴，而这些只能来源于他者。因此，当我建构他者，或者当他者建构我时，她和我实际上在交换着一个可认知的自我……通过将我的无形的（不能理解和不能使用的）自我置于我从他者关于我的意象中抽象出来的范畴，我获得了一个可以认知、可以理解以及可以使用的自我。③

这表明，在米德和巴赫金看来，他者在构成个体的自我中发挥着核心作用。没有他者，自我不仅不可见，而且不可理解，也不可使用。他者赋予我们意义，他者赋予我们理解性，他者使自我得以在社会

---

    ① Mead, G. H.（1934）. *The Social Psychology of George Herbert Mead*. Chicago：University of Chicago Press，p.243.

    ② 同上，p.244.

    ③ Clark, K. & Holquist, M.（1984）. *Mikhail Bakhtin*. Cambridge, MA：Harvard University Press，p.79.

世界中发挥作用。

简言之，我们在与社会世界中的他者的社会互动、对话与交流中通过这种社会互动、对话与交流而获得自我；我们能够拥有的关于我们自己的唯一的知识是在社会形式中通过社会形式而产生的，即他者的反应。借用拜耳（Baier）的术语，科德将这一过程称为"我们变成第二个人"（second person），即在我们与他者的关系中通过这种关系而创生的存在（beings）。没有什么能使我们成为他者的被动的、简单的反映；而且，根据巴赫金、米德、科德以及其他理论家的观点，这是一种主动的、持续的过程，每一方都主动适应另一方预期的反应。我并不是简单地反映你对我的描述，而是按照我预期的你的反应来调整我自己，甚至在对你作出反应时，帮助你塑造你可能提供给我的反馈。

当我们为可怜的艾丝黛尔被永久囚禁且受到伊内丝的奚落和威胁而感到遗憾时，我们应该先保留那份遗憾。艾丝黛尔有能力使用任何她可以使用的策略以赢得伊内丝的各种反应，而这些是她（艾丝黛尔）乐意接受的。艾丝黛尔并不需要等待伊内丝的反应以获得她期待的认同；她能够很好地应对这一情境，诱使伊内丝更近距离地交换一种积极的镜像（positive mirroring）。

米德和巴赫金都赞同自我的复调性（addressive quality）（此处使用的是巴赫金的术语）的另一方面特征。我们通过预期他者的反应来调整我们的行为。这些他者包括：正在与我们互动的真实的他者（real others）；来自我们自己的过去和文化叙事的想象的他者(imagined others)；历史的他者(historical others)；泛化的他者(generalized other)，通常是以语言形式为载体，某个特定的团体会借此组织其成员的感知和理解，而我们也已经学会使用这些语言形式来向我们反映我们自身的情况。在每一种情形下，我们根据对不同他者的反应预期来调整我们的行为。① （第八章将对这里所暗指的自我的多面性作更全面的探讨。）然而，自我被建构的过程是持续的，永远不会终止。正如巴赫金指出的，对话不是什么我们能够简单地进入或离开的东西，生活本身就是对话。我们从一个对话转向另一个对话，每一个对话都会影响下一个对话、再下一个对话，以此类推。

自我被社会建构和维持的过程既有米德和巴赫金暗指的对称性(symmetry)，也有女性主义理论强调的非对称性(asymmetry)——例如，那些我在第一章所讨论的，以及第十章将详细讨论的女性主义理论。对称性的存在源于双方——例如，艾丝黛尔和伊内丝——是彼此浮现中的认同的平等的贡献者；非对称性的发生则是由于其中一方拥有更多特权，可以决定另一方的认同的本质，因而，他们自己的认同需要借助他者反映。

尽管许多交换更多地表现为对称性的，但是，当情境涉及基于权力差异(如男性/女性、黑人/白人、文明/野蛮)的社会范畴时，非对称性与其说是意外不如说是规律。简言之，正如女性主

① 术语"泛化的他者"由米德提出，指作为他者的团体(community-as-other)，为我们的"客我"的建构提供了另一种视角。

义分析家所声称的，几乎每种男性与女性的互动都渗透着男性优势的权力差异，以至于非对称性往往用来描述这样一个过程：女性认同建构的目标在于使她成为男性所期望的适用的他者。[1]

建构社会现实

综上所述，心理及其特质，以及人格和个体认同（自我）都是对话与交流过程的产物，并作为这一过程持续的成就植根于社会。[2] 在此分析中，第三元素即社会现实本身，同样是社会过程的产物和持续的成就：我们用于认知、理解和体验我们所处世界的范畴都是发生在这一世界内部的对话过程的衍生物。

沃洛希诺夫（V. N. Voloshinov）[3]以饥饿为例证明了这一观点。他指出，尽管我们通常将饥饿视为一个纯粹的心理事件，但从根本上说，其经验是对话的：饥饿的内在感觉以什么方式表达，取

[1]　当我说"他"和"她"时，我很少指某一具体的个体，而是指一个通用的男性和通用的女性。换言之，任何独特的男性或女性都不适合这一图景；然而，从通用的角度看，这一图景又是准确的。

[2]　当我在这里与上文一样使用这一词组时，我借用了加芬克尔的民族方法学，将社会行动视为行动者持续的互动的成就。参见西乌雷尔（Cieourel）认知社会学，以及目前主要由欧洲的话语分析家组成的团队，如比利希（Billig, 1987）、爱德华兹（Edwards, 1991）、哈雷（Harré, 1984）、波特和韦瑟雷尔（Potter & Wetherell, 1987）。不用说，伯格和卢克曼（Berger & Luckman, 1966）的著作中也包含这样的观点：社会现实借由对话建构。

[3]　提示：如前所述，有些人认为沃洛希诺夫实际上就是巴赫金；另一些人则认为沃洛希诺夫用的就是他自己的名字。我并不关心这一争论，我只将沃洛希诺夫视为其著作的作者。

决于饥饿者的社会地位和直接的经验环境，[1]它包括参与其中的可能的受话者（addressees）。

沃洛希诺夫总结道：

> 经验不可能外在于符号的具身化……而且，结构或构词中心的位置并不是在内部……而是在外部。不是经验组织了表达，反过来说才对——表达组织了经验。表达首先赋予经验以形式与独特性或方向。[2]

很明显，在沃洛希诺夫看来，所有经验，无论何种类型，只有在社会范畴中或通过社会范畴才能被理解和使用（应用先前的术语）；经验具有复调性。然而，社会范畴不仅是我们理解经验的先验存在的媒介，而且是建构中涉及的对话过程的持续的成就。对话表达并建构了社会现实。换言之，对话表达并创造了我们与他者所生活的独特世界。

这正是某理论家所指的有些自相矛盾的地方："通过对话和话语，我们假定或至少会相信：事实上，事物的存在不断地被我们参与的象征（signification）的话语行为'创造'。"[3]对话表达和预设现

① Voloshinov, V. N. (1929/1986). *Marxism and the Philosophy of Language*. Cambridge, MA: Harvard University Press, p.87.
② 同上，p.85.
③ Dominguez, V. R. (1989). *People as Subject, People as Object: Selfhood and Peoplehood in Contemporary*. Madison: University of Wisconsin Press, p.21.

实，在表达我们预设的现实时，我们参与创造现实。

维特根斯坦以他自己的方式陈述了同样的观点。例如，他指出，下列短语：

> "表达我们内心的想法"暗示着：我们试图以字词表达的东西实际上已被表达，只是以一种不同的语言而已；这种表达在我们的内心世界里；我们要做的就是将它从心理语言转变成口头语言。[1]

维特根斯坦否定上述观点，要求我们审视这些表达（用法）是如何建构社会现实的。

肖特提出了同样的观点："大多数时候，我们的对话都具有创造与维持各种生活形态的目的。"[2]爱德华兹提醒我们，我们借助对话建构了一个假定独立于对话的社会现实，而正是这种对话建构并维持了这种社会现实。他注意到，"在知识、交谈和争论的社会组织化实践之外，所谓真实的东西恰恰就是对话的内容"。[3] 在他看来，我们的对话不仅创造了一个共享的现实感，而且经常检验这种共享的现实感：评价有关其特征的不同观点，并解决谁有权

---

[1]　Wittgenstein, L. (1958). *The Blue and Brown Books*. New York: Harper & Row, p.41.

[2]　Shotter, J. (1990). *Knowing of the Third Kind*. Utrecht, The Netherlands: University of Utrecht, p.57.

[3]　Edwards, D. (1991). Categories are for talking: On the cognitive and discursive bases of categorization. *Theory and Psychology*, 1, 515 – 542, p.538.

力制定建构共享现实的规则的争端。

　　关于人性，对话主义转向告诉我们什么？首先，我们了解到，我们在本质上是对话的、交流的生物，我们的生活是在对话中通过对话创造的，也是在对话中通过对话得以维持和变革的；我们了解到，只有审视发生在我们所处的和所占用的社会世界中的对话，我们才能很好地理解我们的心理过程，包括思维、推理、认知、问题解决，等等；我们了解到，人格特质和认同也是对话地建构的，并通过与他者的对话得到维持；我们了解到，我们生活中的社会现实其本身就是对话地建构的，我们与他者的对话既是社会现实的表达，也是创造并维持与他者对话的持续的成就的方式。

　　"赞美他者处于人类生活与经验的核心"彻底扭转了西方世界的赞美自我的传统，这或许是最重要的教训。他者是心理、自我和社会必不可少的共同创造者（co-creator）。没有他者，我们即无心理，无自我，无社会——一无所有，遑论继续赞美其他事物。

人性的多重声音

实际的姓名、地点或罪行并不是那么重要。一部电视纪录片提出这样一个问题：一个女性因犯罪而被判处终身监禁，但精神病学检查表明她不是一个人，而是几个人，可能是六个。到底谁是罪犯？是罗拉（Lola）吗？还是珍妮特（Janet）？或许是艾琳（Irene）、苏姗（Susan）或凯西（Kathy），又或是⋯⋯？通过治疗，珍妮特开始熟悉存在于她脆弱身躯之内的各种自我。通过与每一个自我，包括与犯罪自我（criminal-self）罗拉进行冗长的对话，她学会如何唤起这六个自我中的任何一个或分离这些自我。珍妮特疑惑，她和其他自我——包括 6 岁的凯西——都没有犯罪，却被判监禁，这公平吗？只有罗拉应该被判刑，而不是珍妮特或其他自我！

尽管此案例提出这样一个严肃的问题，但遗憾的是，这一问题既不是电视纪录片也不是西方自我文化观念关注的焦点。纪录片的言下之意是，健康的自我应该只包含一个中心的、核心的自我——尽管在艰难情境下也许会变得喜怒无常和多变，在扮演许多不同角色时可能会稍作调整，但从根本上来说，它是整合的和完整的。我们认为珍妮特等是病态的，因为她身体内包含太多独立的统合人格，因而挑战了西方关于一个整合的整体——核心自我（core self）的信仰。

韦瑟雷尔和波特发问：在西方文化中，核心自我观与碎片化的自我观哪一个更占优势？[①] 他们指向作为角色扮演者（role-player）的自我文化观的流行：既然我们所有人都扮演着许多角色，我们应该拥有许多不同的自我，而不仅仅是一个整合的核心。

112　　在西方，尽管自我作为角色扮演者的特征被广泛认可，但我认为大多数人还是深信所有碎片化之下都存在着一个真正的自我。事实上，如果没有这样一个核心，就难以控诉某一特定角色会侵犯其深层次的完整感。虽然韦瑟雷尔和波特推崇碎片化的自我观，但他们的研究支持了我的观点。

韦瑟雷尔和波特研究了旁观者（onlookers）为警察暴乱事件提供的借口（excuse）。该事件发生于新西兰，目的在于镇压反对1981年跳羚杯橄榄球巡回赛游行示威。研究发现，有些人会使用角色理论（role theory）来原谅警察的行为。韦瑟雷尔和波特指出："角色话语的使用认可警察真正的动机和信仰与其工作角色必须履行的职责之间的分裂。"[②]换言之，角色理论提供了一个借

---

① Wetherell, M. & Potter, J. (1989). Narrative characters and accounting for violence. In J. Shotter & K. J. Gergen (eds.), *Texts of Identity*. London: Sage.
② 同上，p.215.

口——不是因为自我是碎片化的和多元的,而是因为自我是连贯的和整体的,并拥有一个核心。正是因为这一核心,人们——这里指警察——会面临与他们承担的角色之间的冲突;正是因为这个核心,旁观者能够原谅警察:警察并不是真的想作恶,但警察的角色需要他们这么做。因此,尽管有其他的可能性,但我坚持认为,整合的核心自我观仍在西方文化中占据优势地位。

在我看来,这种共同的文化信仰最严重的问题在于,它没有认识到自我的多元性特征;而一旦我们采用对话主义框架,多元性便会成为焦点。[①] 如果人们是谁和是什么是由其生命历程中参与的各种对话建构的,那么我们是否会更有理由认为我们是一个多元体而不是统一体? 在这里,我并不是说几个完全整合而又分离的人格,就像那六个住在珍妮特的脆弱身体之内的自我;我也不是说人们想成为他们需要扮演的角色就需要将他们真实的自我与他们需要承担的角色分离开来。在大多数情况下,这些构想都假设一个整合的、统一的整体,然后讨论与它的偏离——有些相当正常(如角色行为),其他则相当病态(如珍妮特的多重人格障碍)。

然而,如果我们一开始采用与之不同的人性的对话主义理论,我们就能很好地看到这种多元性实际上是一种规范;任何人格的独特性都是特定社会形式与实践的持续的成就。简言之,我们应

---

① 一些社会心理学家并不主张对话观,但他们也提出健康的多元性。例如:Markus, H. & Kunda, Z. (1986). Stability and malleability of the self-concept. *Journal of Personality and Social Psychology*, 51, 858 – 866. Markus, H. & Nurius, P. (1986). Possible selves. *American Psychologist*, 41, 954 – 969.

该以持续变化着的多元性假设为开端，认为统一性和连续性是一种独特的社会成就，而不是假设存在一个整合的核心认同，即一个包含人们生命历程中经历的各种角色与情境，并使他们有着统一和连续感的认同。如果我们体验到一个核心的自我，这并不是因为我们只有一个核心，而是因为我们是以日常的社会机制和文化实践认可的优势观念在社会上发挥着作用。

一些批判理论家指出，那些达成整合的核心自我的实践仅仅是为了维持西方社会的权力群体——主要是白人和男性——对以多元性为特征的他者的统治。例如，伊利格瑞对女性独特性的理解表达了这一观点。她指出，整体人格的观念压抑多元性，否定了女性多元立场的身体、性和独特性。

帕格尔斯对一神论（monothesim）政治的探讨也得出同样的观点。诺斯替教派（Gnostic）对上帝和人的多元性的理解受到犹太-基督教传统的一神论的挑战。帕格尔斯指出：

> 正如上帝在天国作为主人、主、命令者、法官以及国王实施统治，在人间，它将权力委派给代表教会层级制的成员：带领着军队的将军；统治着"人民"的国王；主持着上帝的家园的法官。[1]

> 如果上帝只有一个，那么就应该只有一个真正的教堂，而

---

[1] Pagels, E. (1981). *The Gnostic Gospels*. New York: Vintage, p.41.

族群里也应该只有一个上帝的代表,即主教。[1]

因此,上帝的同一性(oneness)代表着整个来源于他(Him)的等级制的同一性,包括源自上帝意象的男性的同一性。帕格尔斯观察到,这种同一性观点主要代表富裕男性利用宗教的理解框架为自己谋取权力的观点。他们自身的利益与诺斯替教派平等的和承认女性价值的观点相悖。这种冲突的结果必然是,同一性战胜多元性,男性战胜女性。

无论我们是否愿意支持伊利格瑞以及其他理论家主张的观点——多元性反映了与男性追求的统一性相对应的女性的独特性,显而易见的是,人性多元性观点是一个可行的替代概念。但是,这种多元性并不是基于有良好结构又彼此分离的人格,而是与多重人格障碍一样,强调良好结构的整体。相反,对话主义框架引导我们关注人们内部以及人们之间的多元性,而不是一种本质上同一的、整合的或整体的形式。

换言之,我们需要将每一个人视为由完全多元性构成,而不是几个统合性人格。对话主义的多元性(dialogic multiplicity)指建构我们的声音的多元性:根本不存在本质的、真实的、中心的、整合的我们。以对话主义方式思维:我们必须摒弃单一性和有界整体性的文化信仰,不再将这种多元性视为包含结构良好的单一性

---

[1]　Pagels, E. (1981). *The Gnostic Gospels*. New York: Vintage, p.52.

114

的整体；我们必须将核心自我的整体视为一种服务于特定目的的独特的社会成就——与西方男性优势相关。

体裁与杂语

但是，对话主义如何理解多元性呢？我们可以在巴赫金的一组相关概念里找到答案：体裁（genres）、杂语（heteroglossia）和时空体（chrontope）。[①] 让我们回到基础：语言。我们已知，从对话主义角度考察语言，意味着我们主要的兴趣不在作为一种正式系统的语言，而在人们在对话中使用的语言。尽管每一个人的语用（language use）有其独特性——而且事实上应该在许多方面被考虑到——"使用语言的每一领域都锤炼出相对稳定的表述类型……我们称之为'言语体裁'（speech genres）"。[②]

巴赫金所处的时代主要由形式主义语言学主导。正如我们前面所讨论的启蒙观，形式主义语言学家试图找到一个本质的、稳定的中心。显而易见，这个中心就是包含个体语言行为在内的独特的发声（vocalization）。这种潜在的中心通常存在于语法形式，它们就好似一种计算，一种正式的数学系统，从中产生了语言的各种可观察的特征。

---

① Bakhtin, M. M. (1981). *The Dialogic Imagination*. Austin: University of Texas Press. Bakhtin, M. M. (1986). *Speech Genres and other Late Essays*. Austin: University of Texas Press.

② Bakhtin, M. M. (1986). *Speech Genres and other Late Essays*. Austin: University of Texas Press, p.60.

简言之,巴赫金面临着这样一种语言学研究氛围:通过寻找本质的稳定的且普遍的正式系统,抹杀每一个体话语的多元性、独特性和特殊性。与此相反,巴赫金认为,我们能通过言语体裁的概念发现任何我们需要的稳定性。然而,每一个体化的话语无论多么独特,都会采用一种或多种言语体裁。言语体裁的丰富多样不胜枚举,因为形形色色的人类活动的可能性是难以穷尽的,[①]体裁从来都不是可以被系统研究的稳定形式。

从根本上说,巴赫金回避寻找人们共同交流与生活的实际语用之下的正式内核,而是在使用中的实际言语形式体裁中寻找系统性。体裁并不反映或遵循一种正式的计算,也不能形成一个准数学系统。当人们共同参与集体组织化活动时,体裁随之产生。体裁是有限的和连贯的,但也是无边界的。随着集体生活问题的变化,类型也将发生改变。

当我们交谈时,我们有各种各样的可用的言语体裁。正如巴赫金认为,我们从未仅仅使用一种语言,而往往是使用多种语言。每一个民族的语言都包含着言语风格的多样性,因而是杂语的(heteroglot)——表现为任何一个民族语言中的多样化言语性(speechedness)。以英语为例,其中存在着职业、代际、阶级、兴趣领域以及种族的体裁:

115

---

① Bakhtin, M. M. (1986). *Speech Genres and other Late Essays*. Austin: University of Texas Press, p.60.

　　实际上，我们所说的言语体裁应该包括日常对话的简短对白（日常生活对话主题、情境、参与者的不同导致其类别千差万别）、日常的叙事、书信（各种不同的形式），也包括简短标准的军事口令和详细具体的命令、不可胜数的各种事务性文件……还有多样的政论（广义的理解：包含社会性的和政治性的文章）。此外，还应包括各种形式的科学著作以及全部的文学体裁（从一句俗语到多卷长篇巨著）。①

尽管这一清单并未穷尽，但它有助于我们更好地理解巴赫金所说的言语体裁和人们在日常对话中能够使用的体裁的多样性。这并不难理解：父亲用儿语与新生儿说话后，用另一种体裁与一个商人在电话里对话，接完电话后又用一种完全不同的体裁与房间里的成年人说话，这表明我们每天使用的体裁具有多样性。

　　巴赫金以一个擅长命令型语言，但缺少适用于某种特定情境的言语体裁，并为此感到无助的人为例，来分析言语体裁的另一方面特征。以不擅长社会对话的学者为例："抽象地说，这里的问题不在于词汇的贫乏，而在于不善于运用社会谈话的各种体裁。"②

　　巴赫金还告诉我们："我们以各种各样的体裁说话，却没有意识到它们的存在。甚至在最随意的、无拘无束的谈话中，我们也是

---

　　① Bakhtin, M. M. (1986). *Speech Genres and other Late Essays*. Austin: University of Texas Press, pp.60 - 61.
　　② 同上，p.80.

按一定的体裁形式组织言语,有时用刻板的、程式化的形式,有时则比较灵活、生动,有创造性。"①有时,我们像莫里哀的人物,以一种独特的言语体裁说话,而我们并没有意识到。而且,正如巴赫金所说,体裁本身也是有限定的(constraining):它决定我们说话的方式,使对话表现出独特性和个体性。

116

然而,任何言语体裁都不仅仅是说话的方式,也是看待和体验包括自我与他者在内的世界的方式,这一点最为重要。在使用一种体裁时,我们是在用一种特定的人类经验来表述我们的命运——一种理论,如果你愿意的话——它提供了特定的语音和语调。

这一观点非常重要。对巴赫金来说,体裁有助于塑造我们的经验;每一种体裁为我们的生活和理解提供了不同的语音。例如,在与他者的对话中采用职业化体裁的人,并不是仅仅以一种独特的方式说话,而是在体裁的基础上建构其与他者的经验。

伯恩斯坦(B. Bernstein)以不同的框架来探讨这一问题,②但其有趣的研究为巴赫金的观点提供了颇有价值的证明。伯恩斯坦认为,他研究的不同的社会阶层有着不同的表达方式,他称之为"语码"(codes)(体裁),语码为人们提供了不同的情境

① Bakhtin, M. M. (1986). *Speech Genres and other Late Essays*. Austin: University of Texas Press, p.78.
② Bernstein, B. (1971). *Class, Codes, and Control*, Ⅰ: *Theoretical Studies towards a Sociology of Language*. London: Routledge and Kegan Paul. Bernstein, B. (1973). *Class, Codes, and Control*, Ⅱ: *Applied Studies towards a Sociology of Language*. London: Routledge and Kegan Paul.

理解方式。工人阶级使用的限制型语码（restricted code）为它的使用者建构了不同于中产阶级使用精致型语码（elaborated code）建构的社会现实。伯恩斯坦指出语码相关的区别（code-related distinctions）。

限制型语码对人们和事件的描述更多地聚焦于具体的而不是抽象的内容。一项访谈研究很好地证明了这一观点。该研究让不同社会阶层的人谈论对最近袭击其社区的龙卷风灾难的看法。[①] 研究表明，工人阶级被试的描述完全依据报告者双眼的观察，很少对他们描述的现象使用限定语；相反，中产阶级的描述不仅包括不同的观点，而且具有更多限定性描述，分析他们观察到的情境。

限制型语码与精致型语码之间更大的差异表现在言语信息对非言语信息的整合方式上。伯恩斯坦认为，相较于精致型语码，限制型语码在更大程度上需要非言语的标识来详述其表达内容的意义；而精致型语码会包含更丰富多样的言语信息，并不需要更多的非言语标识来向其他人传达信息。例如，他注意到，中产阶级儿童学会在他们父母所说的内容中寻找线索，以发现意义和了解情绪的变化；工人阶级儿童则很少注意言语信息，更多地关注沟通中的非言语信息。

其他一些研究也拓展了巴赫金的言语体裁的观点。例如，布

---

① Schatzman, L. & Strauss, A. (1955). Social class and modes of communication. *American Journal of Sociology*, *60*, 329-338.

尔克(L. B. Bourque)和巴克（K. W. Back)报告了一项有趣的研究。[1] 他们探讨了人们应对神秘力量引起的强烈情绪体验时,言语体裁的可用性与人们解释和应对这些经验的能力之间的关系。结果表明,与那些无体裁的人相比,那些拥有神秘体验体裁的人很少会体验到描述和接受强烈情绪体验的困难。那些无体裁的人将强烈的神秘体验看作病态的标志,他们无法将这种体验视为正常的,或以一种更日常的方式来谈论这些体验。

麦科比(E. E. Maccoby)的研究表明,体裁建构经验,但也为经验所建构。她对儿童互动的研究揭示了与儿童性别相关的模式。[2] 女孩偏好麦科比所说的授权模式(enabling style),而男孩偏好限定性模式(restrictive style)。前者积极地使互动更顺畅地进行,后者则脱离互动的轨道。例如,小女孩给予她的伙伴支持性的评论,以利于互动的进行;与此相反,小男孩则批判地反馈,令他的伙伴或是退出,或是结束互动,或是升级到冲突状态。

以上研究让我们关注到不同社会世界的人们发展了不同的言语体裁。这些言语体裁建构了他们的经验,就像他们被其所处的独特社会地位建构那样。尽管这些研究有利于论证巴赫金关于体裁与经验紧密相关的观点,但它们或许也会使人们产生这样的印

---

① Bourque, L. B. & Back, K. W. (1971). Language, society and subjective experience. *Sociometry*, 34, 1–21.

② Maccoby, E. E. (1990). Gender and relationships: A developmental accounts. *American Psychologist*, 45, 513–520.

象：与巴赫金的多元性观点相悖。换言之，我们可能会获得这样一种印象：在伯恩斯坦的研究中，每一个社会阶层都有一种且只有一种体裁；或者，在麦科比的研究中，每一种性别都是体裁独特的(genre-specific)。因此，在这两种情形下，多元性均不明显。

尽管关注这种可能性，甚至将它作为一种实现认同统一性的对话机制(通过使用一种而不是数种言语体裁)并无不妥，但是我们必须看到巴赫金的另一个观点。事实上，这一观点也适用于上述研究：男孩并不是完全限定性的，女孩也并不是完全赋权的；某一特定社会阶层的成员也并不完全局限于伯恩斯坦描述的言语体裁。

118   例如，拉博弗(W. Labov)的经典研究表明，在高级言语形式的使用中，纽约人存在社会阶层的差异，而且对情境变化的回应中也存在阶层内的转换——对中上阶层和工人阶层被试来说，非正式情境均比正式情境更易引发低级言语形式。①

其他研究同样证明，大多数人在体裁重演(generic repertoires)上具有较大的灵活性(flexibility)。他们能够自由出入每一种体裁，并以不同的方式建构他们的经验。例如，欧文-特里普(S. Ervin-Tripp)的语言学研究表明，体裁的灵活性是应对独特的社会-情境需求的一种功能。② 例如，她注意到从熟悉的对话情境到

---

① Labov, W. (1966). *The Social Stratification of English in New York City*. Washington, DC: Center for Applied Linguistics.

② Ervin-Tripp, S. (1969). Sociolinguistics. In L. Berkowitz (ed.), *Advances in Experimental Social Psychology*, Vol. 4. New York: Academic Press.

更为正式的员工被其上司训斥的情境的转换。她还谈到，鲁宾（J. Rubin）的研究也展示了巴拉圭情侣从宣誓前的西班牙语到结婚后的瓜拉尼语的转换。[①]

布洛姆（J. P. Blom）和冈柏茨（J. J. Gumperz）在挪威镇居民中也发现类似的转换。[②] 作为购买者和消费者时，他们使用标准的挪威语；但是，如果他们需要就私事进行私密的对话，此时就会换成当地方言。以上研究都证明了巴赫金关于体裁多样性和人性的杂语性的观点。

然而，关于体裁灵活性的最有力的证明来自贾尔斯（H. Giles）和库普兰（N. Coupland）的综述性研究——我们每个人会调整自己的言语体裁的适应性以适应受话者。[③] 他们概括出两个过程：聚合（convergence）和离散（divergence）。聚合是指我们改变体裁，以受话者的方式说话；离散是指我们改变体裁，使用更有别于受话者的方式说话。他们指出，存在大量研究证明这两种变化类型的存在。

例如，库普兰在一项研究中报告，旅行代理人会调整他们的言语以适应委托人的社会阶层。在另一项研究中，布里（R. Y.

---

① Rubin, J. (1962). Bilingualism in Paraguay. *Anthropolitical Linguistics*, 4, 52-58.

② Blom, J. P. & Gumperz, J. J. (1972). Some social determinants of verbal behavior. In J. J. Gumperz & D. Hymes (eds.), *Directions in Sociolinguistics*. New York: Holt, Rinehart & Winston.

③ Giles, H. & Coupland, N. (1991). *Language: Context and Consequences*. Pacific Grove, CA: Brooks/Cole.

Bourhis)和贾尔斯报告了威尔士人的离散过程：当访谈者持典型英格兰腔调并挑衅他们的威尔士人认同时，威尔士人对"其民族群体成员及语言"[①]的坚定信念使他们放大了"他们的威尔士口音"。[②]

贾尔斯和库普兰还报告了大量关于受话者的权力影响演讲者的体裁选择的研究。例如，一项加拿大魁北克的研究表明，职业上拥有优势的受话者比处于劣势的受话者具有更大的聚合性；另一项在中国的研究表明，销售人员选择的体裁更适合顾客，反过来说则不成立。再一次，我们看到，在面对我们的世界时，每个人都可以在许多体裁中选择，从来都不是只有一种体裁。我们的选择反映了我们对所处情境的"阅读"，我们希望达成的目标，以及与我们一起互动的人。正如越来越多的语言行为的社会心理学研究证明，我们确实是杂语的。

综上所述，体裁并不仅仅是说话的方式，也是观察、认知和理解的方式。因此，不同的体裁置我们于不同的世界之中，或至少为体验我们的世界，包括自我和他者，提供了不同的重点（accentings）。

总而言之，体裁的多元性存在于所有语言，而且可供任意语言

---

① Giles, H. & Coupland, N. (1991). *Language: Context and Consequences*. Pacific Grove, CA: Brooks/Cole, p.65.

② Bourhis, R. Y. & Giles, H. (1977). The languages of intergroup distinctiveness. In H. Hiles (ed.), *Language, Ethnicity and Intergroup Relations*. London: Academic Press.

使用者使用；体裁的多元性创造了一种杂语（heteroglossia）的情境，即作为日常生活与经验的正常情境的多变的言语性（varied speechedness）。我们拥有不同的声音：在不同的声音中，借助它们，我们说话；在不同的声音中，借助它们，我们与世界相连；在不同的声音中，借助它们，我们思考。在其中，我们是"栖息在我们身上的声音"，[①]声音的杂语性为我们提供了自我、思维、认知，以及体验的多元性（manyness）。

时空体

巴赫金的时空体概念有助于我们更好地理解这一图景："我们将文学中以艺术表达出来的时空关系的内在连接称为'时空体'（从字面上说，指的是'时间-空间'）。"[②]他将时空体视为描绘文学和文化体裁的基础。这一概念不仅包含历史和空间地理特征的体裁的变化，也包括多种时间概念。与巴赫金的杂语观或多种语言观并列的还有异时性（hetrochrony），或多元时间性（multiple timedness）。[③]鉴于不同言语体裁在任何时候均能共存，我们很可能发现多种时空观也能同时并存。

例如，如果我们仔细思考，我们就能意识到各种各样的时间节

---

① Morson，G. S. & Emerson，C.（1990）. *Mikhail Bakhtin: Creation of a Prosaics*. Stanford，CA：Stanford University Press，p.213.

② Bakhtin，M. M.（1981）. *The Dialogic Imagination*. Austin：University of Texas Press，p.84.

③ Morson，G. S. & Emerson，C.（1990）. *Mikhail Bakhtin: Creation of a Prosaics*. Stanford，CA：Stanford University Press.

律。地质年代(geological time)的测量完全不同于统领我们个体自传体的时间感。我们生命的开始与结束只是地质年代的一个微小的部分。事实上，与地质年代相比，人类在地球上的存在也相当短暂。然而，各种时间的时空体却能共存。

同样，以光年(light years)测量的天文时(astronomical time)也不同于个人时间感或地质年代感。如果我们将它加入多元的时间节律，图景就会变得更为复杂。正如莫森(G. S. Morson)和埃默森(C. Emerson)所言：

120

> 或许，生物有机体有着他们自己的特殊节律，它们不同于天文节律，彼此也可能有差异……而且，不同的社会活动也是由各种混合的时空界定的：流水线、农业劳动、交媾，以及会客室交流的节律和空间组织完全不同。[①]

尽管巴赫金关于时空体的著作大多聚焦于文学研究与体裁，但显而易见的是，不管是从他的著作还是研究来看，他的目的并不是要让自己局限于文学领域，而是探讨文学意义上的时空体如何帮助我们深入理解人们日常生活与经验的时空体。例如，这一概念的广泛应用，体现在巴赫金晚年所写的结语中，"每次要进入意

---

① Morson, G. S. & Emerson, C. (1990). *Mikhail Bakhtin: Creation of a Prosaics*. Stanford, CA: Stanford University Press, p.258.

义领域,都只能通过时空体的大门"。①

　　这句话出现在他对文学时空体的分析,以及对艺术与文字的时空体是否同样存在于科学和数学之中这一问题的探讨之后。很显然,在这句引文中,他的结论必然成立。因为,只要我们关注意义——我们难道不会关注吗——我们必然需要通过时空体的大门。换言之,正如杂语的各种不同体裁建构关于世界的不同观点,时空体也发挥着同样的功能:为经验的意义获得提供时空框架。

　　我将考察巴赫金时空体概念使用的两个不同的例证——不仅有助于澄清其意义,而且会将我们引向下一步:将他的理论与叙事研究联系起来。第一个事例基于巴赫金对古代和后来的阐释个体生活经验的时空体的比较。他认为,在古希腊人看来,自传(autobiography)与他传(biolgraphy)几乎毫无区别;相比之下,后来的时空体强调公共他传形式与私人自传形式的区别。

　　例如,希腊人的自我意识比我们更为外在化和公共化:"我们所称的'内在'因素,在希腊人看来是在人的形象中与'外在'因素连成一体的,即它同样是看得见听得到的,它在他者与自己看来都是外在的。"②换言之,"人本身并没有任何听不见、看不见的核心,因为其整个人是可以看见、可以听到的……无语的内心生活,无语

---

　　① Bakhtin, M. M. (1981). *The Dialogic Imagination*. Austin: University of Texas Press, p.258.
　　② 同上,p.135.

的悲痛，无语的思索，与希腊人是格格不入的"。①

巴赫金指出，尽管柏拉图"将思维理解为人同自己的对话"，②但在我们看来，对话不是私人的和内在的，因为对话"绝不要求与个体自我的特殊关系（不同于与他人的关系）；同自己的谈话可直接变成同别人的谈话，这里没有任何原则的界限"。③

随着时间的推移，以及巴赫金未言明的原因，这种时空体发生了渐变："在以后的时代里，人的形象因其开始参与其间的那些听不到看不见的领域而被歪曲，哑默和隐匿渗入人的内心。"④巴赫金提醒我们关注个体感的日益内在性，以及与之相对应的私人自传与公共他传的日趋分离。相比于公开论述，自我与他者更多是通过对私域的揭示获取对人的认知，如通过告解的方式，或对个人内在的情感、思维等的解释。在这里，巴赫金谈到，"人的这种公共外在性的解体之势……孤立个人的私人自我意识开始崭露头角，个人生活的私人领域也开始展现"。⑤ 卡里瑟斯等人编著的探讨毛斯人关于人的概念的论文集对此也有同样的理解。

巴赫金对这两种时空体的对比表明，每一种时空体对个体经验有着不同的解释。古希腊人的时空体，强调公共与私人的融合使个体经验（以及他者关于这一个体的经验）变得可视听和公开的故事。

---

① ② ③　Bakhtin, M. M. (1981). *The Dialogic Imagination*. Austin: University of Texas Press, p.134.
④　同上，p.135.
⑤　同上，p.143.

如果我想分享我的生活故事,我将会采用一种主流的形式,说出关于我的公共经验与活动的故事。我的自我观几乎与你对我的看法相同,我们共同唤醒的是对我们俩来说都是公开、可及的东西。

然而,当时空体变得越来越内在化时,公共观点与私人观点日渐分离。在后期,我对生活的解释不仅更多地建立在只为我所知的私人事件之上,而且与我的为公众所知的活动相比,这些私人事件从本质上界定了我究竟是谁。

巴赫金关于时空体的第二个例证主要聚焦于现实的时间概念。他将民俗时间与后期的时空体进行比较,并由此提出民俗时空体的八大特征,特指农业人口的时间感:(1)这种时间具有集体性,它为集体而存在,而不是为个体的生命周期而存在;(2)这种时间不能脱离劳动和生产,是用"农业劳动的阶段"来测定的;[①](3)这种时间是有效生长的时间,"开花,结果,成熟,增长,繁殖";[②](4)这种时间是"致力于未来的",[③]因为播种是面向未来的,收获果实是着眼于未来的,求偶与交媾为的是未来;[④](5)"这个时间具有深刻的空间性和具体性"[⑤]——在这里,他指的是,它没有脱离大地和自然:"人们的农事生活与自然界的生活(地球的生活)是用同样的尺度衡量的,是用同样的事件测定的,有着同样

122

---

①②③　Bakhtin, M. M. (1981). *The Dialogic Imagination*. Austin: University of Texas Press, p.207.

④　同上,p.134.

⑤　同上,p.208.

的间距"；①(6) 民俗时间是统一的,虽然它还未能从个人时间中抽离出来,但它植根于社会整体的生活;(7) 这种时间"把一切都吸收进自己的轨道中……所有事物——太阳、星辰、大地、海洋,等等——的呈现都既不是作为个体认知的对象……也不是作为偶然白日梦的对象;相反,它们完全是集体劳动过程以及与自然斗争的一部分"；②(8) 这一时间具有循环性,即这种循环往复性"凝刻于所有事件……这种时间的前进倾向,受到循环性的限制……生长也不能称其为真正的成长"。③

后期的民俗时空体有别于我们熟知的形式。随着社会的日趋分化——例如,分成不同的劳动与经济阶层——而且随着个体日渐疏离于集体,个体自身的时间作为一个新的时空体出现:"从集体生活的共同时间中,分解出个人的生活序列和个人的命运。"④在巴赫金看来,这种新的时空体影响了生活的所有方面:"饮食、交媾,等等,在这失去了古代的'激情'(自身与整个社会劳动生活的联系和统一),变为私人琐事。"⑤很明显,这些时空体并不是简单地指我们今天考察的时间,而是指个人生活的所有活动与经验的时空特征。

我从巴赫金提出的各种时空体中选择这两个例证来阐明时空

① Bakhtin, M. M. (1981). *The Dialogic Imagination*. Austin: University of Texas Press, p.208.
② 同上, p.209.
③ 同上, p.210.
④ 同上, p.214.
⑤ 同上, p.215.

体概念的意义与使用，同时也揭示了我们对人类经验多元特征的理解的重要性。这两种体裁与时空体均来自人们的集体实践，被个体用以界定其经验并赋予其生命以意义。

由于不同时空体或体裁共存于复杂的社会之中，我们有一系列杂语，它们浸染着我们，影响我们的思考、认知和体验。我们从来都不是只有一个中心的单一的存在，而是一个没有统一的中心或核心的多元存在。我将在第九章和第十一章继续讨论该观点的另一方面，但是当下将巴赫金的时空体或体裁的概念与近来心理学研究中的叙事取向联系起来极有价值。

叙事主义与对话主义

123

直到最近，叙事取向（narrative approach）才进入人类经验和行为的心理分析领域，为我们在巴赫金理论与当前心理学研究之间提供一个重要的连接。[1] 正如一些研究者所阐述的，我们与其

① 参阅 Bruner, J. (1987). Life as narrative. *Social Research*, 54, 11 - 32. Bruner, J. (1990). *Acts of Meaning*. Cambridge, MA: Harvard University Press. Gergen, K. J. & Gergen, M. M. (1988). Narrative and the self as relationship. In L. Berkowitz (ed.), *Advances in Experimental Social Psychology*, Vol. 21. San Diego, CA: Academic Press. Harvey, J. H., Weber, A. L., & Orbuch, T. L. (1990). *Inter-personal Accounts: A Social Psychological Perspective*. Cambridge, MA: Basil Blackwell. Howard, G. S. (1991). Cultural tales: A narrative approach to thinking, cross-cultural psychology, and psychotherapy. *American Psychologist*, 46, 187 - 197. Sarbin, T. R. (1986). *Narrative Psychology: The Storied Nature of Human Conduct*. New York: Praeger. 关于日常解释，参阅 Hewstone, M. (1989). *Causal Attribution: From Cognitive Processes to Collective Beliefs*. Oxford: Basil Blackwell. Gergen, K. J. & Semin, G. R. (1990). Everyday understanding in science and daily life. In G. R. Semin & K. J. Gerger (eds.), *Everyday Understanding: Social and Scientific Implications*. London: Sage.

继续将人性描绘为一台巨型的机器或复杂的计算机，不如改变这种隐喻，将人们视为叙事者（homo narrans），即说故事的人类（humankind as story-teller）更为贴切。[①]

叙事取向认为，正是我们叙说的故事塑造了我们的经验，界定了我们自身与他者，它们是人类生活的核心特征。我们讲述的自己的生活故事"是理解自我的媒介"；[②]它们赋予我们的经验以秩序、连贯性和意义，并建构我们与他者的关系。也许我们还会习惯于将这些叙事解释看作个体为其自身目的所创造的认知图式，但大多数叙事理论家强调这些故事和叙事的社会共享的文化植根性。

与大多数美国社会心理学家的典型个体主义观点相比（如 Kelley，1973；Schank ＆ Abelson，1977），[③] 休斯通（M. Hewstone）[④]和莫斯科维奇[⑤]强调社会表征与集体信仰的重要性。

----

① Harvey, J. H., Weber, A. L., ＆ Orbuch, T. L. (1990). *Inter-personal Accounts: A Social Psychological Perspective*. Cambridge, MA: Basil Blackwell, p.ix.

② Gergen, K. J. ＆ Gergen, M. M. (1988).Narrative and the self as relationship. In L. Berkowitz (ed.), *Advances in Experimental Social Psychology*, Vol. 21. San Diego, CA: Academic Press, p.17.

③ Kelley, H. H. (1973). The progresses of causal attribution. *American Psychologist*, *28*, 107 - 128. Schank, R. C. ＆ Abelson, R. P. (1977). *Scripts, Plans, Goals and Understanding*. Hillsdale, NJ: Erlbaum.

④ Hewstone, M. (1989). *Causal Attribution: From Cognitive Processes to Collective Beliefs*. Oxford: Basil Blackwell.

⑤ Moscovici, S. (1976). *La Psychanalyse*, *Son Image et Son Public*. Paris: Presses Universitaires de France. Moscovici, S. (1981). On social representations. In J. Forgas (ed.), *Social Cognition: Perspectives on Everyday Understanding*. London: Academic Press.

例如,正如第四章所阐述的,莫斯科维奇探讨了精神分析的解释形式在法国的广泛应用,这很好地论证了此观点。这些解释的流行和影响力来源于它们提供的一种在法国文化中富有深意的叙事。换言之,文化为人们提供了各种各样的叙事方式;在成长的过程中,人们学习和使用这些叙事模式来建构他们的经验与理解。

K. J. 格根对此进行了延伸性说明。[①] 在美国社会,现代叙述包含许多元素,但这些元素直到最近才出现。将个人问题置于认同危机的叙事之中以解释个人问题,在 19 世纪几乎是不可能的;或者,就此而言,在当今一个完全不同的文化框架中甚至都难以为大众所接受。同样,主张"我的问题与创伤后应激障碍或胎儿乙醇综合征有关",就是要采用现代叙事的元素。但在史前,甚至是今天的不同情境下,这种情形都是不可能发生的。

显然,巴赫金的体裁和时空体理论与这种叙事主义相契合。毕竟,在文学或日常生活中,体裁或时空体不就是一种建构叙事的形式吗? 然而,不同于大多数心理学叙事取向,巴赫金的对话主义揭示了各种冲突的叙事、体裁或时空体共存的程度,以及它们之间的对话关系。他的研究与心理学中类似的研究形成了鲜明的对照,例如,我们将要简要介绍的尚克(R. C. Schank)和埃布尔森(R. P. Abelson)[②]的脚本理论(script theory)。巴赫金认为,我们并不

124

---

① Gergen, K. J. (1991). *The Saturated Self: Dilemmas of Identity in Contemporary Life.* New York: Basic Books.

② Schank, R. C. & Abelson, R. P. (1977). *Scripts, Plans, Goals and Understanding.* Hillsdale, NJ: Erlbaum.

是只有一种言语体裁，也不是只有一种时间的时空体，更不是只有一种叙事；我们所有人都有数个相互竞争的，往往还是冲突的观点。

尽管巴赫金承认趋向多元统一性的压力——他称之为"语言的向心的力量"（centripetal forces）——他坚持认为，我们也应该关注多元性的竞争压力，即离心的特征："每一言说都参与'统一的语言'（向心的力量与趋势），同时也参与社会和历史的杂语（离心的、分解的力量）。"①巴赫金反对将人类经验归纳为他所指的"单一语境的牢笼"（dungeon of a single context）②，强调包括人类意识和理解在内的人类经验的杂语（heteroglot）与异时（heterochronous）特征。这些不仅仅是文学体裁的问题，而且涉及我们用什么样的规则体验我们自身、他者以及世界。但遗憾的是，叙事解释往往与向心世界观结盟，因而很快就与巴赫金的理论分道扬镳。

我们注意到，休斯通与莫斯科维奇更强调社会和集体取向，而巴赫金强调离心倾向。我从典型的个体主义和向心取向的美国视角来讨论它们之间的差异。在我看来，它们之间的根本差异在于叙事或体裁的地位。将叙事视为一种存贮在个体心理的、出于情境的需要而被机械地检索和使用的图式，这一观点虽颇有诱惑力，

---

① Bakhtin, M. M. (1981). *The Dialogic Imagination*. Austin：University of Texas Press, p.272.

② 同上，p.274.

却是错误的；对话主义认为，说话者与受话者同处于一段持续的、精心设计的共舞之中，因而更为准确的是，应将叙事（体裁与时空体）视为说话者与受话者对话的持续的成就，而不是先于那种互动的可以简单呈现的内在元素。

脚本理论的主要困难——如尚克和埃布尔森的脚本理论[1]——未能以一种真正的对话方式运作。谈及一个人使用的脚本时，似乎听起来像是使用一种叙事、体裁或时空体，但其实就是将脚本视为业已存在的图式，而不是一个基于脚本使用情境中与他者进行着的对话所建构的事件。

尚克和埃布尔森以一个餐馆脚本（restaurant script）为例来论证他们的观点。他们认为，餐馆脚本是一种类似人们已学会的在餐馆演绎的文学上的剧本。然而，他们忽略的正是巴赫金对话主义强调的东西。

在实时互动中，脚本的使用不是简单地执行程序，而是由进行中的餐饮交易创造、维持或改变。我的脚本也许希望使我表现得世故且通晓世事，然而，当我点的刚打开的葡萄酒瓶的软木塞被呈上来时，我却表现得无所适从。在那一刻，我的行为可能表现出多种旨在恢复如常的戈夫曼式的[2]"修复"。因此，这不是简单地和例行地遵循一个预设脚本就能解决的问题。

125

---

[1] Schank, R. C. & Abelson, R. P. (1977). *Scripts*, *Plans*, *Goals and Understanding*. Hillsdale, NJ: Erlbaum.

[2] Goffman, E. (1959). *The Presentation of Self in Everyday Life*. New York: Doubleday/Anchor.

对话具有开放性和不间断性，因而不必遭受脚本理论和一些图式取向的叙事理论家的命运。当然，更不用说，即便餐馆的一切如常，似乎表现为正在使用一种预设的脚本，巴赫金还是希望我们记住，所有惯例都建立在他者深度介入的进行中的对话过程之上。①

我引用巴赫金的著作作为我反对人性的同一性和支持其内在多元性的主要依据。即便在我们停下来思考与反思时，我们也不是以一种声音，而是在包含许多不同声音的对话中进行。当我们与他人互动时，尽管只使用了一种主要的体裁，但其他体裁随时准备着帮助我们重新表达、建构以及理解我们的经验。从根本上说，我们就是许多，从来不是一个——并不是在条理清晰的和连贯的人格意义上的许多，因为那是我们对人性的错误理解。我们是许多，因为我们是不同对话团体的成员，有着对世界、自我和他者的不同观点，这些塑造了我们的经验，并赋予它们、我们以及他者以意义。

---

① 我将会继续引用巴赫金的理论，但同时也会介绍米德和加芬克尔的贡献。

共享所有权

　　沃茨奇(J. V. Wertsch)以实例来说明所有权(ownership)问题。① 他描述了一个丢失玩具并求助父亲的 6 岁女孩。她父亲问她最后一次看到球是在哪里,她说不记得了。她父亲接着说也许她将玩具放在她自己的房间里,也可能在外面,或者在隔壁房间,甚至可能在汽车里。父亲的最后一个提示使小女孩灵光一闪。他们一起去汽车里找,果然找到丢失的玩具。

　　沃茨奇让我们思考这样一个问题:"是谁想起来了?"是小女孩? 还是她的父亲? 两个都不是? 还是两个都是? 这一实例使我们反思被我们大多数人视为个体拥有的特质的所有权问题。我当然是我的记忆和所有其他心理特质的拥有者。但是,这一实例表明,或许称这种所有权为"联合共享"(jointly shared)更为恰当——在这一实例中,所有权既不是父亲的也不是女儿的,而是产生于他们之间的对话。

---

　　① Wertsch, J. V. (1991). *Voices of the Mind: A Sociocultural Approach to Mediated Action.* Cambridge, MA: Harvard University Press.

如果记忆以及其他心理特质不是由个体拥有，这对人性本质来说首先意味着什么呢？巴赫金指出，"没有哪一个个体或社会实体（social entities）被禁锢于他们的边界之内，他们是超越边界的、部分'外在于'他们自身的……个体没有内在的领地，是完全处于边界之上的……总是有阈限的，总会处于一个边界上"。① 将个体视为总是有阈限的并认为个体心理的所有权从来不为个体所独有的观点，对长期以来主导西方文化的信仰提出了挑战。

我们将考察数个记忆研究的实例来论证这些观点，并进一步阐述其他特征。首先，我们必须纠正这样的观念：记忆完全并且仅仅是对个体心理中存储痕迹的唤起。尽管持这一观点的研究者一直在个体大脑中寻找记忆储存的独特位置，但是也出现了一种不同的研究取向。这种研究取向可以追溯到巴特利特（F. C. Bartlett）的开创性研究，②他的研究强调了记忆过程的建构特征。③ 当我们回忆起某事时，我们并不是唤起储存于我们内部计算机库中的痕迹，而是参与了当前情境下这一事件的建构过程。

---

① Morson, G. S. & Emerson, C. (1990). *Mikhail Bakhtin: Creation of a Prosaics*. Stanford, CA: Stanford University Press, pp.50 - 51.

② Bartlett, F. C. (1932). *Remembering: A Study in Experimental Psychology*. London: Cambridge University Press. 同时参阅 Shotter, J. (1990). *Knowing of the Third Kind*. Utrecht, The Netherlands: University of Utrecht.

③ 《美国心理学家》(*American Psychologist*)1991 年 1 月刊以大量篇幅介绍了关于记忆本质的"争论"。这一专刊发表的几篇文章反映了这一仍充满争议的议题的各个方面。

例如,比利希的研究表明,[①]记忆唤起的社会过程往往采用了对话甚至争论的形式。对话的参与者联合建构了"支持与反对正在谈论的话题的观点"。[②]

在一项关于某个普通家庭对英国皇室的记忆的研究中,比利希发现了记忆的这种共享所有权。他引用了一段家庭对话,在其中,父亲对皇室的奢靡创造了许多新的工作机会的认知,缓和了他对皇室财富的平等主义批判。

> 也许父亲不能识别其经济假设的来源……他没有意识到他正在随声附和什么,而且,也许在事实上,他的话语的确不只是他的声音,而是对其他匿名话语的附和。[③]

在谈论皇室,以及回忆起点点滴滴对皇室的记忆时,父亲随声附和了常识内容。在持续的家庭对话中,其他家庭成员的参与使记忆在很大程度上成为一种生动的、持续的、联合的产物,而不是存在于任何个体心理内部的东西。

再如,有人要求我们回忆童年的一个事件。当我们回忆童

---

① Billig, M. (1990a). Collective memory, ideology and the British Royal Family. In D. Middleton & D. Edwards (eds.), *Collective Remembering*. London: Sage. Billig, M., Condor, S., Edwards, D., Gane, M., Middleton, D., & Radley, A. R. (1988). *Ideological Dilemmas*. London: Sage.

②③ Billig, M. (1990a). Collective memory, ideology and the British Royal Family. In D. Middleton & D. Edwards (eds.), *Collective Remembering*. London: Sage, p.69.

年的记忆时，我们是在唤起过去已经储存在我们大脑记忆库中的事件的记忆痕迹？还是将这一过程视为在当前情境下完成的一次建构？是谁要求我们描述这一事件？描述这一事件的目的何在？这一事件之后我们的生命历程是怎样的？当然，如果这一要求来自精神分析师，我们的反应可能会完全不同于求职面试中未来雇主所要求的。同样可以肯定的是，特定事件之后的事件所扮演的角色与并未发生的随后事件所扮演的角色有可能不同。

129　　尽管切奇(S. J. Ceci)和布朗芬布伦纳(U. Bronferbrenner)的研究构想有所不同，[1]而且并未涉及对遥远过去事件的回忆，但他们的研究和结论与对话主义对记忆的理解是一致的。他们让儿童烘烤纸杯蛋糕———一些儿童在实验室做，其余儿童在家里做。他们推论：如果儿童想要知道什么时候该从烤箱里取出烤好的蛋糕，他们需要记得去看钟，因此他们将这种看钟行为(clock-checking behavior)作为对两种情境下记忆的测度。

　　他们发现，实验室情境中儿童的看钟行为要比家庭情境中多出30％；两种情境下看钟行为的模式有所不同———家庭情境中的儿童表现出 U 形模式，即最初看得很多，中间阶段很少，最后几分钟频繁看钟。这一模式表明，儿童最初使用时钟去校准其后期使

---

　　[1] Ceci, S. J. & Bronferbrenner, U. (1991). On the demise of everyday memory: "The rumors of my death are much exaggerated": (Mark Twain). *American Psychologist*, 46, 27 - 31.

用的内在计时机制:"他们允许其心理时钟自动运转直至最后几分钟才转换为一种更加有意识的、有效的时间监控行为。"①

记忆行为在实验室情境与家庭情境之间的差异,揭示了切奇和布朗芬布伦纳研究的关键点。他们指出,如果仅仅将研究局限于实验室,就会错失一些重要的记忆形式。他们之所以强调这一点,是因为他们试图以该研究来驳斥"只有实验室研究,即非自然情境下的研究,才能用于研究诸如记忆之类的现象"这一观点。

然而,对我们来说,这一研究最重要的价值在于它揭示了情境(context)在唤起不同心理行为(这里指记忆)模式中的重要作用。切奇和布朗芬布伦纳发问:"假使研究对象的本质是可变的,而且在生态学的情境下完全不同,那么结果会怎么样?"②

很显然,如果不同情境唤起不同类型的心理行为,那么行为的情境至关重要。当然,我们将行为植于情境与植根于个体一样合理,甚至可以更为合理地将行为植根于情境与个体之间。遗憾的是,切奇和布朗芬布伦纳并没有提出这样的观点:情境在所有心理现象中发挥着关键作用,甚至界定了心理现象的本质。尽管我发现该观点与其研究结果以及整体的研究方案完全吻合。

换言之,如果记忆是高度情境依赖的(context-dependent),那

---

① Ceci, S. J. & Bronferbrenner, U. (1991). On the demise of everyday memory:"The rumors of my death are much exaggerated":(Mark Twain). *American Psychologist*, 46, 27 - 31, p.29.

② 同上, p.30.

130 么它也许不仅涉及对过去痕迹的唤起，或完全存在于个体内部，还更应该被视为一种存在于个体与他者（包括情境）之间的动态过程。这种动态过程并不存在于个体内部。

第二，比利希的研究证明，大多数记忆和遗忘都涉及超越单一个体"心理"的复杂社会过程。事实上，记忆和遗忘的社会动力（social dynamics）机制使得将记忆局限于个体看起来全然不得要领。例如，米德尔顿（D. Middleton）和爱德华兹主编的论文集探讨了集体记忆（collective remembering）。[1] 他们关于这一议题的构想如下：（1）他们发现，正如我们所发现的，大多数记忆研究"已经成为将记忆视作个体属性的研究"；[2]（2）根据这一研究取向，社会因素通常被视为影响个人记忆能力或动机的背景因素，而不是记忆过程本身。他们对集体记忆的研究旨在纠正这些个体主义取向，并揭示"记忆和遗忘在本质上是社会活动"。[3]

重新解读切奇和布朗芬布伦纳的研究结论：如果记忆（以及其他心理过程）的本质是其所在情境（生态学）作用的结果，那么这些心理过程必然是发生在人们之间而不是个体心理内部的社会活动。

米德尔顿和爱德华兹进一步指出，记忆并不是对某些中性输入信息的回忆，而是对话的产物。在对话中，"原发事件的本质是

---

[1]　Middleton，D. & Edwards，D.（eds.）（1990a）. *Collective Remembering*. London：Sage.
[2][3]　同上，p.1.

参与者关注的焦点"。① 换言之,对话的作用在于建构记忆的内容
(what is remembered),而不是对过去真实事件的回放。因此,记
忆"不能仅仅被视为个体心理表征的窗口,而应被置于其所处的社
会的和对话的情境进行探讨"。②

　　除了上文讨论的比利希的研究,施瓦茨(B. Schwartz)关于林
肯总统(President Lincoln)的研究③和舒德森(M. Schudson)④关
于里根总统(President Reagan)的研究也证明记忆过程的社会取
向。施瓦茨认为,在美国人的意识中,尽管华盛顿和林肯都是重要
的历史人物,但华盛顿公众形象的下降与林肯公众形象的上升是
社会因素综合作用的结果,尤其是那些涉及政府干预主义政策必
要性的社会因素。换言之,美国人的林肯记忆服务于政府干预合
理化的当代社会需求,而不是真实地反映林肯的所为。

　　同样,舒德森认为,里根在公众视野中的形象也不同于他在 131
总统任期中实际施行的政策。例如,舒德森注意到,在回忆时,
一个颇受欢迎的总统若在支持率很高的时候当选,则也会以同
样的方式卸任。尽管民意调查结果表明,"里根总统在其任期

　　① Middleton, D. & Edwards, D. (1990b). Conversational remembering: A social psychological approach. In D. Middleton & D. Edwards (eds.), *Collective Remembering*. London: Sage, p.43.
　　② 同上, p.36.
　　③ Schwartz, B. (1990). The reconstruction of Abraham Lincoln. In D. Middleton & D. Edwards (eds.), *Collective Remembering*. London: Sage.
　　④ Schudson, M. (1990). Ronald Reagan misremembered. In D. Middleton & D. Edwards (eds.), *Collective Remembering*. London: Sage.

的前两年是第二次世界大战以来所有总统中民意调查表现最差的总统"，①但这种记忆还是发生了。舒德森探讨了这种误记（misremembering）背后的社会动力机制，认为它类似于雅各比（R. Jacoby）所指的社会失忆症（social amnesia）："记忆被社会的社会经济动力机制逐出心理范畴。"②这些观点也类似于比利希重点强调的记忆的意识形态维度。③

你坚持认为，总有一天，我们能够记录个体储存记忆时大脑发生的变化。但是，将那种变化视为记忆，如同视本章开篇事例中的小女孩为记忆的拥有者一样不得要领（事实上，记忆是社会地达成的），或者说如同将对历史事件的回忆仅仅视为对过去发生的事件的重演一般毫无道理可言。在所有情形中，记忆都是社会过程的组成部分，它涉及人们在特定情境下为达成特定目的进行的对话。

主张"记忆是社会过程的一部分"的观点，使我们将从属于个体的其他心理过程看作社会过程的组成部分成为可能。不仅记忆

---

① Schudson, M. (1990). Ronald Reagan misremembered. In D. Middleton & D. Edwards (eds.), *Collective Remembering*. London: Sage, p.108.

② Jacoby, R. (1975). *Social Amnesia: A Critique of Conformist Psychology from Adler to Laing*. Boston, MA: Beacon Press, p.4.

③ 参阅 Billig, M. (1982). *Ideology and Social Psychology*. Oxford: Basil Blackwell. Billig, M. (1990a). Collective memory, ideology and the British Royal Family. In D. Middleton & D. Edwards (eds.), *Collective Remembering*. London: Sage. Billig, M. (1990b). Rhetoric of social psychology. In I. Park & J. Shotter (eds.), *Deconstructing Social Psychology*. London: Routledge. Billig, M., Condor, S., Edwards, D., Gane, M., Middleton, D., & Radley, A. R. (1988). *Ideological Dilemmas*. London: Sage.

超越了个体而无法被视作个体的拥有物,而且心理的所有方面以及我们的存在都是如此。当然,这一观点已在第七章有所论及。

贝特森(G. Bateson)从不同视角探讨了这一问题,并提出心理的生态学观念。他反对"心理存在于个体的大脑、智力或身体之中"的观点,认为心理是"系统"(systems)的共有资产(shared property)。他以一个正使用斧头砍树的男性为例:

> 想象一个正用斧头砍树的男性:每一斧头都要根据前一斧头留下的切面的形状进行改良或校正。这种自我校正的(心理的)过程来自整个系统,即树—眼睛—大脑—肌肉—斧头—砍—树。正是整个系统拥有内在的心理特质。[①]

尽管萨林斯(M. Sahlins)对此持批判态度,[②]但他提出了我想表达的观点:

> 问题是那些男人从来都不仅仅是"砍树"(chop wood)。他们伐木制舟,在充当武器的棍棒上刻上众神的图腾,甚至劈了当柴烧……他们总是以一种独特的方式,即一种文化的方

132

---

① Bateson, G. (1972). *Steps to an Ecology of Mind*. New York: Ballantine, p.317.

② Sahlins, M. (1976). *Culture and Practical Reason*. Chicago: University of Chicago Press.

式，建立与木头的联系。[①]

萨林斯并没有削弱我的观点或贝特森的主张，而是再次强调心理过程的社会情境的重要性，否则的话，我们会认为这些事件仅仅发生在个体心理内部。

一些心理学理论与研究，尤其是维果茨基关于心理的社会情境理论，遵循着这一研究路线，对将过程看作发生在个体头脑之中的认知观提出了挑战。例如，雷斯尼克（L. B. Resnick）、莱文（J. M. Levine）和蒂斯利（S. D. Teasley）编撰专著专门探讨这一观点。他们以术语"社会的共享认知"（socially shared cognition）来阐述这一现象：

> 我们似乎处于整合社会和认知的多重努力之中，认为它们互为本质，而不是主流认知科学或主流社会科学所暗指的背景或情境。[②]

在阐释这一观点时，他们要求我们关注先前被视为可作独立研究的两个分离的领域的相互交织。一方面，个体有其心理与认

---

① Sahlins, M. (1976). *Culture and Practical Reason*. Chicago: University of Chicago Press, p.91.

② Resnick, L. B., Levine, J. M., & Teasley, S. D. (eds.)(1991). *Perspectives on Socially Shared Cognition*. Washington, DC: American Psychological Association, p.3.

知过程;另一方面,社会世界为心理运作提供了背景。回顾第四章
关于认知革命的讨论,可以看出这一传统研究取向是如何运作的。
与此相反,雷斯尼克、莱文和蒂斯利强调的是社会渗透思维(social
permeating thinking)。社会世界不是个体心理运作的背景,而是
心理活动不可分割的组成部分;它界定了心理活动的特征,正如切
奇和布朗芬布伦纳主张的,它是心理现象的本质。

雷斯尼克指出:

> 心理研究很少在没有工具辅助的情况下进行……这些工
> 具涵盖了从外在记忆装置和测量工具到算术转换表、字典、百
> 科全书和地图。认知工具体现了一个文化的心智史;它们在
> 此基础上创建理论,而使用者接受这些理论——尽管常常是
> 不知不觉地——当他们使用这些工具时。[①]

在这里,雷斯尼克对维果茨基早期的观点作了回应,认为文化
工具,包括雷斯尼克所说的外在记忆装置,是个体心理活动的核心
因素,不管该活动是公开呈现的还是出现在个人沉思之中。

基于社会的共享认知观的探讨几乎每天都在涌现,但佩雷-克
莱蒙(A.-N. Perret-Clermont)、佩雷(J.-F. Perret)和贝尔(N. Bell)

133

---

① Resnick, L. B. (1991). Shared cognition: Thinking as social practice. In L. B.
Resnick, J. M. Levine, & S. D. Teasley (eds.), *Perspectives on Socially Shared
Cognition*. Washington, DC: American Psychological Association, p.7.

的研究尤其值得我们关注。[①] 他们不仅挑战了认知活动的传统个体主义观点，而且明确强调心理活动的对话基础。佩雷-克莱蒙及其同事的研究发端于对当前研究的反思。例如，目前大多数对教育情境下儿童认知发展的研究都只是独立地探讨这些认知活动呈现的社会情境。

因此，如果我是第四章所说的有志于研究儿童推理的传统研究者，那么我会给儿童呈现几个问题并观察其行为表现，希望获得一个反映被试儿童年龄特征的认知能力发展序列。在描绘这些认知发展的心理机制时，我肯定不会关注或至少不会以任何系统的方式关注认知发展涉及的社会情境与社会关系。毕竟，如果我的研究兴趣在于儿童的思维和推理，那么我会假设这是一个纯粹的心理事件，只需关注儿童的个体行为。

然而，佩雷-克莱蒙及其同事采用了一个完全不同的研究视角。他们指出：

> 首先，儿童的心理功能表明其本身处于引发特定行为的社会关系（例如，与教师和心理学家的关系）之中；离开行为产生的情境，就不可能理解这些行为。其次，识别使特定文化中知识的传递和学习成为可能的认知与社会过程，是一项事关

---

① Perret-Clermont, A.-N., Perret, J.-F., & Bell, N. (1991). The social construction of meaning and cognitive activity in elementary school children. In L. B. Resnick, J. M. Levine, & S. D. Teasley (eds.), *Perspectives on Socially Shared Cognition*. Washington, DC: American Psychological Association.

知识和文化本质问题的根本性任务。[1]

换言之，在他们看来，人们不可能有意识地研究独立于其所处社会关系的认知活动，其关于儿童的研究相当清晰地表明：

> （儿童的）认知活动与其说是与任务的逻辑和符号特征的较量，倒不如说是赋予相互作用的人与任务以意义，并理解进行中的过程（尤其是对话过程）的一种努力。[2]

在此，佩雷-克莱蒙及其同事回应了西格尔（M. Siegal）的研究结论。[3] 西格尔的研究表明，特定团体的对话规则和实践会影响儿童的认知活动。这项研究有力地支持了米德、维果茨基、维特根斯坦与巴赫金研究小组，以及比利希、鲍尔斯（J. M. Bowers）、爱德华兹和肖特的观点；这项研究也清晰有力地肯定了哈丁和科德的女性主义观点。例如，它认为人际情境是心理特征的核心，而且事实上，它界定了心理特征。

134

---

① Perret-Clermont, A.-N., Perret, J.-F., & Bell, N. (1991). The social construction of meaning and cognitive activity in elementary school children. In L. B. Resnick, J. M. Levine, & S. D. Teasley (eds.), *Perspectives on Socially Shared Cognition*. Washington, DC: American Psychological Association, p.42.

② 同上，p.43.

③ Siegal, M. (1991). A clash of conversational worlds: Interpreting cognitive development. In L. B. Resnick, J. M. Levine, & S. D. Teasley (eds.), *Perspectives on Socially Shared Cognition*. Washington, DC: American Psychological Association.

总之，如果将社会因素排除在认知之外，则难以理解人们的思维、推理、问题解决或记忆。简言之，如果只通过关注个体内在事件来理解我们先前提出的那些特征，将不可能达成真正的理解。所谓内在的同时也是外在的，反之亦然。边界不可能像我们过去认为的或某些人依然希望的那样清晰。他者，即我们在特定情境下的对话伙伴，在我们所想、如何想、何时想，甚至为什么想中都扮演着重要角色，因而不能将它排除出我们的理解。

就这一点而言，巴赫金研究小组的观点同样非常明确，他们使用术语"超要素"（tansgredient）来加深我们的理解。① 这一术语的使用方式类似我们使用的术语"要素"（ingredient），但不同于被我们视为存在于个体内部的要素，如个体心理学的构成要素或元素。超要素使我们关注到存在于个体之间的而不是个体内部的要素。那么，什么特质是超要素呢？结论很明确：不仅所谓的心理内容，而且上述所指出的，我们特有的人格和自我，都不是个体独有的，它们是由我们隶属的社会组织化群体共有的。

以下是沃洛希诺夫对这些观点的阐述：

> 事实上，字词是一个双面的行为，由其来源和指向对象共同决定。字词是说话者与聆听者、发言者与受话者相互关系的产物……字词是自我与他人之间的桥梁。如果桥梁的一端

---

① 参阅 Todorov，T.（1984）. *Mikhail Bakhtin: The Dialogical Principle*. Minneapolis：University of Minnesota Press.

取决于我,那么另一端则取决于我的受话者。字词是发言者
与受话者、说话者与对话者共享的领域。[①]

巴赫金——假使他如一些人所声称的,与沃洛希诺夫是同一
个人,我们不会感到意外——在描述语言在构建个体意识中的作
用时得出同样的结论。语言(及意识)"处于自我与他人的分界线
上;语言中的字词一半是他人的"。[②] 我们在米德的思想里也发现
了同样的观点。米德指出,心理与自我不是个体独有的,它们始终
是共有的、共享的与联合的。[③]

这种对话观挑战了主流西方文化对个体心理,即个体智力、自
我和人格的所有权观念。当我说话时是我的声音在震动,但我使
用的声音——字词,如果你使用的话——从来不是我独有的。正
如比利希指出的,[④]用哈尔布瓦克斯(M. Halbwachs)[⑤]和莫斯科维
奇的话来说,我们都是附和者(echoes)。而且,我们不仅发出不同
的声音,还会参与联合地建构和维持或改变的过程。如果所有被

---

① Voloshinov, V. N. (1929/1986). *Marxism and the Philosophy of Language.*
Cambridge, MA: Harvard University Press, p.86.

② Bakhtin, M. M. (1981). *The Dialogic Imagination.* Austin: University of
Texas Press, p.293.

③ 在引用沃洛希诺夫和巴赫金的段落中,指的是字词。认识到将字词——语
言——看作所有人类经验的中心是如此重要。当他们将字词作为"分享的领域"或作为
"一半是他人的"时,他们意指个体心理的所有方面都是共享的事件,而不是个体单独拥
有的。

④ Billig, M. (1990a). Collective memory, ideology and the British Royal Family.
In D. Middleton & D. Edwards (eds.), *Collective Remembering.* London: Sage.

⑤ Halbwachs, M. (1980). *The Collective Memory.* New York: Harper & Row.

135

假定为我所拥有的东西均需要你的参与，我又如何能拥有我自己、我的心理或我的人格呢？

我们可以得出两个观点：第一，尽管心理过程的发生可能使用了个体的器官与生理机制——如正在振动的声带，或者书写答案时握笔的手——但是，如果我们只关注个体内部，则不可能理解个体心理从来不可能独立于她或他所嵌入的社会世界。我的声带发出的字词并不仅仅是我的字词，它们也是我使用的具有生命、故事、历史、社会以及回声的字词；而且，我在使用字词时，这些字词揭示了我所处的时空特征，正如我们错误地认为它们只是揭示关于我的个体心理：

> 字词并不存在于中立的、与个人无关的语言中（毕竟，它不是出自说话者的字典！），而是存在于他人的口中和他人的情境中，并服务于他人的意志：它来自人们必须使用语言，并使语言成为自有的场合……语言不是一种能自由进入说话者私人领域的中立媒介，它是包含着——过分地包含着——他人意志的东西。[①]

巴赫金提醒我们，只有《圣经》中的亚当能避免这种集体主义情境，因为只有亚当能进入"至今为止不需要语言的世界……能真

---

① Bakhtin, M. M. (1981). *The Dialogic Imagination*. Austin: University of Texas Press, p.294.

正自始至终地避免这种对话的相互作用倾向（dialogic inter-orientation）"。① 简言之，严格来说，我们的字词从来都不是我们自己的，而是蕴涵着我们沉浸其中的并由此形成我们的用法的悠久传统和历史。

尽管我从许多可用的字词中选择了这些特定的字词，但那种选择从来都不是我个人的、私人的行为。我与心理上的你（我的受话者）共同作出选择；一旦我作出选择，我就卷入一个从来不只属于我自己的故事，你的回应赋予我的字词以意义。此外，字词本身就具有其生活故事的特征——或者，用巴赫金的术语来说，它们拥有某些体裁的风格："每一个字词都有其特定的社会生活语境；所有的字词和形式（forms）都带着一定的目的；情境的寓意（一般的、倾向性的、个体主义的）都必然反映在字词之中。"②

第二，我们需要关注他者，即受话者。巴赫金与米德认为，完成个体发起的交流的主要责任在于他者，因此他者是意义产生的关键。巴赫金指出：

> 在言语的现实生活中，每一个具体的理解行为都是主动的……而且，与反应，即带有目的性的肯定和否定紧密结合在一起。在一定程度上，首要的应该是充当着激活源泉的反应：

---

① Bakhtin, M. M. (1981). *The Dialogic Imagination*. Austin: University of Texas Press, p.279.

② 同上，p.293.

它是理解的基础，使主动的和融入的理解成为可能。理解只有通过反应才能达成。理解与反应动态融合，互为条件，缺一不可。^①

米德也指出：

> 在任何特定的社会行为中，有机体对他人手势的反应就是手势本身的意义，而且在某种程度上是新事物产生的源头……因此，在社会行为中，有机体对他人手势的调节反应，正是有机体对他者手势的解释，即手势的意义。^②

在呼吁关注他者在建构意义和理解的核心作用方面，巴赫金与米德——第七章已有阐述——强调了心理、自我和人格的社会共享特质。此外，他们还认为，"控制与征服"（control and mastery）这两个在西方文化价值阶梯中排名靠前的概念，其实从来不为个体所掌控。我们与他者（我们的受话者）之间固有的相互关联性，意味着我们不可能成为自己家的主人，但原因并非如弗洛伊德所主张的，即"由于难以驾驭的潜意识存在于我们身体内部"。

---

① Bakhtin, M. M. (1981). *The Dialogic Imagination*. Austin: University of Texas Press, p.282.

② Mead, G. H. (1934). *The Social Psychology of George Herbert Mead*. Chicago: University of Chicago Press, p.180.

我们不能成为自己家的主人，是因为我们自己的家从未独属于我们：你也住在那里，我们共同拥有我们的家。作为我的受话者，你帮我形成我的预期，你的反应完成了我发起的行为。我在心里与你对话，根据我预期的你的反应来调整我自己。一旦你的反应出现，另一轮的调整便开始了，因为现在的我得到的是你所做的，而不仅仅是我预期你做的；你的反应可能会肯定或否定我发起的行为过程，促使我作更进一步的调整。正如我已指出，由于我们共享我们的家，我从不曾完全地掌控。作为我的受话者，你扮演着重要角色——事实上，你是如此重要，以致我们必须重新考虑所有我们崇尚的概念：个体所有权和个体对心理的控制。①

在前面的章节，我介绍过三个与我们现在讨论的所有权相关的观点：（1）占有性的个体主义观点；（2）公共人向私有人的转变；（3）所有权概念与实践的男性优势。以上三个观点有助于我们更好地理解当今所有权的文化观，但它们并没有解释为什么所有权以现今的方式存在。

① 参阅 Gilligan，C.（1982）. *In a Different Voice: Psychological Theory and Women's Development*. Cambridge，MA：Harvard University Press. Jordan，J. V.（1989）. Relational development：Therapeutic implications of empathy and shame. *Work in Progress*，No. 39. Wellesley，MA：Stone Center Working Papers Series. Miller，J. B.（1984）. The development of women's sense of self. *Work in Progress*，No. 12. Wellesley，MA：Stone Center Working Paper Series. Miller，J. B.（1987）. *Toward a New Psychology of Women*. Boston，MA：Beacon Press. Noddings，N.（1984）. *Caring: A Feminine Approach to Ethics and Moral Education*. Berkeley：University of California Press.

麦克弗森以占有性个体主义概念阐述了源自 17 世纪英国选举权争论的学说。[①] 这一学说认为，如果一个人想要投票，那么他必须是自由的；而对于一个自由的人来说，他不能受制于他人或服从于他人的意志；为了满足这一条件，他必须成为他自身能力与禀赋的拥有者。任何其他情境——例如，共享所有权——都将彻底摧毁建立在占有性个体主义模式之上的政治结构。

第二个过程也是当今西方自我包含与自我占有个体主义观点的组成部分，这从巴赫金对古希腊与其后关于人的观点的比较研究中可以看出。[②] 巴赫金理论将古希腊人对人的公共特征的强调——将他传与自传结合起来——与伴随中世纪和后期特殊势力兴起的对人的私有本质的强调进行了对比。在巴赫金看来，当自传成为他传时，公共人与私有人合二为一，成为一回事。这意味着，人们对自我所持的观点（正如在自传中）与他者（正如在他传中）所持的观点几乎没有差异，甚至完全相同；这同样意味着，与广为人知的社会事件和经验的深远影响相比，纯粹的个人或私人的事件（如情感、思维）是缺乏政治与社会价值的。

巴赫金描绘了这种公共人观点的逐渐瓦解以及内在性的发展：个人与私有的自传式世界观有别于公共与共享的他传式世界

① Macpherson, C. B. (1962). *The Political Theory of Possessive Individualism*. London: Oxford University Press.
② Bakhtin, M. M. (1981). *The Dialogic Imagination*. Austin: University of Texas Press.

观；自我被视为个人的和私有的，因而存在于个体内部。显然，这种倾向与占有性个体主义共同决定了我们当今对人性的理解。我们将心理特质视作个体内部的，并视之为个人生活的关键；公众特质则仅仅被视为隐藏了人的真正重要的东西的面具。

138

从女性主义观点来看，当前的所有权概念仅仅局限于特权的、优势的社会阶层和性别群体（主要指西方白人男性）的所有权。那些被置于从属地位的人，即那些被优势群体建构以满足其自身和需要的人，几乎没有任何所有权，更不用说拥有自己内在的心理特质。

例如，盖登斯质疑麦克弗森占有性个体主义的概念对描述女性生活的适用性：

> 不管是在法律上还是在经济意义上，女性在市场关系中从不能被视为她们自身能力或禀赋的唯一所有者。男性拥有社会与经济地位，因此麦克弗森的观点在理论上连贯地表述了作为个体所有者的男性与其自身禀赋的自由契约者之间的关系。然而，女性并没有被置于同等的地位……根本不能被合法地描述为个体。[①]

简言之，当代主流所有权概念与实践都是由男性提出并服务于男

---

① Gatens，M. (1991). *Feminism and Philosophy: Perspectives on Difference and Equality*. Cambridge：Polity Press，p.35.

性（群体）的，还不能平等地（或者完全不能）适用于女性和他者这些劣势对象。由于大多数女性主义理论强调对话的特征，要让她们心甘情愿地接受男性的所有权概念，不管是对男性还是对女性来说，都似乎是不可能的。

对话主义强调人类经验内在的共享特征，逆转了这种主流的（而且可能是男性主义的）理解，因而对西方主流世界观提出严峻的挑战。然而，对话主义既不是对古希腊人的完全公共人概念的回归，也不是对一些非西方文化非民主化社群概念的回归；对于对话主义，个体性和内在性能够也确实存在，但不是作为一种与公共的共享世界割裂的个人的、私有的领域。

人的内在性被对话地建构和维持，他者的在场是必需的。尽管当我们凝视个体时，这一过程也许是无形、无声的，但它完全是社会的和基于公共共享文化的。不管我们关注的是与他者的外在对话，还是与自我的内在对话，对话的框架都会存在。对话主义并不是内在性的敌人，相反，这种内在性是以他者为核心的，因而正如我们已经达成的对这些术语的理解，这种内在性不是个人的和私有的。

以笑话为例来说明这一观点。在弗洛伊德看来，笑话使先前从不相关的各种思想产生了独特的连接，从而揭示个体潜意识的运作；而在对话主义看来，笑话之所以发挥作用是因为它与他者（受众）进行了交流。换言之，笑话与幽默的运作遵循着人们之间的对话和交流原则：它们的形成在很大程度上受观众反应的预期

139

的本质影响。它是一个涉及说话者和受话者的过程，并不是简单地发生在笑话创作者和讲述者的头脑之中。这一实例表明，尽管笑话有其内在性，但也明显地具有外在的和对话的形式。

谁拥有笑话？在对话主义理论中，它不是个体潜意识的产物；同所有其他形式的人类经验与表达一样，笑话因其根本的对话特质而具有共享性。事实上，它们是说话者与受话者的共有物，而不是说话者单独拥有的。一旦我们采纳了对话主义观点，我们就会视所有个体心理为交流中所有声音（voices）的结果，无论这种交流是一种内在的对话还是外在的对话。我们所处的是一个共享所有权的世界。

科德指出：

> 甚至改变心理的能力也是在训练其成员具有批判、肯定和反思的惯例的团体中习得的。[1]
>
> 知识主体将其置于一系列他或她可能接受、批判或挑战的话语的可能性之中；将其置于与他人，即他人的反应、批判、认同和贡献的关系之中。[2]

这就是对我们内在固有的对话本质的完整的认知，甚至当我们在

---

[1]　Code, L. (1991). *What Can She Know? Feminist Theory and the Construction of Knowledge*. Ithaca, NY: Cornell University Press, pp.83 - 84.

[2]　同上，p.122.

进行被称为"思维"的内在对话时也是如此。

米德也表达了类似的观点。他认为，我们的生活必然是一个分享的故事，从来都不只是我们自己的。例如，正如科德也注意到，即使是发生在我们独处和自我深思时的内在对话，也都涉及我们指向的或我们回应的特定的他者。我们常常见到这样的表达："在我最终决定不接受洛克希德(Lockheed)公司的工作之前，我纠结了好久。"这句话描述了我们思考问题并作出决策的内在对话。而谁会是我们内在对话中的他者呢？答案的可能性有很多，可能包含我们生活中的真实人物（如我从我妻子的视角来思考这一决定），或假想中的人（如我在考虑别人在我的年龄和人生阶段应该做什么）。

米德引入泛化的他者这一概念来表征特定群体或团体的抽象受话者。他认为，我们的内在对话往往指向这种泛化团体的他者——例如，"此时，其他女性将如何看待我留在家里而不是追求我的职业发展呢？"作为我们思想的受众的泛化的他者的在场——米德认为，甚至包括最抽象的思想——确保了另一个体的永远在场，甚至在我们最为私人的时刻。这再次表明，我们建构经验的方式，不是我们单独享有的，它始终是一个共享的事业。

巴赫金并未像米德那样提出泛化的他者的概念，但他提出了超受话者(superaddressee)的概念。"每一个对话都发生在对凌驾于所有对话参与者之上的无形存在着的第三方的反应性理解的背景之中。"①

莫森和埃默森列举了以下事例：

> 在两个人的日常对话中，一个人可能转向一个无形的第三人，与他谈论真实在场的人："你听听他说了什么！"或者，其中一人翻眼或做出质疑的姿势，仿佛在向不在场的人求教该如何理解反抗性的他者。有时，我们对某人说话，就好像我们真正关心的是一个不在场的聆听者，他的判断很有价值，他的建议将对我们有益。②

米德的泛化的他者与哈贝马斯(J. Habermas)③理想的言说情境以及巴赫金的超受话者的概念相一致。在他们看来，对话不仅发生在个体与作为受话者的特定他者之间，而且受到超越当前情境的人或事的影响，从而为判断当前对话提供了一个更具多重性的标准。

除相似性之外，巴赫金的超受话者明显地体现了个体对上帝的想象；而米德的泛化的他者是基于个体从属的组织化的社会群体；哈贝马斯的概念则涉及其试图寻找的一些用于判断真理有效

---

①② Morson, G. S. & Emerson, C. (1990). *Mikhail Bakhtin: Creation of a Prosaics*. Stanford, CA: Stanford University Press, p.135.

③ Habermas, J. (1984). *The Theory of Communicative Action. Vol. I: Reason and the Rationalization of Society*. Boston, MA: Beacon Press. McCarthy, T. (1978). *The Critical Theory of Jürgen Habermas*. Cambridge, MA: MIT Press.

性的外在标准。尽管存在差异，但他们都给我留下深刻的印象，因为他们试图将那些外在并超越此时此刻发生的直接对话的元素纳入人性的对话模式，即一种允许我们从更深远的角度考虑当下对话的第三方的观点。

在某种程度上是自相矛盾的，但也是可以理解的：在被噤声的漫长历史长河中，激进女性主义已经承担超受话者的功能，试图跳出男性主流（malestream）①并提供了另一种声音——在此，指一种对当下主流对话形式持批判态度的声音和立场。

①　科德使用的术语"男性主流"由奥布莱恩（M. O'Brien）提出。参阅 O'Brien, M. (1980). *The Politics of Reproduction*. London：Routledge and Kegan Paul. Code, L. (1991). *What Can She Know? Feminist Theory and the Construction of Knowledge*. Ithaca，NY：Cornell University Press.

对话主义的权力与他者压抑

我们正处于关键的十字路口。一方面,在主要理论家看来——如巴赫金、米德以及其他英美及欧洲话语理论家,[①]对话主义要求我们将他者视为朋友,即我们的心理、自我和社会的共同创造者(co-creator)。受巴赫金对话主义的影响,克拉克(K. Clark)和霍尔奎斯特指出:"自我是一种恩赐,即他者的礼物。"[②]如

[①] 尽管许多话语理论家探讨过权力问题,但在许多情形下,权力往往是简单描述处于较低权力地位的人如何适应处于较高权力地位的人,因此往往不会采用对话主义提倡的批判立场。参阅 Billig, M. (1982). *Ideology and Social Psychology*. Oxford: Basil Blackwell. Billig, M. (1990a). Collective memory, ideology and the British Royal Family. In D. Middleton & D. Edwards (eds.), *Collective Remembering*. London: Sage. Billig, M. (1990b). Rhetoric of social psychology. In I. Park & J. Shotter (eds.), *Deconstructing Social Psychology*. London: Routledge. Billig, M., Condor, S., Edwards, D., Gane, M., Middleton, D., & Radley, A. R. (1988). *Ideological Dilemmas*. London: Sage. Gergen, K. J. & Semin, G. R. (1990). Everyday understanding in science and daily life. In G. R. Semin & K. J. Gerger (eds.), *Everyday Understanding: Social and Scientific Implications*. London: Sage. Lukes, S. (ed.)(1986). *Power*. New York: New York University Press. Stam, H. (1987). The psychology of control: A textual critique. In H. J. Stam, T. B. Rogers, & K. J. Gergen (eds.), *The Analysis of Psychological Theory: Metapsychological Perspectives*. New York: Hemisphere.

[②] Clark, K. & Holquist, M. (1984). *Mikhail Bakhtin*. Cambridge, MA: Harvard University Press, p.68.

我所说，我们并不是在他者之上，也不是与他者作对，而是彼此存在的根本。自我、心理——事实上还包括我们赖以生存的社会——都是共同创造的，从来都不是那种以我们为主角、以他者为背景的个人的表演。我们赞美他者，因为没有他者就没有我们的存在。

另一方面，人类历史和日常生活经验并未以如此积极平等的方式描绘自我-他者关系。大多数人类行为的故事都涉及优势群体对适用的他者的建构，他者并不是朋友和平等的伙伴。我们没有对话，有的只是伪装成对话的独白。

换言之，对话主义理论家描述的情境与大多数人的现实生活情境之间存在鸿沟。我在本书中一直使用的范例"男性将女性建构为适用的他者"清晰地揭示了这一点。两性之间从来不存在真正的对话，只有精心构思的独白：优势男性永远只在他者之镜中认识自我，而身处劣势地位的女性必须挣扎着找寻其可能的生存路径。因此，主流对话主义理论中，似乎缺乏对权力和统治的考察。

143　　直至将权力输入对话主义范式，我们才发现我们对人类关系采取了一种过度乐观主义的描绘，从而使真正的对话主义要解构的情境被奉为神圣。在第六章，我们考察了权力的一个方面，即启蒙观的他者压迫性特征。本章将以对话主义的方式反思同样的问题。尽管对话主义赞美他者，但这种赞美至今仍未扩展到覆盖绝大多数现实的人。

挑战

对话主义的正确性与错误性并存。对话主义的正确性在于，它使我们远离只赞美自我的观点，并使我们了解自我与他者是如何紧密关联的。然而，对话主义又是错误的。在对话主义看来，自我和他者是共同建构过程的平等贡献者。但事实上，有些人总比其他人拥有更多制定共建规则的权力，人类关系的历史正是这种权力差异的表达。

在如今诸多危及真正对话的权力的挑战中，我将详细阐述以下两个方面：第一是基于女性主义批判，继续探讨第一章论及的问题；第二是介绍后现代人类学在自我-他者关系的理解中提出的另一个典型范例。

每一个范例都证明多样化但隐蔽的方式的存在：优势群体将独白伪装成对话，从而行使权力以维持其优势地位。由于真正的对话需要共同建构的过程，而只有当两种不同观点碰撞时，这种共建过程才会发生，因此，通过将建构权赋予优势群体，这种伪装彻底破坏了真正对话的可能性。与口技表演者（ventriloquists）操纵其木偶一样，优势群体掌控着对他者的描绘，因而也掌控着其自身的自我。

女性主义批判

女性主义并不是一个统一的理论。我们将在多元意义上谈论女性主义，承认女性主义的多元性——自由与激进的范式；关于阶

级、种族和文化的观点。① 与其他学术领域一样，尽管该领域表现
出多元性和矛盾性，但它们对女性生活与经验有着共同的理解：压
迫性的父权制体系塑造了女性的生活与经济，并将她们建构为适用
的他者。

> 当一种理论认为，女性因其身体的社会意义而受到与男
> 性不平等的对待时，这一理论在某种程度上就是女性主义理
> 论。女性主义理论批判将性别作为命运的决定因素，认为女
> 性饱受男女有别的伤害；与男性相比，女性无法控制她们的社
> 会命运。②

毫无例外，所有女性主义流派均讲述了一个未能实现的对话。
男性与女性，即一方决定着另一方的两大利益集团之间，不可能存
在真正的对话。

工作女性

我们已经看到，女性主义理论家最为强烈地表达了"女性的特

---

① 布拉伊多蒂、弗拉克斯、盖登斯、麦金农对这些差异进行了颇有价值的总结。
请参阅 Braidotti, R.（1991）. *Patterns of Dissonance: A Study of Women in
Contemporary Philosophy*. New York: Routledge. Flax, J.（1990）. *Thinking
Fragment: Psychoanalysis, Feminism, and Postmodernism in the Contemporary
West*. Berkeley: University of California Press. Gatens, M.（1991）. *Feminism and
Philosophy: Perspectives on Difference and Equality*. Cambridge: Polity Press.
MacKinnon, C. A.（1989）. *Toward a Feminist Theory of the State*. Cambridge, MA:
Harvard University Press.

② MacKinnon, C. A.（1989）. *Toward a Feminist Theory of the State*.
Cambridge, MA: Harvard University Press, p.37.

征由男性塑造"的观点。① 例如,历史学家斯科特(J. W. Scott)以大量论据和支持性历史文献证明了下列观点:男性和女性与其说是自然范畴,不如说是由男性一手塑造的范畴,是男性创造的适用于其自身目的的他者。

在这一点上,斯科特回应了许多女性主义理论家,包括 20 世纪 40 年代波伏娃(S. de Beruvoir)提出的具有开创意义的理论。波伏娃雄辩地指出:"世界的表征,与世界本身一样,是男性的杰作;他们以男性的视角描述这个世界,将它们混同于绝对真理。"②因此,"女人不是生来就是女人,而是变成女人的",③而且这一过程的实现是通过男性视角并服务于男性的观点的。

斯科特热衷于论证这一过程的运作如何服务性别化的劳动力市场的建构:

> 例如,在 19 世纪,男性技能概念建立在与女性劳动力(被

---

① 除了我已直接引用其著作的作者,还有许多研究者对此进行了女性主义挑战。请参阅 Brownmiller, S. (1975). *Against Our Will: Men, Women and Rape*. New York: Simon & Schuster. Chesler, P. (1978). *About Men*. London: Women's Press. Chodorow, N. (1978). *The Reproduction of Mothering: Psychoanalysis and the Sociology of Gender*. Berkeley: University of California Press. Dworkin, A. (1981). *Pornography: Men Possessing Women*. London: Women's Press. Firestone, S. (1971). *The Dialectic of Sex*. London: Paladin. Flax, J. (1990). *Thinking Fragment: Psychoanalysis, Feminism, and Postmodernism in the Contemporary West*. Berkeley: University of California Press. Friedan, B. (1963). *The Feminine Mystique*. New York: Bantam. Millett, K. (1972). *Sexual Politics*. London: Abaxcus.

② de Beruvoir, S. (1949/1989). *The Second Sex*. New York: Vintage, p.143.

③ 同上, p.267.

定义为"不熟练的"）相比较的基础之上。工作过程的组织与重组也是依据工人的性别特征，而不是培训、教育或社会阶层。不同性别之间的工资差别也是源自先于（而不是后于）就业安排的不同的家庭角色。在所有这些过程中，"工人"的意义通过比较男性与女性预设的自然特征而获得。①

斯科特希望我们批判地审视我们用以秩序化世界的各种范畴：它们不是本质的，而是关系的和历史的。在她看来，没有所谓的"女性工作者"，我们有的只是一个"女性工作者被男性建构以服务于其比较的需要"的历史过程。斯科特提供的例证之一记录了"19 世纪中叶巴黎服装工人"的这一建构过程。

在那个特定时空的政治情境下，服装工人试图保护其工艺传统，反对任何试图革新他们的工作而影响其工资、保障和社会地位的变革。为此，他们要求区别对待有着特殊训练和技能的手工艺人和缺乏必要技能的手工艺人。斯科特认为，大多数关于该阶段劳工史的研究并没有考察家庭和性别差异表征在捍卫男性手工艺人需求的争论中发挥的作用。

斯科特尤其注意到，男性在商店从事的制衣工作与女性在家中从事的制衣工作之间的区别体现出性别化的解释：

①　Scott, J. W. (1988). *Gender and the Politics of History*. New York: Columbia University Press, p.175.

熟练工与商店成为同义词；而那些在家庭中工作的人被界定为非熟练工。[①]

在家庭工作的男性，由于与女性化相关联，因而被贬低。以这种方式，工作室（atelier）的保护确保了技能的男性化，以及作为熟练工的裁缝的政治认同。[②]

换言之，男性通过建构女性的他者来获取政治和经济上的优势地位，而且在那个年代（现在也一样），他们有权去建构符合其愿望的现实。女性工作成为由男性工作者界定的范畴，以区分男性熟练的工作表现与女性不熟练的工作表现。这一例证证明了状似对话范式者之中的权力运作。它警醒我们批判地质疑所有的社会范畴——尤其是那些看起来天然的社会范畴——以审视这些范畴的建构如何服务于特殊群体的利益。那些拥有制定认知自我与他者规则的政治影响力的群体，决定着这些范畴的意义，以更好地服务于其群体利益。

女性与人类

第二个例证体现在赖利（D. Riley）对"女性"（woman）的分析中。在她看来，没有作为"女性"的客体存在，其群体生命历程会随着时空变化："没有原初的、中立的和静止的女性在那里……所有

146

---

① Scott，J. W.（1988）. *Gender and the Politics of History*. New York：Columbia University Press，p.100.

② 同上，p.102.

特征都是在进行之中。"①赖利尤其关注"女性"特征如何被话语建构，而且总是与变化着的其他范畴相对应。②

尽管公认存在具体的和独特的女性，而且在这个意义上，女性是世界中真实存在之物，但是，女性被特征化为服务于优势男性群体利益的方式已有很长的历史，这使得整个概念，即女性作为一个有问题的"不稳定的范畴"……有着历史的基础。赖利指出：

> 如果"成为女性"被更精确地描述为一种因人而异的状态，取决于她和/或他者如何界定它，那么，性别化的存在也是多种多样的，历史因素在其中发挥着作用。③

赖利以实例来论证她的观点，即历史上存在几种不同的女性特征，每一种都基于某一独特的、变动的关系性理解。她列举了两个事例：（1）女性与人类相对；（2）女性与社会相对。每一种女性特征都与男性特征相对应。男性代表人类和政治，与不是人类的女性（not-quite-human female）相对应，社会关怀使女性变得非政治。在每一种情形下，女性特征均服务于男性的自我，并在不同的历史阶段对两性有不同的描述。

---

① Riley, D. (1988). *"Am I that Name?" Feminism and the Category of "Women" in History*. Minneapolis: University of Minnesota Press, p.98.

② 同上，pp.1-2.

③ 同上，p.6.

赖利认为,17—18世纪是划分女性与人类的时间界线。尽管1600年时人们摒弃了亚里士多德对女性的理解,但赖利注意到,在这一历史阶段,女性始终被视为较低级的存在:"女性,是劣质的男性……是一种系统的异常,与男性不是一类人。事实上,1595年的一项匿名研究就曾质询女性是不是人类的问题。"①

波伏娃指出,这一状况直至20世纪40年代后期也依然没有改变:

> 事实上,两性关系并不是正负电流、两极的关系,男性代表着阳性和中立,正如"男性"(man)一词往往被用以代表全人类;同时,女性代表负极……显而易见,作为一个男性的事实没有特殊性。②
>
> 因此,人类就是男性。③

基于布罗韦曼、伊格利、凯特、吉利根和 D. T. 米勒等人的研究,④   147

---

① Riley, D. (1988). "*Am I that Name?" Feminism and the Category of "Women" in History*. Minneapolis: University of Minnesota Press, p.24.

② de Beruvoir, S. (1949/1989). *The Second Sex*. New York: Vintage, p.xxi.

③ 同上, p.xxii.

④ Broverman, I. K., Vogel, S. R., Broverman, D. M., Clarkson, F. E., & Rosenkrantz, P. S. (1972). Sex role sterotypes: A current appraisal. *Journal of Social Issues*, 28, 59-78. Eagly, A. H. & Kite, M. (1987). Are stereotypes of nationalities applied to both women and men? *Journal of Personality and Social Psychology*, 53, 451-462. Gilligan, C. (1982). *In a Different Voice: Psychological Theory and Women's Development*. Cambridge, MA: Harvard University Press. Miller, D. T., Taylor, B., & Buck, M. L. (1991). Gender gaps: Who needs to be explained? *Journal of Personality and Social Psychology*, 61, 5-12.

第六章引用的一些事例表明，尽管女性最终被看作"人类"——比 1595 年，甚至比 20 世纪 40 年代前进了一大步——但男性仍然是判断人类心理健康、道德推理等的隐性标准。

基于此，赖利探讨了女性与社会性之间的连接。社会性被等同于女性化，被视为次要的特质；社会性从属于家庭、健康、教育、生育，等等，而这些都是与女性而不是男性相关的领域。如今，我们称这些为"女性问题"；尽管它们也被视为政治问题，但即便是现在，它们也不曾与男性关心的战争和金融等真正的政治问题同等重要。

由于社会性远离政治（权力、政治活动和男性的领域），因而女性从来都不是政治动物："在 20 世纪 30 年代，失业的男性工人被视为在家庭中无地位者，但是女性作为母亲，没有被视为处在一段婚姻关系中，而是被视为履行天职。"[1]而且，当女性追求政治目标时——如挑战母职作为一种职业——她们被指责为追求她们自己的利益而不考虑社会整体的利益，即一种明显不利于社会福利的自私观："如果女性卷入自然本性使她远离人类，那么其社会性卷入也是如此，因为后者的建构使其远离政治。"[2]

走钢丝绳

赖利、波伏娃、斯科特等无数学者使我们看到女性范畴如何

---

[1] Riley, D. (1988). *"Am I that Name?" Feminism and the Category of "Women" in History*. Minneapolis：University of Minnesota Press，p.58.

[2] 同上，p.66.

彻底地被男性当作其必要的他者，以至于女性解放之路充满艰辛。问题是如何将女性从她们的情境中解放出来，而不摧毁女性本身的概念和截然不同的现实。赖利呼吁我们关注许多学者业已提出的观点：如果女性试图消除两性之间的差异，拒绝男性对她们的描绘，成为与男性一样的人，女性范畴就会消失。正如伊利格瑞所主张的，这一做法对女性来说是致命的。如果强调差异，则有可能使女性更屈从于男性。这种窘境在许多情境中已为公众所知。斯科特在均等就业机会委员会（Equal Employment Opportunity Commission）诉西尔斯百货公司（Sears Department Stores）的就业歧视案中已探讨过这些问题。此外，霍伊特（G. Hoyt）诉佛罗里达案也很好地说明了这一窘境。①

148

霍伊特在佛罗里达州因谋杀亲夫而被提起诉讼。她被清一色男性的陪审团宣判有罪，她的律师为其提起上诉，认为由于陪审员的性别，霍伊特没有受到其异性同伴的公正审判。因为主张女性对家庭和孩子更重要，佛罗里达州的法律豁免女性担任陪审员。这意味着所有审讯的陪审员队伍均以男性为主。

在向美国联邦最高法院申诉这一案件时，佛罗里达州认为，如果两性完全平等，那么陪审团的性别构成自然不成问题。换言之，

---

① 本观点的讨论基于发表于 1991 年 11 月 20 日的《高等教育编年史》（pp. A9, A13）上署名为温克勒（K. J. Winkler）的一篇文章。斯科特也对均等就业机会委员会诉西尔斯百货公司的就业歧视案进行了有益探讨。请参阅 Winkler, K. J. (1991). Scholars examine issues of rights in America. *The Chronicle of Higher Education*, 20 November, pp. A9, A13. Scott, J. W. (1988). *Gender and the Politics of History*. New York: Columbia University Press.

如果两性差异被抹杀，那么女性范畴完全被归入男性范畴，由此推论出的"合理"结论是，陪审团的性别构成毫不相干。但是，为了合法化其关于豁免女性担任陪审员的义务的决定，佛罗里达州主张差异观：由于她们具有明显的（天然的）家务才能，女性必须留在家庭中购物、照顾孩子、做饭，等等。因此，强调差异又可能造成潜在的歧视实践。

鉴于以上困境，赖利认为，女性必须挑战男性所有的将女性作为他们的（their）独特的他者的努力，"发展快速性、变通性和多面性"，[①]使她们同时既作为女性又不作为女性。这也正是布拉伊多蒂指的"不调和性"（dissonance），将女性描绘为那种"既跳得远又跳得高，而且落地要稳"的特技演员。[②] 我将在考察麦金农的贡献时再次讨论这种困境。

女性与男性的性

如前所述，所有女性主义理论均着重批判，以白人男性为代表的优势社会群体将女性建构成适用的他者的权力破坏了真正的对话诞生的可能性。在麦金农看来，这种统治和不平等过程的核心在于男性的性（male sexuality）：

异性恋这一主流形式，要求将男女依性别分成我们了

---

① Riley, D. (1988). *"Am I that Name?" Feminism and the Category of "Women" in History*. Minneapolis: University of Minnesota Press, p.114.

② Braidotti, R. (1991). *Patterns of Dissonance: A Study of Women in Contemporary Philosophy*. New York: Routledge, p.284.

解的两性;异性恋使男性的性支配和女性的性服从得以制度化。如果这是真实的,那么性就是性别不平等的关键之所在……男女两性通过支配与服从的色情化(erotization)被创造。男性/女性差异与支配/服从机制互相界定。这正是性的社会意义,也是女性主义对性别不平等的独有解释……女性主义知识理论与关于权力的女性主义批判有着千丝万缕的联系,因为男性观点将自己作为理解世界的唯一方式。①

正如麦金农所主张的,并不能简单地说女性丢失了其独特性;相反,女性是什么完全由男性的性决定,以至于除了完全为在自由政体的法律保护之下的男性的性需求所决定,她(和他)并不清楚她到底是谁。

女性已成为男性的性欲望所期望的人。因此,麦金农指出,性别分化系统是一个具有深远影响的权力系统。女性在经济上被剥削,被当成家务劳力或被迫承担母职;女性在性方面被客体化、虐待或诋毁;女性既无声音也无文化,而且被排除出公共生活:"作为男性,这些不会发生在他们身上;除非是非裔或同性恋……这些才会发生在身为男性的他们的身上。"②

---

① MacKinnon, C. A. (1989). *Toward a Feminist Theory of the State*. Cambridge, MA: Harvard University Press, pp.113-114.

② 同上, p.160.

149

麦金农也看到许多其他研究者业已关注的：男性欲望已如此彻底地改变了女性，以致许多女性享受她们被建构的生活；或者，即便她们并不享受它，但至少她们中的许多是抱怨地接受她们的命运，甚至相信那种置女性于劣等地位的等级制的天然性（naturalness）的男性理论。麦金农让我们回到第一章和第二章探讨的主题，即斯科特、赖利和布拉伊多蒂（以及其他人）谈到的女性需要做出特技的、走钢丝绳的行为：想成为女性与不想成为女性同时并存。

想成为女性（to be）：这描述了基于男性的性欲望的女性认同。它指降临在所有的、已被社会优势群体建构为适用的他者的人身上的命运。对女性来说，这意味着从男性观点出发看待她自己和她自己的性。

麦金农以女性传统定型的每一个元素，如易感性、被动、软弱等特质为例，阐述它们……如何在本质上表现为性。[1] 女性的易感性使男性更易与其发生性关系；女性的被动性使其愿意接受男性主动而不会抵抗。总之，她认为，"女性特征意味着吸引男性的女性气质，它意味着性吸引力，即对男性而言的性的可及性"。[2]

观念即现实

麦金农认为，无论是在观念上还是在现实中，女性已成为男性的性与男性享用（male use）所描绘的意象。换言之，女性的性别

150

---

[1][2]　MacKinnon, C. A. (1989). *Toward a Feminist Theory of the State*. Cambridge, MA: Harvard University Press, p.110.

反映了男性依据其利益、需要和愿望去建构世界及其客体的权力。麦金农不仅简单地谈及男性对女性观念(idea)的建构,而且探讨男性对女性现实(reality)的建构。男性权力在于男性创造一个符合其幻想的现实的(女性的)世界,并使这一真实的现实得以维持的能力。

在这一点上,麦金农有别于那些只关注表征世界的女性主义者和其他理论家。在她看来,当特指女性生活时,表征与现实之间的界线如此清晰;而当应用于其他情形时,表征在本质上即行动。例如,对一条训练有素的警犬说"杀"这个字时,不是要说出这个字,而是要其采取行动。"白人专用"(Whites Only)的标识不仅是一个表征,而且是对大多数人的生活具有现实影响的行为:"并非生活与艺术互为媒介;在性方面,它们就是彼此。"①

尽管麦金农主要指向色情,但她更重要的观点是,当性成为男性统治的核心而渗透到男性与女性的社会性别系统的每一个方面时,表征和现实不可能像男性希望的那样截然分开。例如,女性的色情图片,并不只是男性幻想的表征,它们也是女性生活的实际现实。

> 色情并不是与在别处建构的现实有些相关的想象物。它不是歪曲、反映、投射、表达、幻想、表现或象征,而是性现

---

① MacKinnon, C. A. (1989). *Toward a Feminist Theory of the State.* Cambridge, MA: Harvard University Press, p.199.

实……色情意义生成的方式本身也建构并界定了男性与女性。①

正如我前面所讨论的，根据麦金农的观点，观念与现实的区分不是为了那些无权维持这种区分的人（如女性、有色人种、非裔美国人等）。而对于那些拥有将观念变为现实的权力的人，他们对屈从地位群体的看法能够且确实可以建立起其赖以生存的实际现实。

不想成为女性（not to be）：然而，与此同时，麦金农认为女性必须学会反抗她们已被建构的认同。这涉及采用女性主义观点批判那些建构她们的生活和认同的情境，反对成为被建构之物。从麦金农的观点来看，困境在于想成为女性与不想成为女性同时并存，因而需要采取其他学者所指的不调和性与特技的、走钢丝行为策略。

151　法律与国家

作为女性主义律师和法学教授，麦金农的职业使她拥有特别的视角去审视和提议变革法律系统。她认为，法律与国家通过否认不平等的性基础确保其男性利益，并表现为中立的和性别盲视的立场。她重点关注美国有关色情、堕胎和强奸的法律。在她看来，在每一种情形下，法律总是服务于男性的利益和男性统治，并

---

① MacKinnon, C. A. (1989). *Toward a Feminist Theory of the State*. Cambridge, MA: Harvard University Press, p.198.

声称是性别中立的法律决策。

例如,有关强奸的法律基于"同意"的观点:只要同意,那就是性;不同意则为强奸。"在法律之下,强奸是一种性犯罪,但当看起来是性时,便不被认作犯罪。"[①]然而,麦金农指出,"如果性是关系的——社会性别的权力关系——那么,同意则是一种不平等条件下的交流"。[②] 在这种情形下如何表示同意?"有关强奸的法律假定,同意发生性关系对女性和男性来说一样真实",[③]但两性的不平等使这一观点成为一个谎言。

麦金农指出,将堕胎视为私人领域,采取一种自由法治的观点,即认为隐私是不受国家法律保护的,这让我们又一次看到法律采用的是男性视角,却表现得很中立:"隐私权是男性的'不受干扰的'压迫女性的权力。"[④]

隐私法进入既存的不平等系统。由于这些法律不干涉人们的私人领域而被视为中立的,在不平等的条件下,实际上成为干涉主义者(interventionist),而不是中立的。然而,涉及"非介入"的干涉在业已不平等的安排中采择了优势群体的观点和利益,因此不干涉实际上是代表男性利益并维持男性优势地位的干涉。

麦金农指出,在色情以言论和表达自由来反对审查制度时,有

① MacKinnon,C. A. (1989). *Toward a Feminist Theory of the State*. Cambridge, MA: Harvard University Press, p.72.
② 同上,p.182.
③ 同上,p.169.
④ 同上,p.194.

关色情的法律涉及的是男性表达他们的性、占有和消费女性的自由。女性唯一的自由是被占有和被消费："对色情定义的争论，实际上是男性之间为接触女性的条件的争论，因而也是关于保证男性权力系统的最佳手段的争论。"①麦金农将色情看作一种男性优势的行为，它使女性"生活在色情创造的世界中——她们生活在将谎言作为现实的世界中"。② 换言之，色情对女性来说是有害的，因为它肯定了使她们从属于男性欲望的不平等系统。麦金农试图改革这些法律。她在加拿大色情立法中已取得成功，但至今仍未在美国成功立法。

152　　## 人类学关于自我与他者关系的研究

我在第一章引用的第二个范例是关于美国白人对适用的非裔美国人他者的建构。优势群体制定非优势群体被认知和生活的规则的能力再一次挫败真正的对话的可能性。对人类学文献的研读表明，这一过程并不仅仅局限于女性和非裔美国人。西方世界的优势群体——美国人、英国人和其他欧洲人——具有悠久的建构适用的他者的历史，通过与这些原始（primitives）文化相对照来界定他们自己及其文明。

就其本质而言，人类学领域一直关注着他者——在这里，指异域人和异文化。直到近来，人类学家才视他者为拥有真实特征的

---

① MacKinnon，C. A.（1989）. *Toward a Feminist Theory of the State*. Cambridge，MA：Harvard University Press，p.203.

② 同上，p.204.

真正的客体。然而,随着后现代的关系与对话转向,一些人类学家开始将他者作为一种基于研究者自身文化框架建构起来的范畴,往往用于说明自身文化的优越性。[①]

在人类学研究中,"异文化是原始的,西方文化是文明的"思想一直占据着主导地位。但是,正如一些人类学家注意到的,原始并不是一种只存在于那里的存在范畴;原始是西方世界的一种创造,它时刻提醒"我们"之间还有多大的差距:

> 使用诸如"原始的""野蛮的"(包括"部落的""传统的""第三世界"或其他委婉的说法)术语的话语,并不是思考、观察或批判地研究原始;它是依据原始进行思考、观察和研究……原始是西方思维的……一种范畴。[②]

麦格雷恩评论认为,原始不是被发现的事实,而是基于西方需

---

① 促进对话主义转向的人类学者及其著作主要有:Geertz, C. (1973). *The Interpretation of Cultures*. New York: Basic Books. Fabian, J. (1983). *Time and the Other: How Anthropology Makes Its Object*. New York: Columbia University Press. McGrane, B. (1989). *Beyond Anthropology: Society and the Other*. New York: Columbia University Press. Clifford, J. (1988). *The Predicament of Culture: Twentieth-Century Ethnography, Literature, and Art*. Cambridge, MA: Harvard University Press. Clifford, J. & Marcus, G. E. (1986). *Writing Culture: The Poetics and Politics of Ethnography*. Berkeley: University of California Press. Marcus, G. E. & Fischer, M. J. (1986). *Anthropology as Cultural Critique: An Experimental Moment in the Human Sciences*. Chicago: University of Chicago Press. 这一清单并不全面,但为人类学中他者研究的关系/对话转向提供了很好的样板。

② Fabian, J. (1983). *Time and the Other: How Anthropology Makes Its Object*. New York: Columbia University Press, pp.17–18.

要和概念的创造：

> 将非欧洲的他者(non-European other)界定为"原始""原
> 始思维""原始文化"，是以理性发展，即通过理性获得的发展
> 的理论(语言)为前提；它假定欧洲人(被告知的)处于"一种先
> 进的文明"……发展创造了原始。①

麦格雷恩简要地以西方世界如何创造适用的他者的历史来继
续阐明他的观点。最初，非欧洲的他者是依据基督教教义对恶魔
的研究而被界定。因此，他者被恶魔控制，而好的基督徒会在这种
磨难中得到拯救。

启蒙观从依据宗教来界定自我与他者，转向应用知识和理性
来区分自我与他者。麦格雷恩认为，在这一阶段，他者性的界定是
依据愚昧无知，即缺乏理性与知识，当然，反之就是暗示欧洲人拥
有这些特质。

麦格雷恩继续指出，到了 19 世纪，他者性的界定依据的是发
展的进化理论，因而他者性更接近"原始性"。欧洲文明代表着进
化的顶点，原始被用来证明欧洲文明经历的巨变。

最后，麦格雷恩指出，"文化"的概念是当今界定自我与他者
的核心。他者在文化上有别于我们，当然也使我们成为诸多差

---

① McGrane, B. (1989). *Beyond Anthropology: Society and the Other*. New York: Columbia University Press, p.99.

异中的一种。然而,正如本章及其他章节资料所显示的,在当今西方对他者的态度上,我不如麦格雷恩乐观。社会优势群体(白人、男性、富裕阶层和中产阶级)与他者之间正在进行的斗争表明,我们还没有将他者性仅仅作为一种不同的生活方式,无论他者是有色人种、女性还是不同性取向者。控制他者性建构的需要依然根深蒂固,优势群体并未准备将他们自己仅仅看作另一种他者。

我猜想麦格雷恩认为这是一个前进中的问题。事实上这会带来很大的风险:"当一种文化'发现'什么与之不相容时,也揭示了自己是什么。"①如果他者是我理解自我的媒介,那么,对那些有权力这样做而不影响他们所在群体利益的人来说,控制他者如何被认知似乎变得至关重要。

回顾一下麦金农的观点。问题不仅仅是一个单词或一种思想。适用的他者的建构是一个有着真实影响的真实建构。优势群体与劣势群体的日常生活由优势群体的权力塑造,以创造一个符合其图景的现实。正如女性事实上成为男性所期望的那样,原始事实上也成为优势欧洲-美国人所期望的。在不改变实际生活情境的情况下改变我们的所想或所说,可能只是这一进程中的一个步骤,却很容易成为一个毫无结果的步骤。

多明格斯(V. R. Dominguez)对现代以色列人的自我与民族性建

---

① McGrane, B. (1989). *Beyond Anthropology: Society and the Other*. New York: Columbia University Press, p.ix.

构的研究，为这些观点提供了进一步的例证。^① 她阐明有关是不是犹太人的争论如何通过控制对他者的界定从而界定真实的犹太自我。并不存在对个体特质的事实的发现。优势群体或那些渴求政治上占优势的群体，试图通过界定他者的本质，制定他们自身存在的规则。

多明格斯描述的发生在以色列的这场争论，类似于当代美国关于种族或民族范畴界定的争论。美国的结论与平权运动相关。同样的问题——即使结果不同——也类似于纳粹德国试图通过"血统"的百分比来决定某人是不是犹太人。

多明格斯指出，以色列一直在争论法拉沙人（Falashas），即埃塞俄比亚黑人是不是真正的犹太人这一问题。1972年，以色列西班牙犹太教拉比（Rabbi）给予了肯定；然而，数年之后，当许多其他拉比质疑法拉沙犹太人的身份时，据称"在与其他犹太人通婚之前，他们必须经历一个皈依的仪式"。^② 这个问题事关重大且利益攸关，因为他者如何被界定也表明自我如何被认知。如果"他们"也是犹太人，那么又如何表述"我"自身的犹太认同呢？

克利福德（J. Clifford）对马什皮（Mashpee）印度人在科德角（Cape Code）的合法地位的检视也同样如此。^③ 核心问题在于，界定谁是和谁不是马什皮印度人，或者该部落是否还有存在的必要。

---

① Dominguez, V. R. (1989). *People as Subject, People as Object: Selfhood and Peoplehood in Contemporary*. Madison: University of Wisconsin Press.

② 同上，p.74.

③ Clifford, J. (1988). *The Predicament of Culture: Twentieth-Century Ethnography, Literature, and Art*. Cambridge, MA: Harvard University Press.

解决这一问题绝不是小事：它事关财产权问题。克利福德注意到，至少有一个部落成员质疑由白人多数派来界定谁是或谁不是马什皮部落的成员。当然，这事最好交由部落去解决。但结果太过重要，这使得优势群体不可能让这种权力掌握在任何一个马什皮人手中。

更为复杂的是，如果部落本身有这样的现实而难以决定，那么就需要诉诸法律：

> 文化与部落相关的制度都是历史的发明，是有倾向性的和不断变化的。它们并没有指派一个稳定不变的现实，"事先"存在于社会种族冲突和权力表征之前。马什皮的历史，并不是那种具有完整的部落制度或文化传统的历史，它是一个以维持和重建认同为目的的漫长的、关系的斗争。这一斗争从操着一口英文的印度旅行者斯匡托（Squanto）在普利茅斯会见朝圣者时就开始了。①

处理这段话所指的关系的和对话的界定，涉及对部落意义重大的两个截然不同的概念间的冲突，以及西方及其法律系统遭遇的困境——正如麦金农所指出的。一方寻求那种有着悠久历史的真实

155

---

① Clifford，J.（1988）. *The Predicament of Culture: Twentieth-Century Ethnography，Literature，and Art*. Cambridge，MA：Harvard University Press，p.339.

的他者，而另一方（克利福德表达的）往往将他者视为在不断变迁的社会中由权力关系决定。

对话主义的压抑

与以色列犹太人的问题一样，马什皮的问题涉及本章我们在分析男性对女性他者的建构时一直在讨论的主题。在每一种情形下，拥有权力和资源的群体控制着他者，并决定着他者的认同与生活。原始文化已经很好地服务于西方文化。赛义德（E. Said）曾评论说，[①]东方文化也是如此，是另一种用以服务西方自身利益的西方发明。他者皆由优势的西方文明塑造。

那么，我们的境况如何？我们知道，自我需要他者以便成为完全的自我；我们知道，当自我在特定社会中占据统治地位时，他们能够建构他者以确认其自我的存在；我们也知道，在当前情境下，许多他者已经开始发出反映其自身特征的声音，不再屈从于社会或世界上优势群体的意志。

自我是他者赋予我们的礼物。然而，当他者拒绝我们的馈赠而表现得无所谓时，这就是一份我们不想接受的礼物。只有他者安静地屈从于我们对他们的建构，我们才能收到他们提供给自我的礼物：女性待在她们应该待的地方；有色人种符合我们关于他们应该是谁的观点；原始部落保留着异国与离奇的风格；同性恋安

---

① Said, E.(1979). *Orientalism*. New York: Random House.

全地待在"柜"里。我们很少需要批判地审视所有这些提供给我们自身的礼物。然而,当他者的礼物迫使我们再一次审视自己时,我们就需要考察自我的障碍了。

答案很简单:如果我借助你发现我自己,却不能控制承诺我的自我的你,那么我将被迫去应对超出我的控制的自我,而且我可能不会享受这种我必须为之抗争的自我。例如,一些研究者谈及在男性优势社会里将同性恋倾向视为一种可供选择的生活方式,而不是越轨或有缺陷的意义。[①]

156

大约在 1870 年,西方世界最初将同性恋视为一种认同而不是变态行为。它描绘了一种有缺陷的男性认同,使得无缺陷的男性通过比较体验到自己的正常性。当一个男性面对有缺陷的男性和女性时,是一回事;当一个男性面对挑战男性化本身所基于的观念的另一种生活方式,或面对排斥男性的另一种女性生活方式时,则是另一回事。

时间压抑

尽管优势群体肆无忌惮地建构有价值的他者,并压抑真正的对话,但其策略性和微妙性同样显而易见。费边提供了这样一个

---

① 参见 Caplan, P.（ed.）（1987）. *The Cultural Construction of Sexuality*. London: Routledge. Connell, R. W.（1987）. *Gender and Power: Society, the Person and Sexual Politics*. Stanford, CA: Stanford University Press. Kitzinger, C.（1987）. *The Social Construction of Lesbianism*. London: Sage. Sedgwick, F. K.（1990）. *Epistemology of the Closet*. Berkeley: University of California Press.

案例。① 通过对旨在掌控他者的不同时间框架的分析,他认为,无论是善意的还是世故的后现代人类学家发现自己受限于他们自己的时间概念,只能以他们被赋予的凌驾于他者之上的权力来界定他们似乎一直疏离的他者。

费边告诉我们,当时间被假定为神圣的事件时,他者的时间——例如,异教徒的野蛮人——是以他者与被救赎的基督教世界之间的距离来衡量的。在这种时空下,他者至少是需要拯救的人选(candidate),而不是相异的东西。然而,当时间被世俗化,他者便从此被理解为完全不同于自我的范畴。费边是这样描述这种差异的:"异教徒总是已经被标记为救赎,而野蛮人还没有准备好迎接文明的到来。"②

费边指出,这种不同的时间概念,涉及同在否定(denial of coevalness):拒绝承认我们与他者共享此时此刻。世俗性的时间框架拒绝他者在我们的世界的在场(同在否定)。因此,无论如何,将他者视为仅仅不同于我们,世俗性时间框架的使用会使我们避免与他者性的相遇。换言之,在那一刻,我们或许会在与他者的关系互动中,通过这种关系互动而有所改变;然而,通过与他者的疏离,并将他者视为"生活在另一时空"的生物,③而不是我们的世界

---

① Fabian, J. (1983). *Time and the Other: How Anthropology Makes Its Object*. New York: Columbia University Press.

② 同上, p.26.

③ 同上, p.27.

的一部分，我们避免了这种可能性。

在我看来，费边的同在否定描述了一种对话主义的否定：这两种否定均试图维持与他者的独白的关系，以一种最不影响优势自我的方式管理这种关系的规则。

157

我将在第十二章继续讨论费边的其他观点。但是在这里，引用其分析的意义在于，在我看来，他的概念（同在否定）与真正的对话主义否定之间有着惊人的相似之处。"同在"表明此时此刻同时存在，认为此时此刻联合建构了参与者的现实。当这种同时性被否认以支持自我时间与他者时间之间的疏离时，我们即拥有同在否定以及对话主义压抑。

布尔迪厄（P. Bourdieu）对这一观点也有类似的阐述：①

　　客观主义（objectivism）将社会世界作为一种景观呈现在观察者面前。他在行动中采用一种视角（point of view）：以局外人的眼光来看待社会世界，将其与客体的关系对象化，并视社会世界为一个整体以便单独认知……这种视角由处于社会结构中较高地位的社会阶层提供。从这一视角出发，社会世界仅仅表现为"执行"（excutions）……或计划的实施……表征和实践。如果将认知简单还原为记录（recording）而不必放

---

① Bourdieu, P. (1977). *Outline of a Theory of Practice*. Cambridge：Cambridge University Press. Bourdieu, P. (1990). *In Other Words: Essays towards a Reflexive Sociology*. Stanford，CA：Stanford University Press.

弃对世界"积极的方面"的理解，你可能会摒弃这种客观主义
唯心论秩序化世界的根本立场：它足以使自己置身于这种
"真实的活动"，即处于与世界的实践关系之中……积极地参
与世界。通过此，世界强加它的影响，要做或要说的事、被迫
要说或被迫要做的事，都是直接的命令性语言和行为，而不曾
作为一个整体来部署。①

同一性与对话主义压抑

不同于费边的分析或布尔迪厄所指的疏离均聚焦于时间否定
（temporal denial），其他理论家关于对话主义压抑的探讨基于一种
渴望融合成一体的压迫。格尔茨、巴赫金以及许多女性主义理论
都直接谈到这种对话主义压抑形式。

格尔茨在其关于"从原住民的角度理解"（understanding
from the native's point of view）的经典之作中，要求我们"不要试
图与被调查者的精神保持内在一致性"，②而要"理解他们一直所
想的魔鬼是指什么"。③后者并不涉及他者融合，因为这样做
时——如果我们真的可以——我们将难以理解任何事物。而且，
我们需要的是一种"关于地区性细节的最本土的东西与关于全球

---

① Bourdieu, P. (1977). *Outline of a Theory of Practice*. Cambridge: Cambridge University Press, p.96-97.

②③ Geertz, C. (1979). From the native's point of view: On the nature of anthropological understanding. In P. Rabinow & W. M. Sullivan (eds.), *Interpretive Social Science*. Berkeley: University of California Press, p.228.

性结构的最全面的东西之间持续、辩证的结合,并以这样一种方式将两种视角同时带进我们的观察"。①

巴赫金理论为我们提供了一种真正的对话观。正是对话观使他的思想与我们前面论及的激进女性主义者和新兴后现代主义人类学家有着共同的立场。巴赫金提醒我们,对话主义的重点在于对话。因为一个对话的发生,至少得有两种不同观点的碰撞。任何试图将这些不同观点融成一种观点的做法都破坏了对话主义的真谛。巴赫金特别热衷挑战将移情作为一种自我与他者融合的观点,因为这种融合提供了另一种策略,使潜在的对话变成独白。

在女性主义对父权制统治的挑战中,我们已经看到同样的信息。在这种情形下,只要从男性视角来界定女性,就不可能发生真正的对话。那种视角创造了一种独白:优势的说话者控制着自身和他者的命运,因此规避了所有基于对话主义的了解自身或他者的可能性。当然,这恰恰是优势群体实施控制的主要目的;一旦真正的对话发生,他们的优势便消失了。

简言之,差异的价值在于它们能提供的对话的可能性。差异激发各方参与对话的可能性。如果我试图以丧失自我的方式理解你,我们都将失败;或者,如果我以否定差异的方式理解你,我们也将再次失败。在这两种情形下,失败是由于我们失去了差异提供

① Geertz, C.(1979). From the native's point of view: On the nature of anthropological understanding. In P. Rabinow & W. M. Sullivan (eds.), *Interpretive Social Science*. Berkeley: University of California Press, p.229.

的可意识到的边界。但是，正如我在本章所论证的，这种压制对话的欲望——或者否认共生性，用费边的分析——或者把他人视作一种奇观——用布尔迪厄的框架来看——均服务于当权者对他者的支配。对话主义已危及统治，独白主义依然处于西方统治的核心。我们将在第十二章继续探讨这些主题。

托马斯与希尔

此时此刻，我转向讨论一个在我看来能论证本章主题的案例：1991 年为托马斯(C. Thomas)任美国最高法院大法官举行的参议院听证会。

这一特殊的听证会被要求在参议院投票之前数日召开，以回应女性法律教授希尔(A. Hill)对托马斯的性骚扰指控。十年前，希尔曾作为托马斯的助手，在两个政府机构任职。表面上，本次听证会是为了辨明他们之中谁说的是真话，是坚决否认希尔指控的托马斯是真的？还是坚决声称受到性骚扰的希尔说的是真的？

听证会涉及的问题之一是，男性参议员难以理解希尔的观点。为什么她要等到十年后才将此事公之于众？某参议员说："如果我受到她所声称的那种粗暴对待，我会在当时就指控他。"为什么她还跟随托马斯去另一个政府部门工作？某参议员说："如果我被如此对待，我肯定不会跟随他去任何地方，更不用说是另一份工作了。"为什么事后她还与托马斯保持了这么多年的联系，给他打电话，在解决各种问题上寻求他的帮助，等等？某参议员说："如果我被托马斯以她声称的那种令人恶心的方式对待,我一定会与他断绝联系。"

从他们的男性立场来看,希尔的说法并不可信,因为他们在那种情况下会做出不同的行为。她的观点被还原成他们的观点,而且被发现不合情理。他们并不会将她的观点置于与他们自己的观点的对话之中,而是完全通过他们的视角去反思她的情境,好像她没有自己的、可能与他们不同的视角,也没有自己的、可能与他们不同的声音。在这里,只有一种思维、认识或体验的方式,而这种方式为每个人所共有,难道不是吗?但希尔并未共享这种方式,其真实性受到怀疑,以至于某参议员将她的证词作为典型的伪证案例。对话被还原成独白,参议员们从不需要面对与作为他者的她真正对话带来的后果。

没有等级制的差异

对话主义理论的核心问题——尤其与人类关系的过去和现状紧密相关——是否有可能产生真正的对话交集(meeting),即两个处于不同情境中的个体的交集,无论哪一方都不占据主导地位。但当认识到差异是被社会建构的而不是自然形成的时,这一问题就变得更为复杂。虽然差异是社会建构的,但差异是否有可能不以等级制的形式出现?尽管历史和现状均表明这是不可能的,但我们必须基于"存在着真正对话的可能性"这一假设进行思考。

无论何时,只要我们发现人们之间的差异,我们都需要处理人

160

类世界的社会映象（social mapping），而不是自然映象。所谓相同或相异是社会过程的结果，即使是那些表现为自然事实的特质，也会受到社会动力机制的深刻影响，并逐步被赋予它们拥有的特征。类似的事例不胜枚举。所有人都必须吃饭，但什么可以食用、什么不可以食用都基于复杂的社会过程。这一社会过程将客体分成两大类别：可食用的东西和不可食用的东西。

萨林斯指出，客体不存在什么内在本质[①]——例如，牛或狗——使得前者可食用，而后者不可食用。无论我们多么长久或仔细地审视它们，这种分类均基于社会建构的差异，而不是基于我们对客体本身发现的事实。萨林斯评论指出，事实上，甚至我们关于自然和社会的概念都是社会建构的范畴。

布尔迪厄得出同样的观点。他挑战所有试图追求本质的不变性，并因而掩盖了对社会现实及其客体的建构过程的本体论。在他看来，我们用以建构我们的世界的认知结构"本身是社会建构的，因为它们有着社会根源"。[②] 换言之，我们需要重点考察将对象和范畴分为相同与相异的社会和实践，而不是寻求差异构成的本质。

因此，差异似乎与社会创造和组织世间各客体的独特方式有关。任何组织化的社会群体都会将世界分成一系列的相似性和差

---

① Sahlins, M. (1976). *Culture and Practical Reason*. Chicago: University of Chicago Press.

② Bourdieu, P. (1990). *In Other Words: Essays towards a Reflexive Sociology*. Stanford, CA: Stanford University Press, p.131.

异性,其原因肯定与组织化的社会群体一样多变。马克思主义观点强调社会分化的经济基础,而非马克思主义的女性主义观点强调古典马克思主义分析中被忽略的因素——社会性别和性。此外,还存在一些其他的可能性和理论(如社会生物学理论)。

我们不能否认经济分化在划分社会和奠定差异的等级制的基础中的重要性,但我更为女性主义理论所折服。清晰可见的是,追溯西方历史,无论在什么样的经济系统下,性别始终充当着中心角色。它不仅标志着差异,而且表明了等级制中的等级。尽管经济上的优势必然是这一过程的组成部分,但权力的其他方面也是明显相关的。换言之,男性在经济上的优势只是所有复杂图景中的一部分而已。

如果我们以伊利格瑞的观点来解释,我们会认为:"整个西方文化都基于对母性的谋杀。男性—上帝—父亲谋杀了母性以便掌握权力……而且,如果社会秩序的根基改变了,所有的一切都将改变。这就是为什么他们如此用心地束缚着我们。"①换言之,性别是一个标签化的和分层的社会范畴,因为它反映了男性的弑母行为,男性对创造的母性过程的排斥与否认,以及确立他们自己作为唯一真正的创造者的地位。从这个观点来说,嫉妒使得男性使用他们的权力来统治女性并控制生殖过程。

这一观点的变种出现在弗洛伊德的《摩西与一神教》以及科德

161

_____

① 参阅 Whitford,M.(ed.)(1991). *The Irigaray Reader*. Oxford:Basil Blackwell,p.64.

和哈丁（以及其他人）关于认知的男性模式的研究中。弗洛伊德比较了源于母性的感性知识与源于父性的抽象知识，认为后者需要推理，而前者不需要。在他看来，后者是比前者更高级的知识，因而建立了一种基于出生"事实"的性别化等级制。

科德和哈丁发现，男性优势与知识形式的非具身性、抽象性和先验性之间存在显著相关。这些知识形式正是弗洛伊德所描述的，并被我们视为"科学且客观"的知识。从根本上说，我们已经发展起一种对否认其本源的知识形式的尊重，即没有姓名、没有继承、没有亲代，适用于任何地方和任何人的匿名的知识。

颇具迷惑性的是，由于缺乏女性拥有的亲子关系确定性，男性使用其权力强调男性的不确定性不仅标志着男性不同于女性，而且标志着男性比女性更为优越。他们将对确定性的关注转化为痴迷于通过"确立上帝之眼观"来获得确定性。他们从另一面发展了一个德性——或者，即使不是另一面，也至少来自创造生命过程中的一个不同角色。

但是，如果我们采纳麦金农的观点，我们将会强调男性的性在巩固性别不平等和所有形式的男性统治中的中心地位。以其形象的表达方式，她认为"男性压迫女性向下的兴趣是基于它能使男性向上这样的事实"。① 在此，她并不是开玩笑，而是进一步论证她

---

① MacKinnon, C. A.（1989）．*Toward a Feminist Theory of the State*. Cambridge, MA：Harvard University Press，p.145.

的论点：所有形式的权力与所有形式的统治，无论存在于何种领域，都植根于男性的性，即统治和屈从的色情化。

这些思考是如此令人着迷——弗拉克斯将这种发现男性优势根源的愿望视为一种特别的男性关注①——它们已将我们带离我在这部分的开篇提出的问题。我们能拥有不存在等级制的差异吗？只有等级制是系统维持的必要条件时，差异才会滋生等级制。即使我们能够消除所有压迫性的社会安排，差异也不会消失；消失的只是差异的抹杀或关于好与坏、优等与劣等的区分。我们至今还没有看到这样的乌托邦世界，但是，如果有一天那些被边缘化的个体的努力行之有效，那么我们将能真正遇见参与到真正的对话中的多元个体。

我关注的大多数研究能为一本不同的书提供素材。然而，关于这一点，我想表达的是：（1）来自社会生活的差异将继续存在；（2）差异并不必然产生压迫。如前所述，人性的独白观试图抹杀、压抑或否认差异，反映了一种持续的压迫性欲望，即为实现某一观点的霸权，而从未将该观点置于应有的审查之下。

---

① Flax，J.（1990）. *Thinking Fragment: Psychoanalysis，Feminism，and Postmodernism in the Contemporary West*. Berkeley：University of California Press.

第四部分

应　用

对话伦理：关于自由、责任与正义

何时我才最自由？何时我可以为所欲为而不用顾及你？何时你能不卷入我的空间以至于让我窒息？何时人们才能不将他们的愿望和要求强加于我，不干扰我的计划，从而让我成为我自己？何时我才能想我之所想、为我之所为而不用顾及你？

对话主义最大的挑战之一正指向上述对自由（freedom）和责任（responsibility）的理解。这一理解是建立在个体的自我包含概念，即被视为"文化英雄"的自主人（autonomous man）之上的。[①] 对话主义要想解构这一概念，就需要对人性和责任有新的理解。

正如我在第三章指出的，人类自由建立在人们拥有其自身能力与禀赋以及它们带来的自主性之上。人们认可约束自由的条件。但是，这些条件被理性的个体视为契约安排的结果：理性的

---

① Code, L. (1991). *What Can She Know? Feminist Theory and the Construction of Knowledge*. Ithaca, NY: Cornell University Press.

个体为了实现自身利益而甘愿接受他人的约束。[①] 然而，最重要的是，自由来自自主性——不臣服于他人意志的独立性，而这又需要个体拥有其自身的能力与特质。只有自我包含个体才会具备这些必需的特质，即个体边界性（personal boundedness）和个体所有权（personal ownership）。

科德称此为"自主性强迫"（autonomy obsession）：

> 依据僵化的二分法，自主与依赖是两极的；因此，自主与依赖他人被建构成互相排斥的，而且自主性的达成需要对相互依赖的彻底否定。[②]

166　对话主义挑战这一观点，认为并不存在自我包含个体那样的生物，能有意识地将自己与他者割裂开来，完全成为一个自我拥有的存在。巴赫金指出，我们是有阈限的生物，本质并不存在于我们的内部，而是存在于我们与他者之间的边界上。[③] 由于所有我们声称

---

① 这是霍布斯（T. Hobbes）对我们的理解的贡献。如果人们不能服从约束达成理性的一致性，我们将有一场所有人对所有人的战争，因为人们会为所欲为。美国宪法的《人权法案》(Bill of Rights)为我们阐述了同一问题的另一个方面，概述了对每个个体免受无正当理由的政府干预的保护，以及每个个体所拥有的自由。政府干预到此为止；人们保留个体权利，如无例外情况，无权否定个体权利。请参阅 Hobbes, T. (1651). *Leviathan*. Cambridge：Cambridge University Press.

② Code, L. (1991). *What Can She Know? Feminist Theory and the Construction of Knowledge*. Ithaca, NY：Cornell University Press, pp.73-74.

③ 参阅 Morson, G. S. & Emerson, C. (1990). *Mikhail Bakhtin: Creation of a Prosaics*. Stanford, CA：Stanford University Press.

的属于我们的东西受来自他者的持续的影响，因而我们永远会被他者"闯入""强加"或"干涉"。当然，这些术语，诸如"闯入""强加"或"干涉"，都来自自我包含话语。但在对话主义看来，当我们共同理解这些术语时，它们便变得毫无意义。

然而，这些术语在我们的日常理解中有着非常清晰与熟悉的地位。我们熟知每个术语的意义，而且在它们描述的事件并不会约束我们这一限度内，认为我们是自由的。如果邀请你来是我的选择，这便不构成对我领地的侵入；如果我同意帮助你，我则不会认为它是一种强制；当我真的想要与你进行项目合作时，我既不会将它看作对我个人自由的一种干涉，也不会视之为对我自由的威胁。于是，选择、同意和想要使你介入我的事务成为合情合理的事情，而它们的缺失则意味着对我个人自由与自主性的威胁。只有当我必须做不是我选择、同意或想要做的事情时，我才是最不自由的。

然而，如前所述——尤其是在第六章和第十章中——这种自主性的理想仅限于社会优势群体；其他群体没有能力，甚至无权选择他们的命运。而且，正如我们将要看到的，优势群体甚至也生活在谎言之中：他们的自主性来自其建构非自主性他者的权力，甚至依赖这些他者。黑格尔曾明确指出，没有他者，优势群体虚幻的自主性将会消亡。

对话主义如何理解自由和自主性强迫呢？对话主义告诉我们，我们处于与他者不间断的、共同建构的关系之中，因而将自由看作独立于他者是错误的。独立于他者是一种幻觉，完全不能描述人性的真正特质；但是对那些需要在自主性的维持中发挥作用的人来说，这种幻觉又是相当真实的。

当我的领地其实是我们的领地时，说你侵入我的领地意味着什么？当我(me)实为你所建构时，你又如何能强加于我呢？当我们的关系本质上是相互建构时，被你干涉又意味着什么？

167 显而易见，我们必须对自由和自主行为建构不同的理解。建立在自我包含基础上的旧理论已经不再适用。自由并不意味着免受他者影响的自由；自由必须被重新定义为与他者合作并向双方认可的目标共同努力的自由，即因他者而自由(freedom because of others)。

然而，这并不是一个简单的任务，它给社会等级制中优势群体和劣势群体均带来了困境。社会优势群体的困境在于，对话主义要求他们彻底改变对自由的理解，他们必须了解自己终其一生努力压抑的是什么——自我存在必需的对他者的内在依赖性。而对社会劣势群体来说，他们对他者的依赖众所周知，对话主义的困境则在于如何摆脱这种不得已而为之的处境。

这一任务也是困难的。由于自由的科学观建立在自主人的观念之上，因而容易导致错误的理解。例如，数年前，社会心理学家布雷姆(J. W. Brehem)提出阻抗(reactance)的概念。[1] 他主张，

---

[1] Brehm, J. W. (1966). *A Theory of Psychological Reactance*. New York: Academic Press. Brehm, S. S. & Brehm, J. W. (1981). *Psychological Reactance: A Theory of Freedom and Control*. New York: Academic Press.

当个体自由受到他人需求的威胁时，为保护其自由感，个体会通过从事被限制的行为证明他们事实上是自由的。

社会心理学家阿伦森（E. Aronson）也列举了两个事例。[1] 一个成绩不及格的学生送给他一份昂贵的生日礼物，这使阿伦森感到很不愉快。毕竟，这份礼物可以被理解为试图限制他以其认定的合理标准来评判学生成绩的自由。依据这一理解，阿伦森决定用比原来更为严格的方式来评判学生的成绩，以彰显他的个人自由。这就是阻抗！阿伦森引用的另一事例有关一个售货员强硬推销的售货方式迫使阿伦森离开那个商店，只是为了证明他是自由的。这同样是阻抗！

然而，我们并不只是在阻抗理论（reactance theory）中才能看到这样的文化叙事。大多数发展理论都描绘了这样一个清晰的分离与个体化的进程，直到儿童成长到最终完全脱离母亲，成为他或她自己为止。[2]

显而易见，这些观点建立在自主性理想和免受他者影响的自由的意义之上。它们描绘了一个我们大多数人熟悉的情境，即我们也成长于一个过度强调人类自由本质的文化之中：独立于他者意志而自我决定命运的自由；基于自己的能力脱离他者而独立成

---

[1] Aronson, E. (1988). *The Social Animal*. New York: W. H. Freeman & Co.

[2] 除了埃里克森的著名观点，关于个体性的最清晰的强调来自马勒（M. Mahler）等人的著述。请参阅 Erikson, E. H. (1959). *Identity and the Life Cycle*. New York: International Universities Press. Mahler, M., Pine, F., & Bergman, A. (1975). *The Psychological Birth of the Human Infant: Symbiosis and Individuation*. New York: Basic Books.

长的自由。

对话主义要求我们改变这一理解。它告诉我们，自由不可能以独立于他者为基础，因为我们不可能独立于他者。我们的生活与他者的生活紧密相关，而将我们的自由感建立在打破这些联系之上，就是置人性的本质于不顾。对话主义要求我们依照我们与他者之间相互的责任来重新界定自由，与他者一起创造我们共同的、共享的命运。任何破坏这种集体主义可能性的事物都是不自由的。事实上，任何破坏对话可能性的情况都会威胁到人类的自由。

人类自由涉及个体共同决定他们命运的权利。既然我的命运与你相关，那么，创造一种个体与他者对抗的情境从而将我的生活本质界定为与你对抗的，也就是在否认你对我的重要性和我对你的重要性。因此，我们需要做的是围绕群体单位，即个体-他者（individual-and-other）来构建自由的意义。我们对彼此有着共有的责任，我们不可能单独成为我们。只要我们能共同合作来界定我们是谁、是什么，以及我们能成为谁或什么，我们均可以成为自由的存在。所有独白观均确定无疑地掩盖了这一意义，破坏了他们承诺的自由。"我"不可能是自由的，只有"我们"才能是自由的。

我相信，这正是肖特"每个人都应该发展出实用的道德知识，以便作为有道德责任感的公民共同合作"所欲传达的信息，[1]也是

---

① Shotter, J. (1990). *Knowing of the Third Kind*. Utrecht, The Netherlands: University of Utrecht.

爱德华兹的话语心理学（我称为"对话主义"）试图表达的观点。① 同样，许多女性主义理论也蕴涵着这样的观点，即无论是对其意象多么让人无法自拔的社会优势群体而言，还是对暂时满足于现状的社会劣势群体来说，自主性强迫对任何人而言都毫无益处。

肖特提出了一个对话模式，指出：

> 事实上，在我们共处的社会生活中，每个人都在一种主要的社会责任（major corporate responsibility）中发挥着作用：这就是维持现行的、我们用以进行社会交换的交流方式。正是现代心理学对这种责任的忽视，导致其错误地支持了这样的观点："即便没有'你'，'我'（I）依然可以成为'我'（me）。"②

肖特所说的责任是指交流的责任（responsibility of communication）："人们之间的责任在于维持现有的社会建构。"③我们的生活与他者的关联需要我们按以下标准负责任地行动：维持行为的可理解性与合法性。简言之：

---

① Edwards, D.（1991）. Categories are for talking: On the cognitive and discursive bases of categorization. *Theory and Psychology*, 1, 515 – 542.
② Shotter, J.（1990）. *Knowing of the Third Kind*. Utrecht, The Netherlands: University of Utrecht, p.21.
③ 同上, pp.69 – 70.

如果我们的理性形式是社会建构的，而且个体知道事实本该如此，那么他便不可能在谈话中理性地否认理性的（道德）基础——尽管他仍声称他的否定是理性的。[①]

爱德华兹的话语心理学强调日常生活中的谈话以及植根于我们日常行为的道德责任的重要性。[②] 谈话不是我们用于虚度光阴的东西。我们正是在谈话中，通过谈话建构了包括我们自己和他者（参见第七章）在内的世界的客体。这种认知赋予我们强烈的共享责任感。正是由于我们的共同合作，我们才成为我们。我们对这些成就负有共同的责任。

既然我们事实上（in fact）必须进行协作，那么我们事实上也必然会成为进行中的自我与他者共同决定过程的一部分。对我们的存在这一特征的认知，必然伴随着对结果共享责任的认知。正如肖特和爱德华兹指出的，自我包含的概念悍然不顾这种对人性的理解。此外，个体主义的（自我包含的、独白的）观点建立了人类自由的基础——作为自由的来源——但破坏了人们以负责的方式行为的可能性。通过否定我们对彼此生活的相互责任，我们形成了一种强调责任，但事实上并不履行责任的人性观。

---

① Shotter, J. (1990). *Knowing of the Third Kind*. Utrecht, The Netherlands: University of Utrecht, pp.75 - 76.

② Edwards, D. (1991). Categories are for talking: On the cognitive and discursive bases of categorization. *Theory and Psychology*, 1, 515 - 542.

我们已经论及的一些女性主义理论赞同这种对自由和责任的对话主义理解。例如，当伊利格瑞规劝我们揭示和强调女性的独特性时，[①]她并不是让每个人单独地发挥作用。她认为，只有当我们作为两个完全自主的、主动的人参与到对话中时，才能实现我们的潜能，并共同协作。

同样，科德也信奉人类自由和责任的对话观。她要求我们将友谊视为知识与道德行为的范式。在她看来，当我们与自主人共处时，关系的道德要求（moral requirements of relationships）很容易丧失：[②]

对自主性个体权利（rights）的强调，以及对人们彼此间责任的忽视，使道德的能动者在公正性观点与独特性观点之间产生了冲突……学习道德就是学习对……其他个体的责任、关心和爱护。因而，我们难以相信这样一种训练会自然而然地（naturally）产生道德公正的理想。[③]

诺丁斯（N. Noddings）的女性主义关怀伦理观表达了同样的观点。诺丁斯认为，正是由于我们如此亲密地彼此关联，以自我包

170

[①] Irigaray, L. (1974/1985). *Speculum of the Other Woman*. Ithaca, NY: Cornell University Press. Irigaray, L. (1977/1985). *This Sex Which Is Not One*. Ithaca, NY: Cornell University Press.

[②] Code, L. (1991). *What Can She Know? Feminist Theory and the Construction of Knowledge*. Ithaca, NY: Cornell University Press, p.75.

[③] 同上，p.76.

含个体为中心建立起来的契约关系才歪曲了我们共同生活的现实情境："我们在关怀中寻求的，不是善意的回报或互惠，而是寓意着完满的特殊的互惠。"①

撇开男性偏见暂且不论，科德发现亚里士多德关于友谊的模型比自主人理论（autonomous-man theories）更能反映现实的人类关系，而自主人理论是其他哲学著述（如笛卡儿、康德）以及当代文化理想的标志。在她看来，亚里士多德不仅强调友谊——将友谊看作与理性和语言同等重要的人类的构成要素——更使"友谊成为良好人格发展的核心"：②

> 亚里士多德的友谊观为主体性的关系分析指明了方向：主体性成为道德上负责任的，政治上参与的，并植根于第二人称（second person）的对话之中。③

显然，科德和诺丁斯的理论与肖特和爱德华兹的观点之间有着共通之处。

包括生态女性主义运动在内的生态学观点也进一步加深了对

---

① Noddings，N. (1984). *Caring: A Feminine Approach to Ethics and Moral Education*. Berkeley：University of California Press, p.151.

② Code，L. (1991). *What Can She Know? Feminist Theory and the Construction of Knowledge*. Ithaca, NY：Cornell University Press，p.98.

③ 同上，p.101.

这一图景的理解。① 所有这些都是基于一种关系范式，而不是当今西方世界主流的自我包含范式；所有这些都向我们展示了一种新的伦理关怀概念和人类行为的议程。

让我们听听一篇生态女性主义论文所宣称的：

> 在生态女性主义者的社会里，没有人拥有凌驾于其他任何人的权力，因为我们都是相互联系的生命之网的一部分。这样的世界观需要视角（更不用说行为）上的彻底改变，因为整个世界成为个人自我的一部分——而不是他者，即我们需要去赢得、征服、剥削或在等级制中领先的人。②

布克钦（M. Bookchin）表达了同样的观点，③认为应将人们与他们的环境视为一个更大的关系整体中相互关联的部分。他指

---

① 我主要是指伯曼（M. Berman）、布克钦和马钱特（C. Merchant）的研究；此外，德瓦尔（B. Devall）和塞申斯（G. Sessions），以及范·格尔德（L. Van Gelder）的研究也与此相关。请参阅 Berman, M. (1981). *The Reenchantment of the World*. Ithaca, NY: Cornell University Press. Bookchin, M. (1982). *The Ecology of Freedom: The Emergence and Dissolution of Hierarchy*. Palo Alto, CA: Cheshire Books. Merchant, C. (1980). *The Death of Nature: Women, Ecology and the Scientific Revolution*. San Francisco: Harper and Row. Devall, B. & Sessions, G. (1985). *Deep Ecology*. Layton, UT: Peregrine Smith. Van Gelder, L. (1989). It's not nice to mess with mother nature: An introduction to ecofeminism 101, the most exciting new "ism" in eons *Ms.*, January/February 1989, 60 – 63.

② Van Gelder, L. (1989). It's not nice to mess with mother nature: An introduction to ecofeminism 101, the most exciting new "ism" in eons *Ms.*, January/February 1989, 60 – 63, p.61.

③ Bookchin, M. (1982). *The Ecology of Freedom: The Emergence and Dissolution of Hierarchy*. Palo Alto, CA: Cheshire Books.

出，如果我们的目标在于征服环境，似乎环境是一个疏离与陌生的他者——这一观点类似霍克海默（M. Horkehimer）和阿多诺早年提出的观点——我们将会以毁灭自我和我们的环境而告终。[①]

个体决定环境与环境决定个体的生态观抓住了这种关系性理解的关键。我们不是自由的，因为我们不能像对待他者那样任意对待环境而不影响我们自身。

肖特再一次恰如其分地描述了这种生态观，并将它置于作为对话主义核心的对话框架之中：

> 作为第一人称说话者、第二人称聆听者或第三人称观察者的权利与义务是完全不同的。作为第二人称的个体，其地位不同于第三人称的个体：第二人称的个体需要参与并维持行为；我们没有权利跳出我们与说话者的关系。[②]

当我们以掌控他者的方式对待环境时，我们采纳了一种第三人称的关系，因而不会将协同创造的结果视为我们的责任；我们只是观察者或操作者，对一个无声的和无生命的他者施加影响。生态学思想家，如布克钦和生态女性主义者，要求我们采用对话观，将自己视为如同与环境相关的第一人称说话者的第二人称聆听者，共

---

① Horkehimer, M. & Adorno, T. W. (1944 /1969). *Dialectic of Enlightenment*. New York: Seabury Press.
② Shotter, J. (1990). *Knowing of the Third Kind*. Utrecht, The Netherlands: University of Utrecht, p.201.

171

同分担责任与命运。

如果我想要负责任地行为，我必须理解我们是相互自我决定的（self-determining）。然而，在现今的社会制度下，这种观念不仅威胁到我作为不受制于任何人的自由行动者的存在感，而且威胁到我的自我包含的自我；此外，它还会削弱我建构那种允许其他图景得以维持的世界的能力。但在自我包含构想之下，我不可能既是自由的又能负责地行为。这种自我包含构想不仅在人性观上是错误的，而且创造了一种矛盾，使人们难以在以对社会负责的方式行为的同时兑现他们被承诺的自由。

对话主义为我们提供了走出这种僵局的方式。它不仅为我们提供了一种正确的人性观来理解人性是如何形成与维持的，而且通过视个体与他者的联系为相互决定的存在，重构了自由的意义：我们自由地共同建构我们的生活，并因这一特征而必然地成为负责任的存在。"我"不可能是自由的，只有"我们"才可能是自由的。这一观点建立在这样的认知基础之上：自由唯一可能的意义就是我们对自身和他者拥有的共享责任的认可。

当今，我们消极地看待自由和责任。只要他人的意志不强加于我们，我们就是自由的；只要我们不伤害他人，不侵犯他们的"空间"或干涉他们的自由，我们就是负责任的。对话主义强调以积极的方式重新界定自由和责任。我们是自由的，不是因为我们与他者的疏离，而是因为我们与他们是相互联系的；我们是负责任的，不是为了避免伤害他者或侵犯他人的领地，而是因为我们与他们

172

互相介入彼此作为人的存在，维持使我们的生活及其价值得以顾及的社会世界。

到目前为止，我主要探讨了自由和责任的观点，并比较了这些概念和实践的自我包含的独白观与对话观。然而，还有另一个涉及价值负载和伦理问题的领域：正义。当我们思考正义时，一个典型的图景是一个被蒙住双眼的女性，在对参与各方特征不知情的情形下，其遮眼物是公正判断的保障。与自由一样，正义也依据自我包含的理想而界定。然而，盲视的正义还能以公正的方式运作吗？

正如我们在第六章首次谈到，又在第十章再次讨论的，对话观的回答显然是"不能"。第十章更为明晰地表达了这一观点，尤其体现在麦金农的理论之中。盲视的正义（blind justice）和中立的状态其实都不是盲视的、中立的或正义的：它们反映了社会优势群体的立场，并使他们永远居于优势地位。扬和桑德尔（M. Sandel）也提出类似的观点，对个体主义和差异盲视（difference-blind）的正义概念进行批判。

社会网络不仅建构了我们的认同，而且建构了我们对认同所担负的持续性责任。如果我们在本质上是关系性存在，而且为社会网络的植根性所界定，那么盲视的正义为了达成所谓的正义，必须否认我们生活的这一特征。然而，如前所述，这种盲视并不能确保公正，反而会导致伪装为公正的社会优势群体未经审视的立场的运作。

当差异关系重大时，否认对差异盲视政策（differences-blind policy）的追求不可能产生正义，除非正义的目的就是延续使一些群体处于优势而另一些群体处于劣势的政策。我们来看看扬对正义的界定：

> 社会正义的目标……是社会公平（social equality）。公平主要不是指社会商品的分配，尽管分配显然是社会公平的一部分；公平主要是指每一个体在社会主要制度中的全面参与和包含，以及为所有人提供的旨在发展和提高其能力、实现其潜能的社会支持性的机会。[①]

在她看来，差异中立（difference-neutral）或差异盲视倾向均无法达成这一目标，因为盲视试图将每一个体归入同一框架（主要表现为社会优势群体的内隐框架），因而必然否定差异所基于的、需要关注的群体生活经验的独特性。简言之，盲视的正义（justice-as-blindness）试图将所有的差异同化为一种视角，破坏了多元视角和观点进行对话的可能性。例如，正如扬所指出的，大众利益假设试图"系统地忽视、压抑或对抗独特群体的利益"。[②] 这样一来，我们拥有的就只是一种独白，而不是来自不同社会结构（social fabric）

173

---

① Young, I. M. (1990). *Justice and the Politics of Difference*. Princeton, NJ: Princeton University Press, p.173.

② 同上，p.189.

的人们之间的对话。那些权力阶层的人继续以他们的视角压抑其他不同的声音。

桑德尔批判的主要目标是个体的、非本质的（独白的和非对话的）正义观，尤其是流行的罗尔斯（J. Rawls）的理论。桑德尔的构成性个体（constitutive individuals）就是指我们熟知的对话地建构的个体。他们并不是先于或疏离于界定并赋予他们以特征，并使个体对此有着持续的承诺和忠诚的社会组织化团体的存在。

> 诸如此类的忠诚不同于我偶然拥有的价值，或者不同于我"在任何既定时刻支持的"那些目的。它们超出我志愿承担的"自然义务"。我对某些人持有的这些忠诚不同于正义，它们不需要，甚至不认可我作出的契约推理，相反，倒是需要和认可我那些或多或少能够持久保持的依附与承诺，正是这些依附与承诺一道给予我所是之人以部分定义。
>
> 想象一个没有保持类似构成性依附联系的能力的个人，并不是去拟想一种理想的自由而理性的行为主体，而是想象一个人完全没有品格，没有道德深度。因为拥有品格就是了解我生活在历史之中，尽管我既不吁求也不命令，可历史仍然是我选择和行为的结果。①

---

① Sandel，M. J.（1982）．*Liberalism and the Limit of Justice*．Cambridge：Cambridge University Press，p.179.

再次，我们看到个体在根本上是归属的和联系的，是在与他者的关系中，通过与他者的关系而建构的存在。如果脱离了这些关系纽带，个体就不曾有生活、特征和心理。如果不恰当地考虑人性的这种本质特征，自由和正义就都不可能存在。

因此，盲视的正义试图否认这些使人们成为他们自己的特质，转而采用抽象原则否认有关我们是谁和是什么的根本性定义。相较于我们已经错误地假定这种盲视提供的公正性，这种盲视的正义更有可能揭示隐藏的偏好。我们需要重新审视正义，而且是比以往任何时候都更需要重视进行审视——并不是说要剥离人性来颁布法令，而是要让来自不同世界的人们能够聚集在一起，并在尊重差异的基础上达成一致。

174

真正的对话至少需要两个不同社会地位的个体。他们承认在彼此生活中的交互植根性，他们相遇并能通力合作。对这种可能性的阻碍，不管是基于对个体植根性的否认，还是基于优势群体试图统治他者而将对话转换成独白的权力安排，都会摧毁实现正义的希望。

当扬使用"城市"（city）而不是"社区"（community）作为一个正义社会（just society）的典范时，暗示了对话主义的可能性。她拒绝社区理想，因为社区建立在同一性和整体性基础之上，而不是建立在其（以及对话主义的）论点赖以存在的多元性之上。她认为城市生活提供了：

　　一种肯定群体差异的社会关系的景象……没有排

斥。……如果城市政治想要成为民主的，而且不为某个优势群体所控制，那么它必须是一种能够考虑到还没有形成社区的城市之中居住的不同群体，并为他们提供发言权的政治。[①]

换言之，相对于社区理想，城市是一个更为贴切的隐喻。城市包含丰富的多元性，无须将这种多元性消解为社区图景中常见的同一性。

在我看来，一旦我们从现今主流的独白观转向全面的对话观，我们对自由、责任和正义的理解就改变了。在独白的世界观中，自由和责任被消极地界定，正义也被对抗地界定，对话观则帮助我们认识到我们在界定这些主要伦理概念上的局限性。

我们有义务与他者以一种负责任的态度通力合作，因为我们的命运与他们的命运是紧密相连且不可分割的。没有彼此，我们不能成为我们，他们也不能成为他们。因此，我们的责任不仅仅是回避他者，还要认识到内在连接的必要性，并为集体利益而共同努力。我们不能将自由消极地界定为摆脱个体与社会之间的平衡，或反过来将正义视作个体与社会之间的一种平衡。当我们势不两立时，正义不可能存在。将我们自己与他者隔离，我们无法自由；只有以一种民主平等的方式与他者合作，此时，我们才是自由的。

175

---

① Young, I. M. (1990). *Justice and the Politics of Difference*. Princeton, NJ: Princeton University Press, p.227.

　　我们被带离一种盲视的且基于个体的正义观，而转向一种能洞察一切且不同群体可以就他们共同关注的问题发出不同声音的正义观。推动这种对话的情境必然是民主的，正如对话主义本身促进民主情境一样。因此，这很好地将我们导向第十二章的探讨。

176

第十二章

民主化与人性

毋庸置疑，长期主导人性理解的独白观是极不民主的，它加剧了社会的不平等。唯有对话主义取向才能为我们提供一个更加民主化的人性观，然而它的实现需要一个更加平等主义的社会（egalitarian society）。

独白观坦然地采取单一观点来对待人类经验多元性。对于民主化或平等主义，它们几乎不需要任何托词：专家知道；他者在那儿有待研究。对话主义观点本质上具有人类经验的植根性特征，因而是民主的。但是，如前所述，当权力阶层建构适用的他者并因此回到原点时，对话随时都有可能转变为独白。

在论及这一问题时，我并不是说所有独白主义理论家的目的或愿望都是非民主的，实际远非如此。在我认为本质上具有非民主化种子的观点的倡导者中，不乏最坚定的民主卫士。在独白主义理论中，我指的非民主化特征主要体现为两个相互关联的因素：一是它主张视与研究对象的疏离为获取客观性的首要条件；二是它将世界划分成两类人，即有知者（those who know）（专家）和无知者(大众、被试、他者)。

通过研究者与研究对象(他者)的疏离,独白主义取向排斥、否认和抹杀他们自身对服务于自身利益的自我-他者现实(self-other reality)知识的建构。它们试图成为研究现象的第三人称观察者(third-person observer),而实际上,这一研究对象是作为第一人称的它们和作为第二人称的被试(他者)被对话地建构的。由于这一初始的疏离,独白取向创造了这样一个世界:它们不仅是疏离的和外在的,而且作为有知者——专家,占据着优势地位。正是这些使得所有独白取向具有非民主的和不平等的特征。

我将引用备受尊敬的心理学家、美国心理学会前主席 G. A. 米勒(G. A. Miller)在 1969 年主席致辞中的话来论证这一观点。[1] G. A. 米勒提出一种常被引用的民主诉求:他劝诫心理学家要探讨"如何更好地把心理学让渡给"(give psychology away)大众。[2]

G. A. 米勒认为,心理学对人性已有相当深厚的研究;这些研究颇具价值,因而必须更广泛地与有着强烈需求的公众分享。将心理学知识局限于一群阅读科学杂志的专业人员之中,将会否认知识服务于大众的价值。因此,G. A. 米勒的目标在于让非心理

177

---

[1] 此观点最早见于桑普森的《心理学的民主化》(*The Democraticization of Psychology*)。请参阅 Sampson, E. E. (1991). The challenge of social change for psychology. *Theory and Psychology*, 1, 275 - 298.

[2] Miller, G. A. (1969). Psychology as a means of promoting human welfare. *American Psychologist*, 24, 1063 - 1075, p.1074.

学家实践心理学，至少是在已有的"秘密的"偏方与准则的意义上。

G. A. 米勒指出："科学心理学可能是人类心理构想的最具变革性质的智力革命之一。"[①]在他看来，一旦人们能够了解专业人员知晓的关于其行为的研究，他们的自我概念就会发生改变，而且会对"人之所能和人之所想"持有不同的观点。[②]

G. A. 米勒的观点似乎并未包含任何本质上非民主的特征。事实上，从表面来看，他期望的更大范围地分享知识从而使人们可以了解专家的所知似乎正是民主观的基础。那么，我在本章开头宣称的非民主化主题体现在何处呢？我认为体现在 G. A. 米勒思想立足的科学基础——独白观，而不是对话观。为了更清晰地理解这一点，我们需要考察 G. A. 米勒关于民主化心理科学的输出端(outputs)的观点。这些输出端(如有关人类经验与行为的知识)的获得需通过疏离和等级化。在我看来，这些在本质上是非民主的。

G. A. 米勒"让渡科学研究成果"的观点，类似民主国家对科学家-公民的合适角色的界定：被让渡的是研究的输出端或研究成果——关于人性的发现及其意义解释。这些发现出现在我们应用合适的科学研究方法探索世界的本质之后——这里指人性本质。由于科学知识来源于优势科学方法的疏离过程，因而凌驾于

178

---

① Miller, G. A. (1969). Psychology as a means of promoting human welfare. *American Psychologist*, 24, p.1065.

② 同上，p.1066.

日常常识性理解之上。伴随这一过程,专家也凌驾于公民之上。

心理科学就是要应用其发现、成果和结果纠正公民错误的日常观念。我更倾向于拉韦(J. Lave)的术语,[①]他将后者称为"jpfs"或"普通人"(just plain folks)。存在争论的是,专家的特权基于他们相比于"普通人"能提供更好的、更精确的、更客观的现实这一表征。

洛佩斯(L. L. Lopes)的研究证明了这种特权的存在。该研究审视了发表于 1972—1981 年间关于决策、判断和问题解决的文献。她注意到,这些论文将"普通人"作为不良(poor)行为者约 27.8 次,而作为优良行为者只有 4.7 次。相较于良好行为的标准——以专家从事科学研究采用的推理和问题解决形式来衡量,"普通人"被视为不良行为者! 正如洛佩斯指出:"通过声称大多数人都会犯愚蠢性错误,并证明甚至读者也可能是这样,论文的作者们表明,他们对困难的决策形势有更卓越的知识或洞察力。"[②]

因此,可以这样说,科学方法使我们能深入探讨心理现实的真正本质,然后再让渡给人们("普通人"),这样他们也能了解我们关于他们的研究。由于我们的方法允许我们发现现实本身存在的实际术语,因此我们的声音自然相较于声称指称现实的声音占据着优势立场。后者声称指的是现实,但实际上指的是关于现实的愿

---

① Lave, J. (1988). *Cognition in Practice: Mind*, *Mathematics and Culture in Everyday Life*. Cambridge: Cambridge University Press.

② Lopes, L. L. (1991). The rhetoric of irrationality. *Theory and Psychology*, *1*, 65 - 82, p.79.

望、观点和价值，而不是现实本身。

取出任何一本心理学教材，都可以看到它在关于人性的心理科学知识与日常常识性知识之间画了一条多么清晰的界线："我们的常识，甚或所谓的'年龄的智慧'，为我们提供了一幅人类社会关系的错误图景。"①尽管这些信息并非毫无价值，因为"它是研究建议的丰富源泉"；②但是，显而易见，我们无法接受它，因为"它未能为准确理解我们与他者的社会关系的复杂本质提供充分的基础"。③作者们的建议是："只有使用科学方法才能获得关于人类社会关系的准确而实用的信息。"④

179　　这一观点对我引用的著作的作者来说并非个例。大多数心理学家与其他社会科学家都认为常识性理解是有缺陷的，只有科学方法能使心理学获得更为准确而实用的人性观。比利希在谈及教材作者对学科科学性的辩护时，对这一观点进行了归纳："他们的观点就是常识性理解差强人意，因此社会心理学家必须努力弥补这些瑕疵，或更为理想的是，用一种新的知识形态取代它。"⑤

我们先前讨论过的肖特⑥和费边⑦的观点，能够帮助我们更好

①②③　Baron, R. A. & Byrne, D. (1987). *Social Psychology: Understanding Human Interaction*. Boston, MA: Allyn & Bacon, p.6.

④　同上，p.7.

⑤　Billig, M. (1990b). Rhetoric of social psychology. In I. Park & J. Shotter (eds.), *Deconstructing Social Psychology*. London: Routledge, pp.52 – 53.

⑥　Shotter, J. (1990). *Knowing of the Third Kind*. Utrecht, The Netherlands: University of Utrecht. Shotter, J. (1991). Rhetoric and social construction of cognitivism. *Theory and Psychology*, 1, 495 – 513.

⑦　Fabian, J. (1983). *Time and the Other: How Anthropology Makes Its Object*. New York: Columbia University Press.

地理解为什么独白观本身是有缺陷的,而且在我看来是非民主的。在很大程度上,他们和我都不满于独白观的失败而转向探讨所有人类知识和理解的对话基础。对话蜕变为独白,需要科学家的自我与作为科学家研究对象的他者的疏离。通过这种方式,科学家掌握着使他们处于特权地位的真理和现实。最初的对话最终变成一方凌驾于另一方的独白,因而依旧助长了一种不民主的关系。

肖特主要聚焦于担保真理的方式。心理科学通过宣称让事实说话,提供了这种担保(warrant),这也是为什么我们应该相信基于事实的科学主张。这一观点看似很有道理,正如我已指出的,它充当着 G. A. 米勒主张的"心理学家应该与大众分享真理的精髓"的基础。

然而,肖特指出,这一观点的失败正在于"如果我们想要我们的观点被他们(them)视为可理解的、合理的以及合法的……那么我们最终也必须以与他们相同的方式评价我们自己的观点"。① 在这种情境下,心理科学在无法使任何担保都能得到评估的条件下寻求这种担保。因此,就这一点来说,心理科学希望完成的是它不可能完成的事业。如同所有的主张,心理科学的主张必须在构成所有组织化的社会群体的对话和交流实践中才能得到复兴。

费边也持有同样的观点:

180

---

① Shotter, J. (1991). Rhetoric and social construction of cognitivism. *Theory and Psychology*, 1, 495–513, p.497.

所有科学，包括最抽象和数学化的学科在内，都是社会事业；只有采用实践者及其所属社会可利用的交流途径和方法，并依据其规则，才能进行科学研究。[①]

然而，这正是科学本身否认的。也就是说，心理学与其他关注人性的科学使用对话建构了一种独立于对话的现实感(sense of a talk-independent reality)。[②]

我们彼此之间的对话并不能表征一种独立于对话的现实。对话使我们建立起一种我们生活在一个共享世界中的感觉，这一共享世界独立于对话所赖以存在的实践活动。科学心理学的对话忽略了这一特征，忽略了"所有世界的图景所产生的情境化的、建构的和修辞学的维度"[③]——尤其是科学本身的图景。

换言之，科学心理学揭示了其修辞学的策略，以一种建构独立于对话活动的现实的方式谈论现实。因此，当心理学声称它优于常识时，只能通过破坏常识的结构以使其主张更能为大众所理解来证明这一主张。心理学赋予一种不能拥有特权但仍在

① Fabian, J. (1983). *Time and the Other: How Anthropology Makes Its Object*. New York: Columbia University Press, p.109.

② 这也是爱德华兹的研究和加芬克尔的民族方法学的核心观点。请参阅Edwards, D.(1991). Categories are for talking: On the cognitive and discursive bases of categorization. *Theory and Psychology*, 1, 515 – 542. Garfinkel, H. (1967). *Studies in Ethnomethodology*. Englewood Cliffs, NJ: Prentice Hall.

③ Edwards, D. (1991). Categories are for talking: On the cognitive and discursive bases of categorization. *Theory and Psychology*, 1, 515 – 542, p.535.

社会上运作的形式以特权地位。这就创造了一种专家知识试图取代"普通人"知识的情境,除了包含在专家自己的主张中的错误信仰,不需要任何基础——几乎不存在让渡其特殊观点的民主的基础。

正如我们在第十章首次提到的,费边的挑战主要集中于他对时间疏离的分析。[①] 时间疏离被作为典型的科学方法应用于人类学研究。尽管他的观点有些复杂,但在本书中,与我的观点一样,围绕以下几点:所有知识都是一种共同建构的、持续的对话过程的结果;通过寻求各种疏离策略,包括时间上的疏离,来否定这一特征,会导致政治上压迫的、非民主的科学。

费边在其研究领域(人类学)中探讨了时间疏离。然而,他的主张可应用于——例如,鲍尔斯将它应用于认知科学——任何有着共同概念基础的社会与行为科学。回顾前文讨论的,费边注重探讨人类生活的科学所偏好的方法论同在否定:同在(coevalness)旨在将共时性(cotemporality)视为个体与社会之间发生真正互动的条件;[②](因此,同在否定就是参与一种)"将人类学的参照固着在一个时间点而不是人类学话语的生产者的当下的、持续而系统的倾向"。[③]

换言之,知识必然是对话地建构的,并依据认知者与被认知者

---

① Fabian, J. (1983). *Time and the Other: How Anthropology Makes Its Object*. New York: Columbia University Press.

② 同上, p.154.

③ 同上, p.31.

（自我与他者）的共时性或同在（cotemporality or coevalness）；反之，独白观否认和压制共时性，创造了"一个另一时间关于另一人的科学"，①与科学家的时间疏离。科学家将他们自己作为与处于不同时间的他者相对应的第三人称，因此不可能承认他们作为第一人称参与第二人称的知识生产。

例如，民族志学者通过与他者对话获得了田野记录，将它们带回家中进入另一时间（空间），在那里，这些笔记被以一种完全否定其创作情境的方式进行转录。费边在其著作中一直热心地提醒我们，同在否定与对他者的隐性（显性）统治之间有着必然的联系。以下两点是相互关联的：第一，由于将他者置于研究者以外的时间，他者被依据田野研究者设定的术语建构出来，仿佛他者拥有的作为观察对象的特质与建构这些特质的对话性、时间性关系毫不相关，而这些特质首先是通过这些特质的对话性、时间性关系形成的。

麦科比在一个完全不同的情境下获得的有趣研究发现与先前有关女性主义的主题相结合，为这一论点提供了证据和理由。②她发现在游戏情境中，两个小女孩搭档比一个小女孩与一个小男孩搭档表现得更具攻击性和自信。在后一种情形下，小女孩试图表现得被动，甚至顺从。是小女孩本身就具有攻击性

---

① Fabian, J. (1983). *Time and the Other: How Anthropology Makes Its Object*. New York: Columbia University Press, p.141.

② Maccoby, E. E. (1990). Gender and relationships: A developmental accounts. *American Psychologist*, *45*, 513-520.

或者被动吗？麦科比指出，如果忽略了互动事件，我们可能会误以为小女孩本身就具有这两方面的特质。换言之，我们忽略了客体，即小女孩是如何在对话情境中，通过对话情境而被建构的，在此则是与另一个小女孩或小男孩的对话，小女孩并不是本质上就拥有任何一种特质。

费边的第二个观点将政治统治与同在否定连接起来，考察科学家与他者之间的时间疏离如何令科学家免受其应用于他者的原则的影响。通过剥离科学家和他者占有的时间，认知者与其揭示的认知对象的特征毫无关系。认知者的特权来源于其外在于认知对象所处的时间流（ther stream of time）。这暗示着，认知者的外在性是其客观性和能力的关键，因而也是认知正在发生的真实情况的关键——而这是认知对象无法认知的事情。

鲍尔斯应用费边的观点对认知科学进行了批判性审视。[①] 在他看来，尽管实验心理学家的研究也许不完全等同于民族志田野研究，但他们也在努力达成同在否定，以实现同样的统治目的。例如，在谈到实验被试到达与研究者约定的场所时，鲍尔斯指出，他们"必须得到许可才可以进来但不能待太长时间。假如他们要待

182

---

① Bowers, J. M. (1991). Time, representation and power/knowledge: Towards a critique of cognitive science as a knowledge-producing practice. *Theory and Psychology*, 1, 543-569.

的话，他们可能会陷入一种混乱的、难以处理的多重表征状态"。[①] 鲍尔斯以此来证明实验情境的时间管理使得研究者将表征限定在他们想要看到的他者的片段。

鲍尔斯继续指出，行为和事件被很好地管理，以便将收集到的信息精心打包并应用于后期的研究。例如，呈现给被试的一系列可能事件的片段，是实验者感兴趣的片段，而不是被试自己的片段。被试被要求参加实验者认为重要的事件，而不是被试认为与他们相关的事件。

除了鲍尔斯提出的观点，我们还应注意到，由于大量实验研究继续采用教授（或他们的助手）作为研究者，大学生作为研究被试，我们处在这样一种原本就充斥着权力差异的情境。或许，这种权力差异比费边阐述的人类学田野研究者更为突出。

最后，我还需说明的是，这些观点与哈丁和科德对优势男性主义科学方法的女性主义批判的观点之间存在重合之处。共同发声的朋友范式，即"建立在他者知识基础之上的所有知识，都来自作为第二人称合作者（second-person partner），而不是第三人称观察者"的观点，具有女性主义批判和女性主义的信息。

在我看来，到目前为止，这种女性主义批判显然是对话性的。它也赞成费边、肖特、爱德华兹以及鲍尔斯提出的观点。如果说这

---

① Bowers, J. M. (1991). Time, representation and power/knowledge: Towards a critique of cognitive science as a knowledge-producing practice. *Theory and Psychology*, *1*, p.561.

些观点之间有什么区别,那么女性主义和我的对话观更强调所有独白观本质上都具有非民主化的特征——对"他者被忽略"的强调。

那么,我们的立场是什么?在我看来,由于独白观将压迫他者的事业和权威建立在这样的观点之上——必须否定其知识形成和理性担保的条件,这些倾向摒弃了那些更好地反映特定群体的自身利益的真理。尽管那些科学专家,他们的研究主题明显不同于他们自己的生活,可他们仍声称拥有专业知识,因而将他们的权威建立在这些担保之上——但是,在这里,我们看看科德和哈丁提出的挑战——对那些自称掌握人性本质的专家来说,这一问题更严重,似乎他们不是其拥有的专业知识的人类团体中的成员,他们以双重的、自我本位的方式管理着专家知识——真正的民主化过程不可能实现。

心理科学的输出端不可能是关于人性的中立描述,它们由有着特定立场和利益的科学家创造,而这些科学家必须使用各种担保形式说服团体成员相信他们也具有相同的成员身份。心理学以一种非反思的、非批判的方式,通过简单报告其研究结果(仿佛它们是非具身的事实),帮助表达和传播主流的自我理解,以维持现有的统治系统与群体优势。数据的呈现,仿佛它们是关于本质的没有历史背景的事实,而不是有着特定历史与政治情境的事实。这些数据来源于并植根于对话。否定对话以声称自身知识的权威是对实际涉入过程的不正确的描绘,服务于非民主和非平等主义

183

的目的。

因此，当我们听到 G. A. 米勒要求心理学家民主化知识的输出端，与"普通人"分享关于"普通人"的知识时，我们可能实际上正在使压迫系统永存：将明显服务于优势群体的知识作为事实呈现。共享这种类型的知识并不能真正实现人性知识的民主化。

如果我的观点的第一个方面是独白取向本质上是非民主化的，而且让"普通人"分享心理科学的研究成果只能强化非民主化的特征，那么我的观点的第二个方面是对话观本质上是民主的。对话主义认为，真正民主化必须考虑知识的输入端，而不只是输出端，而且这些必须被对话地理解——由认知者与认知对象、科学家与"普通人"联合创造的。除了我在第十章作的批判，我将继续强调对话主义的这些主张。鉴于独白观本质上就是非民主的，至少对话主义为真正民主化提供了希望——尽管往往难以实现，却从来不失其可能性。

民族心理学

民族心理学（ethnopsychology）是人类学中新近出现的一种观点。当其与心理学中强调"日常认知"（everyday cognition）的观点相结合时，民族心理学便将我们导向知识输入端的民主化（democratization of inputs）。我认为，对探讨人性的科学来说，输入端的民主化是真正民主化的根本。卢兹将民族心理学界定为

184

"关注人们概念化、监控和探讨他们自身的以及他人的心理过程、行为与关系的方式"的科学。[1] 与其他民族心理学的倡导者一样，卢兹认为唯有使用人们自己的概念，我们才能最小化民族中心的和非民主化的偏见，否则就会滑进我们的陷阱。民族心理学观点与传统的跨文化研究形成鲜明对比。

---

[1] 在人类学和日常认知研究中有许多贡献者。人类学领域请参阅 Clifford, J. (1988). *The Predicament of Culture: Twentieth-Century Ethnography, Literature, and Art.* Cambridge, MA: Harvard University Press. Clifford, J. & Marcus, G. E. (1986). *Writing Culture: The Poetics and Politics of Ethnography.* Berkeley: University of California Press. Geertz, C. (1973). *The Interpretation of Cultures.* New York: Basic Books. Heelas, P. & Lock, A. (eds.)(1981). *Indigenous Psychologies: The Anthropology of the Self.* London: Academic Press. Marcus, G. E. & Fischer, M. J. (1986). *Anthropology as Cultural Critique: An Experimental Moment in the Human Sciences.* Chicago: University of Chicago Press. Rosaldo, R. (1989). *Culture and Truth: The Remaking of Social Analysis.* Boston, MA: Beacon Press. Shweder, R. A. & LeVine, R. A. (eds.)(1984). *Culture Theory: Essays on Mind, Self and Emotion.* Cambridge: Cambridge University Press. Stigler, J. W., Shweder, R. A., & Herdt, G. (eds.)(1990). *Cultural Psychology: Essays on Comparative Human Development.* Cambridge: University Press. White, G. M. & Kirkpatrick, J. (eds.)(1985). *Person, Self and Experience: Exploring Pacific Ethnopsychologies.* Berkeley: University of California Press. 日常认知研究领域请参阅 Gergen, K. J. & Semin, G. R. (1990). Everyday understanding in science and daily life. In G. R. Semin & K. J. Gerger (eds.), *Everyday Understanding: Social and Scientific Implications.* London: Sage. Lave, J. (1988). *Cognition in Practice: Mind, Mathematics and Culture in Everyday Life.* Cambridge: Cambridge University Press. Ochs, E. (1988). *Culture and Language Development: Language Acquisition and Language Socialization in a Samoan Village.* Cambridge: Cambridge University Press. Ochs, E. & Schieffelin, B. B. (1984). Language acquisition and socialization. In R. A. Shweder & R. A. LeVine (eds.), *Culture Theory: Essays on Mind, Self and Emotion.* Cambridge: Cambridge University Press. Rogoff, B. & Lave, J. (eds.) (1984). *Everyday Cognition: Its Development in Social Context.* Cambridge, MA: Harvard University Press. Schieffelin, B. B. (1990). *The Give and Take of Everyday Life: Language Socialization of Kaluli Children.* Cambridge: Cambridge University Press.

例如，典型的跨文化研究者会采用植根于她或他自身文化的概念框架，并试图通过研究其在异文化中的形态来拓展其普适性。在进行跨文化研究时，研究者不允许异文化以它自己的（its own）术语来理解人类经验。因此，与其说在进行一个对话，不如说传统研究者采用的是一种其视角必占优势的独白观。

例如，卢兹对我们与伊法鲁克人对情绪概念的理解进行了比较研究。[①] 她的研究数据使她得出这样的结论：根本没有什么生物学事件会在两种文化中存在不同的表现或表达。但是，她也指出，两种文化对情绪的理解明显不同。因此，为便于比较，她列出数个西方或欧美的情绪观，包括：（1）将情绪与思维分离的倾向；（2）将情绪看作非理性和失控的倾向；（3）认为情绪性表达会使我们处于劣势并使我们易受他人影响的倾向；（4）将情绪视为本性而不是文化的一部分的倾向；（5）将情绪视为更女性化的倾向。并不是每一种情绪的理解都使伊法鲁克人区别于我们，但上述每一方面存在的显著差异表明，采用民族心理学取向而不是传统的跨文化取向将有利于产生对异文化的更好的理解。

尽管有研究者对卢兹的观点提出了挑战，但是她的观点也得

---

① Lutz，C.（1988）. *Unnatural Emotions: Everyday Sentiments on a Micronesian Atoll and Their Challenge to Western Theory*. Chicago：University of Chicago Press.

到一些研究者的支持。① 然而,她的论点是,在假设我们的术语与对情绪的理解因基于"本性"(nature)或"生物学"(biology)而具有普适性之前,我们最好与他者进行对话,以发现共同点和分歧点,否则,我们只是纳入他者,进而在不承认我们已经这样做的情形下获取优势地位。

我们已在巴赫金的研究以及女性主义分析中看到同样的思维方式。当巴赫金认为我们对人的理解不同于古希腊人的观点时,他要求我们与他们进行对话,以便理解他们的所想和我们的所想。女性主义分析也采取了同样的思路——不过,这一研究表明,男性对女性的界定和现实的建构如此根深蒂固,以至于不可能发生真正的对话。然而,如果植根于性别体系的不平等被解构,那么随之而来的对话必然会对男性和女性都具有启发意义。

要考察一个文化自身的理解系统,需要我们以它的而不是我们的术语来理解这种文化。这就需要对话取向而不是独白取向。

---

185

① 所罗门(R. Solomon)对卢兹的观点提出了一个特别强有力的例证,认为"情绪是一个概念、信仰、态度和愿望系统,所有这些都是情境的、历史的和文化的(也不排除有些情绪适用所有文化的可能性)"(p.249);而且,"构成所有情绪的概念与团体和概念系统均紧密相连"(p.251)。埃弗里尔(J. R. Averill,)和哈雷编著的文集均支持卢兹的观点。但是,拉塞尔(J. A. Russell)并不支持卢兹的观点,认为尽管"来自不同文化和不同语言的人们的情绪分类方式有所不同,但也存在很大的相似性"(p.444),这使他质疑卢兹的主张。请参阅 Solomon, R. C. (1984). Getting angry: The jamesian theory of emotion in anthropology. In R. A. Shweder & R. A. LeVine (eds.), *Culture Theory: Essays on Mind, Self and Emotion*. Cambridge: Cambridge University Press. Averill, J. R. (1983). Studies on anger and aggression: Implications for theories of emotion. *American Psychologist*, 38, 1145 - 1160. Harré, R. (ed.)(1986). *The Social Construction of Emotions*. Oxford: Basil Blackwell. Russell, J. A. (1991). Culture and the categorization of emotions. *Psychological Review*, 110, 426 - 450.

我们必须与异文化进行对话。我们的概念框架与它们的概念框架在对话中进行碰撞。在碰撞中，很可能出现一种新的关于它们和我们的理解。至少，对话可以减少将我们的观点强加于它们，或将它们的观点纳入我们的观点的可能性。

请注意，这一结果是多么不同于传统的独白取向。对话主义承认双方是在对话中或通过对话而创造，因而最小化了一种观点占优势的可能性。相反，独白观旨在避免产生这种类型的知识。从事研究的第三人称观察者希望通过他们与他者的疏离更好地观察他者展露的现实。这里不涉及愿望，也没有成为参与者的义务，更不需要对自我与他者的相互决定的认知。然而，正如我们已经看到的，这些失败创造了冷漠专家的幻象：只谈论他们从远处观察的所得，却看不清他们自己在建构自己研究中的共谋。

日常认知

一群心理学家考察拉韦所指的"普通人"的日常认知，尽管他们并没有探讨人类学关注的外来文化，却得出与那些人类学同行非常相似的观点和结论。[1] 例如，拉韦考察了人们如何在超市购

---

① 在人类学和日常认知研究中有许多贡献者。人类学领域请参阅 Clifford, J. (1988). *The Predicament of Culture: Twentieth-Century Ethnography*, *Literature*, *and Art*. Cambridge, MA: Harvard University Press. Clifford, J. & Marcus, G. E. (1986). *Writing Culture: The Poetics and Politics of Ethnography*. Berkeley: University of California Press. Geertz, C. (1973). *The Interpretation of Cultures*. New York: Basic Books. Heelas, P. & Lock, A. (eds.)(1981). *Indigenous Psychologies: The Anthropology of the Self*. London: Academic Press. Marcus, G. E. & （转下页）

物,在减肥计划中进行日常的计算。她将这些情境与实验室情境的问题解决方式进行比较。结果表明,发生于不同情境的认知活动之间存在显著差异,由此她提出情境独特的"认知的社会人类学"(social anthropology of cognition),①认为情境文化在塑造问题解决过程的本质中发挥了核心作用。在第九章,我曾提到心理过程的集体主义和生态学的理论的提倡者——例如,切奇和布朗芬布伦纳——提出过同样的观点,也提供了类似的数据。

拉韦向我们描述了一个杂货店顾客如何在一袋售价为 2.16　186

（接上页）Fischer, M. J. (1986). *Anthropology as Cultural Critique: An Experimental Moment in the Human Sciences*. Chicago: University of Chicago Press. Rosaldo, R. (1989). *Culture and Truth: The Remaking of Social Analysis*. Boston, MA: Beacon Press. Shweder, R. A. & LeVine, R. A. (eds.)(1984). *Culture Theory: Essays on Mind, Self and Emotion*. Cambridge: Cambridge University Press. Stigler, J. W., Shweder, R. A., & Herdt, G. (eds.) (1990). *Cultural Psychology: Essays on Comparative Human Development*. Cambridge: University Press. White, G. M. & Kirkpatrick, J. (eds.) (1985). *Person, Self and Experience: Exploring Pacific Ethnopsychologies*. Berkeley: University of California Press. 日常认知研究领域请参阅 Gergen, K. J. & Semin, G. R. (1990). Everyday understanding in science and daily life. In G. R. Semin & K. J. Gerger (eds.), *Everyday Understanding: Social and Scientific Implications*. London: Sage. Lave, J. (1988). *Cognition in Practice: Mind, Mathematics and Culture in Everyday Life*. Cambridge: Cambridge University Press. Ochs, E. (1988). *Culture and Language Development: Language Acquisition and Language Socialization in a Samoan Village*. Cambridge: Cambridge University Press. Ochs, E. & Schieffelin, B. B. (1984). Language acquisition and socialization. In R. A. Shweder & R. A. LeVine (eds.), *Culture Theory: Essays on Mind, Self and Emotion*. Cambridge: Cambridge University Press. Rogoff, B. & Lave, J. (eds.) (1984). *Everyday Cognition: Its Development in Social Context*. Cambridge, MA: Harvard University Press. Schieffelin, B. B. (1990). *The Give and Take of Everyday Life: Language Socialization of Kaluli Children*. Cambridge: Cambridge University Press.

① Lave, J. (1988). *Cognition in Practice: Mind, Mathematics and Culture in Everyday Life*. Cambridge: Cambridge University Press, p.1.

美元的 5 千克糖和一袋售价为 4.20 美元的 10 千克糖这两种产品之间进行选择。拉韦认为，这种选择并不只是简单地依据数学规则，而是会考虑到涉及食物管理的一些问题，如一个人可能使用多少糖，有多少空间可用来储存，对即将推出的菜单的评估，下次采购计划在什么时候，等等。对购物者来说，在作决定时考察这些因素是否很愚蠢呢？或者，正如拉韦主张的，日常生活的问题解决是否遵循不同于实验室研究发现的实践规则？我们对认知过程的理解更基于哪一方面呢？

如果一个团体的社会生活、观念与实践传统，提供了组织人类经验和达成自我理解的规则；如果那些传统出现在一定历史情境和特定空间中，以一种方式而不是另一种方式建构我们的经验；如果这些传统没有独立于传统提出者的现实根基，我们必然会被迫进入一种与我们的"被试"（subjects）合作的、对话的关系，以便探讨它们如何在"被试"的世界中运作。在此，我们必然要民主化我们的科学的输入端。下一步就是——分享我们的结论，即我们研究的输出端——届时，我们将能真正实现 G. A. 米勒和其他学者希望的成为心理学与其他人文科学传统的真正的民主过程。

我已经指出，对话主义本质上是民主的。它承认我们关于人类经验和行为的知识是由自我与他者、认知者与被认知者共同创造的。与独白主义将世界区分为认知的专家和只供专家研究的对象不同，对话主义不偏向任何一方。既不是专家的观点也不是日常的常识观占据着优势地位。这意味着，专家关于情境的观点是重要的考量,但绝不是唯一的或正确的观点。这也意味着,行为者的观点和文化成员,同样是需要考量的,但本质上也既不占优势地位,也不是正确的。

我们需要的是,在这些可能进入我们的考虑范围的不同观点之中与之间的对话碰撞。当然,这正是克利福德想要的,[1]他建议我们进入一种与我们的"被试"合作的关系,并与他们一起,成为他们生活故事的共同创造者。当然,这也是格尔茨的观点,[2]他认为我们应该成为擅长与我们的"被试"进行对话的专家田野工作者。当然,这也同样是伊利格瑞的愿望,她希望将女性的独特性加入与男性的平等对话之中。当然,这也是麦金农的愿望,希望我们抛弃性别中立的伪装,以便我们不仅能揭示它的观点,而且能为生活于社会世界中的人们之间平等又有区别的真正的对话大开方便之门。

如果我们偏向任何一方,我们就没有抓住要领。在现今的社会,主流趋势一直是偏向优势的一方,因而经常在专家之中创造出一种独白观,而不是与我们的被试的对话。对这一流行观点的许多批判也是存在缺陷的,因为它们要求我们放弃我们自己所有的观点,从而完全进入他者的世界,但其结果是我们从来不可能实施

---

① Clifford, J. & Marcus, G. E. (1986). *Writing Culture: The Poetics and Politics of Ethnography*. Berkeley: University of California Press.

② Geertz, C. (1979). From the native's point of view: On the nature of anthropological understanding. In P. Rabinow & W. M. Sullivan (eds.), *Interpretive Social Science*. Berkeley: University of California Press.

真正的对话。

　　然而，要使每一方都能获益于与他者交流的真正的对话，需要一种民主、平等的情境。这不仅仅是说民主来自对话，在一个没有真正民主和平等的社会里，对话本身也是不可能的。我们已经熟知，尤其是在以民主自居的文化中，对话已经变味。

　　一个真正民主的社会是专家与非专家共同贡献于理解（understandings）的社会——在此指关于人性的理解——当然，我们的探索告诉我们，人性并不是本质的存在，而是植根于对话和交流。我们了解到，有多少可能性存在，就必须对这种多样性保持多么开放的态度；强迫他者噤声，损失的将是我们——在对话中，通过对话与他者性交流，并了解我们自己的他者性。

Adorno, T. W. (1973). *Negative Dialectic*. New York: Seabury Press.

Arbib, M. A. & Hesse, M. B. (1986). *The Construction of Reality*. Cambridge: Cambridge University Press.

Aronson, E. (1988). *The Social Animal*. New York: W. H. Freeman & Co.

Averill, J. R. (1983). Studies on anger and aggression: Implications for theories of emotion. *American Psychologist*, *38*, 1145 – 1160.

Bakhtin, M. M. (1981). *The Dialogic Imagination*. Austin: University of Texas Press.

Bakhtin, M. M. (1986). *Speech Genres and other Late Essays*. Austin: University of Texas Press.

Baron, R. A. & Byrne, D. (1987). *Social Psychology: Understanding Human Interaction*. Boston, MA: Allyn and Bacon.

Bartlett, F. C. (1932). *Remembering: A Study in Experimental Psychology*. London: Cambridge University Press.

Bateson, G. (1972). *Steps to an Ecology of Mind*. New York: Ballantine.

Bellah, R. N., Madsen, R., Sullivan, W. M., Swidler, A., & Tipton, S. W. (1985). *Habits of the Heart: Individualism and Commitment in American Life*. Berkeley: University of California Press.

Berger, P. L. &. Luckman, T. (1966). *The Social Construction of Reality: A Treatise in the Sociology of Knowledge*. Garden City, NY: Dourbleday.

Berman, M. (1981) *The Reenchantment of the World*. Ithaca, NY: Cornell University Press.

Bernstein, B. (1971). *Class, Codes, and Control, I: Theoretical Studies towards a Sociology of Language*. London: Routledge and Kegan Paul.

Bernstein, B. (1973). *Class, Codes, and Control, II: Applied Studies towards a Sociology of Language*. London: Routledge and Kegan Paul.

Bernstein, B. (1983). *Beyond Objectivism and Relativism: Science, Hermeneutics and Praxis*. Philadelphia: University of Pennsylvania Press.

Billig, M. (1982). *Ideology and Social Psychology*. Oxford: Basil Blackwell.

Billig, M. (1987). *Arguing and Thinking: A Rhetorical Approach to Social Psychology*. Cambridge: Cambridge University Press.

Billig, M. (1990a). Collective memory, ideology and the British Royal Family. In D. Middleton &. D. Edwards (eds.), *Collective Remembering*. London: Sage.

Billig, M. (1990b). Rhetoric of social psychology. In I. Park &. J. Shotter (eds.), *Deconstructing Social Psychology*. London: Routledge.

Billig, M., Condor, S., Edwards, D., Gane, M., Middleton, D., &. Radley, A. R. (1988). *Ideological Dilemmas*. London: Sage.

Blake, W. (1946/1968). London. In A. Kazin (ed.), *The Portable Blake*. New York: Penguin.

Blom, J. P. &. Gumperz, J. J. (1972). Some social determinants of verbal behavior. In J. J. Gumperz &. D. Hymes (eds.), *Directions in Sociolinguistics*. New York: Holt, Rinehart &. Winston.

Bloor, D. (1983).*Wittgenstein: A Social Theory of Knowledge*.

New York: Columbia University Press.

Bookchin, M. (1982). *The Ecology of Freedom: The Emergence and Dissolution of Hierarchy*. Palo Alto, CA: Cheshire Books.

Bourdieu, P. (1977). *Outline of a Theory of Practice*. Cambridge: Cambridge University Press.

Bourdieu, P. (1990). *In Other Words: Essays towards a Reflexive Sociology*. Stanford, CA: Stanford University Press.

Bourhis, R. Y. & Giles, H. (1977). The languages of intergroup distinctiveness. In H. Hiles (ed.), *Language, Ethnicity and Intergroup Relations*. London: Academic Press.

Bourque, L. B. & Back, K. W. (1971). Language, society and subjective experience. *Sociometry*, *34*, 1–21.

Bowers, J. M. (1991). Time, representation and power/knowledge: Towards a critique of cognitive science as a knowledge-producing practice. *Theory and Psychology*, *1*, 543–569.

Braidotti, R. (1991). *Patterns of Dissonance: A Study of Women in Contemporary Philosophy*. New York: Routledge.

Brehm, J. W. (1966). *A Theory of Psychological Reactance*. New York: Academic Press.

Brehm, S. S. & Brehm, J. W. (1981). *Psychological Reactance: A Theory of Freedom and Control*. New York: Academic Press.

Broverman, I. K., Vogel, S. R., Broverman, D. M., Clarkson, F. E., & Rosenkrantz, P. S. (1972). Sex role stereotypes: A current appraisal. *Journal of Social Issues*, *28*, 59–78.

Brownmiller, S. (1975). *Against Our Will: Men, Women and Rape*. New York: Simon & Schuster.

Bruner, J. (1986). *Actual Minds, Possible Worlds*. Cambridge, MA: Harvard University Press.

Bruner, J. (1987). Life as narrative. *Social Research*, *54*, 11–32.

Bruner, J. (1990). *Acts of Meaning*. Cambridge, MA: Harvard University Press.

Buck-Morss, S. (1977). *The Origin of Negative Dialectics*. New York: Free Press.

Cahoone, L. E. (1988). *The Delimma of Modernity: Philosophy, Culture, and Anti-Culture*. Albany: State University of New York Press.

Caplan, P. (ed.) (1987). *The Cultural Construction of Sexuality*. London: Routledge.

Carrithers, M. (1985). An alternative social history of the self. In M. Carrithers, S. Collins, & S. Lukes (eds.), *The Category of the Person: Anthropology, Philosophy, History*. Cambridge: Cambridge University Press.

Carrithers, M., Collins, S., & Lukes, S. (eds.) (1985). *The Category of the Person: Anthropology, Philosophy, History*. Cambridge: Cambridge University Press.

Ceci, S. J. & Bronferbrenner, U. (1991). On the demise of everyday memory: "The rumors of my death are much exaggerated": (Mark Twain). *American Psychologist, 46*, 27 – 31.

Chesler, P. (1978). *About Men*. London: Women's Press.

Chodorow, N. (1978). *The Reproduction of Mothering: Psychoanalysis and the Sociology of Gender*. Berkeley: University of California Press.

Chomsky, N. (1957). *Syntactic Structures*. The Hague: Mouton.

Cicourel, A. V. (1974). *Cognitive Sociology: Language and Meaning in Social Interaction*. New York: Free Press.

Cixous, H. & Clément, C. (1975/1986). *The Newly Born Woman*. Minneapolis: University of Minnesota Press.

Clark, K. & Holquist, M. (1984). *Mikhail Bakhtin*. Cambridge, MA: Harvard University Press.

Clifford, J. (1988). *The Predicament of Culture: Twentieth-Century Ethnography, Literature, and Art*. Cambridge, MA: Harvard University Press.

Clifford, J. & Marcus, G. E. (1986). *Writing Culture: The Poetics and Politics of Ethnography*. Berkeley: University of California Press.

Code, L. (1991). *What Can She Know? Feminist Theory and the Construction of Knowledge*. Ithaca, NY: Cornell University Press.

Colby, A. & Damon, W. (1983). Listening to a different voice: A review of Gilligan's In a Different Voice. *Merrill-Palmer Quarterly*, *29*, 473 – 481.

Cole, M. (1988). Cross-cultural research in the socio-historical tradition. *Human Development*, *31*, 137 – 157.

Cole, M., Gay, J., Glick, J. A., & Sharp, D. W. (1971). *The Cultural Context of Learning and Thinking*. New York: Basic Books.

Cole, M. & Means, B. (1981). *Comparative Studies of How People Think: An Introduction*. Cambridge, MA: Harvard University Press.

Connell, R. W. (1987). *Gender and Power: Society, the Person and Sexual Politics*. Stanford, CA: Stanford University Press.

Coote, R. B. & Coote, M. P. (1990). *Power, Politics and the Making of the Bible*. Minneapolis, MN: Fortress Press.

Cushman, P. (1991). Ideology obscured: Politics uses of the self in Daniel Stern's infant. *American Psychologist*, *46*, 206 – 219.

de Beruvoir, S. (1949/1989). *The Second Sex*. New York: Vintage.

de Lauretis, T. (1987). *Technologies of Gender: Essays on Theory, Film, and the Fiction*. Bloomington: Indiana University Press.

Derrida, J. (1974). *Of Grammatology*. Baltimore, MD: John Hopkins University Press.

Derrida, J. (1978). *Writing and Difference*. Chicago: University of Chicago Press.

Derrida, J. (1981). *Dissemination*. Chicago: University of Chicago Press.

Devall, B. & Sessions, G. (1985). *Deep Ecology*. Layton, UT: Peregrine Smith.

Dominguez, V. R. (1989). *People as Subject, People as Object:*

Selfhood and Peoplehood in Contemporary. Madison: University of Wisconsin Press.

Dreyfus, H. L. & Dreyfus, S. E. (1987). From Socrates to expert systems: The limits of calculative rationality. In P. Rabinow & W. M. Sullivan (eds.), *Interpretive Social Science: A Second Look*. Berkeley: University of California Press.

Dumont, L. (1985). A modified view of our origins: The Christian beginnings of modern individualism. In M. Carrithers, S. Collins, & S. Lukes (eds.), *The Category of the Person: Anthropology, Philosophy, History*. Cambridge: Cambridge University Press.

Dunn, J. (1984). Early social interaction and the development of emotional understanding. In H. Taifel (ed.), *The Social Dimension: European Developments in Social Psychology*, Vol. 1. Cambridge: Cambridge University Press.

Dworkin, A. (1981). *Pornography: Men Possessing Women*. London: Women's Press.

Eagly, A. H. & Kite, M. (1987). Are stereotypes of nationalities applied to both women and men? *Journal of Personality and Social Psychology*, *53*, 451–462.

Edwards, D.(1991). Categories are for talking: On the cognitive and discursive bases of categorization. *Theory and Psychology*, *1*, 515–542.

Eisenstein, Z. R. (1988). *The Female Body and the Law*. Berkeley: University of California Press.

Ellison, R. (1952). *Invisible Man*. New York: Random House.

Erikson, E. H. (1959). *Identity and the Life Cycle*. New York: International Universities Press.

Errington, F. & Gewertz, D. (1987). *Cultural Alternative and a Feminist Anthropology: An Analysis of Culturally Constructed Gender Interests in*. Cambridge: Cambridge University Press.

Ervin-Tripp, S. (1969). Sociolinguistics. In L. Berkowitz (ed.), *Advances in Experimental Social Psychology*, Vol. 4. New York:

Academic Press.

Estes, W. K. (1981). What is cognitive science? *Psychological Science*, *2*, 282.

Fabian, J. (1983). *Time and the Other: How Anthropology Makes Its Object*. New York: Columbia University Press.

Fajans, J. (1985). The person in social context: The social character of Baining "Psychology". In G. M. White & J. Kirkpatrick (eds.), *Person, Self and Experience*. Berkeley: University of California Press.

Faludi, S. (1991). *Backlash: The Undeclared War against American Women*. New York: Crown.

Findlay, J. N. (1958). *Hegel: A Re-Examination*. New York: Oxford University Press.

Fiorenza, E. S. (1989). *In Memory of Her: A Feminist Theological Reconstruction of Christian Origins*. New York: Crossroad.

Firestone, S. (1971). *The Dialectic of Sex*. London: Paladin.

Flax, J. (1990). *Thinking Fragment: Psychoanalysis, Feminism, and Postmodernism in the Contemporary West*. Berkeley: University of California Press.

Foucault, M. (1979). *Discipline and Punish: The Birth of the Prison*. New York: Random House.

Foucault, M. (1980). *The History of Sexuality. Vol. I: An Introduction*. New York: Random House.

Freud, S. (1920/1959). *Beyond the Pleasure Principle*. New York: Bantam.

Freud, S. (1921/1960). *Group Psychology and the Analysis of the Ego*. New York: Bantam.

Freud, S. (1939). *Moses and Monotheism*. New York: Bantam.

Friedan, B. (1963). *The Feminine Mystique*. New York: Bantam.

Funder, D. C. (1987). Errors and mistakes: Evaluating the accuracy of social judgment. *Psychological Bulletin*, *101*, 75–90.

Gardner, H. (1985). *The Mind's New Science: A History of the*

Cognitive Revolution. New York: Basic Books.

Garfinkel, H. (1967). *Studies in Ethnomethodology.* Englewood Cliffs, NJ: Prentice Hall.

Gatens, M. (1991). *Feminism and Philosophy: Perspectives on Difference and Equality.* Cambridge: Polity Press.

Geertz, C. (1973). *The Interpretation of Cultures.* New York: Basic Books.

Geertz, C. (1979). From the native's point of view: On the nature of anthropological understanding. In P. Rabinow & W. M. Sullivan (eds.), *Interpretive Social Science.* Berkeley: University of California Press.

Gergen, K. J. (1987). The language of psychological understanding. In H. J. Stam, T. B. Rogers, & K. J. Gergen (eds.), *The Analysis of Psychological Theory: Metapsychological Perspectives.* New York: Hemisphere.

Gergen, K. J. (1989). Warranting voice and the elaboration of the self. In J. Shotter & K. J. Gergen (eds.), *Texts of Identity.* London: Sage.

Gergen, K. J. (1991). *The Saturated Self: Dilemmas of Identity in Contemporary Life.* New York: Basic Books.

Gergen, K. J. & Gergen, M. M. (1988). Narrative and the self as relationship. In L. Berkowitz (ed.), *Advances in Experimental Social Psychology,* Vol. 21. San Diego, CA: Academic Press.

Gergen, K. J. & Semin, G. R. (1990). Everyday understanding in science and daily life. In G. R. Semin & K. J. Gergen (eds.), *Everyday Understanding: Social and Scientific Implications.* London: Sage;

Gilbert, G. N. & Mulkay, M. J. (1984). *Opening Pandora's Box: A Sociological Analysis of Scientists' Discourse.* Cambridge: Cambridge University Press.

Giles, H. & Coupland, N. (1991). *Language: Context and Consequences.* Pacific Grove, CA: Brooks/Cole.

Gilligan, C. (1982). *In a Different Voice: Psychological Theory and*

Women's Development. Cambridge, MA: Harvard University Press.

Goffman, E. (1959). *The Presentation of Self in Everyday Life*. New York: Doubleday/Anchor.

Goodnow, J. J. (1990). The socialization of cognition: What is involved? In J. W. Stigler, R. A. Shweder, & G. Herdt (eds.), *Cultural Psychology: Essays on Comparative Human Development*. Cambridge: Cambridge University Press.

Greenberg, J. R. & Mitchell, S. A. (1983). *Object Relations in Psychoanalytic Theory*. Cambridge, MA: Harvard University Press.

Greenwald, A. G. (1980). The totalitarian ego: Fabrication and revision of personal history. *American Psychologist*, *35*, 603 – 618.

Habermas, J. (1984). *The Theory of Communicative Action. Vol. I: Reason and the Rationalization of Society*. Boston, MA: Beacon Press.

Halbwachs, M. (1980). *The Collective Memory*. New York: Harper and Row.

Harding, S. (1986). *The Science Question in Feminism*. Ithaca, NY: Cornell University Press.

Harré, R. (1984). *Personal Being: A Theory for Individual Psychology*. Cambridge, MA: Harvard University Press.

Harré, R. (ed.) (1986). *The Social Construction of Emotions*. Oxford: Basil Blackwell.

Harvey, J. H., Weber, A. L., & Orbuch, T. L. (1990). *Inter-Personal Accounts: A Social Psychological Perspective*. Cambridge, MA: Basil Blackwell.

Heelas, P. & Lock, A. (eds.) (1981). *Indigenous Psychologies: The Anthropology of the Self*. London: Academic Press.

Hegel, G. W. F. (1807/1910). *The Phenomenology of Mind*. London: Allen and Unwin.

Hewstone, M. (1989). *Causal Attribution: From Cognitive Processes to Collective Beliefs*. Oxford: Basil Blackwell.

Hobbes, T. (1651). *Leviathan*. Cambridge: Cambridge University Press.

Hofstede, G. (1980). *Culture's Consequences: International Differences in Work-Related Values*. Beverly Hills,CA: Sage.

Horkehimer, M. & Adorno, T. W. (1944 /1969). *Dialectic of Enlightenment*. New York: Seabury Press.

Howard, G. S. (1991). Cultural tales: A narrative approach to thinking, cross-cultural psychology, and psychotherapy. *American Psychologist*, *46*, 187 – 197.

Irigaray, L. (1974 /1985). *Speculum of the Other Woman*. Ithaca, NY: Cornell University Press.

Irigaray, L. (1977 /1985). *This Sex Which Is Not One*. Ithaca, NY: Cornell University Press.

Jacoby, R. (1975). *Social Amnesia: A Critique of Conformist Psychology from Adler to Laing*. Boston, MA: Beacon Press.

Johnson, M. (1987). *The Body in the Mind: The Bodily Basis of Meaning, Imagination, and Reason*. Chicago: University of Chicago Press.

Jordan, J. V. (1989). Relational development: Therapeutic implications of empathy and shame. *Work in Progress*, No. 39. Wellesley, MA: Stone Center Working Papers Series.

Kagitcibasi, C. (1987). Individual and group loyalties: Are they compatible? In C. Kagitcibasi (ed.), *Growth and Progress in Cross-Cultural Psychology*. Lisse, The Netherlands: Swets & Zeitlinger.

Kelley, H. H. (1973). The progresses of causal attribution. *American Psychologist*, *28*, 107 – 128.

Kessler, S. J. & McKenna, W. (1978). *Gender: An Ethnomethodological Approach*. New York: Wiley.

Kitzinger, C. (1987). *The Social Construction of Lesbianism*. London: Sage.

Kohlberg, L. (1969). Stage and sequence: The cognitive-developmental approach to socialization. In D. A. Goslin (ed.), *Handbook of Socialization Theory and Research*. Chicago: Rand McNally.

Kojima, H. (1984). A significant stride toward the comparative study of control. *American Psychologist*, *39*, 972 – 973.

Kozulin, A. (1990). *Vygotsky's Psychology: A Biography of Ideas*. New York: Harvester Wheatsheaf.

Kurzweil, E. (1980). *The Age of Structuralism: Lévi-Strauss to Foucault*. New York: Columbia University Press.

Labov, W. (1966). *The Social Stratification of English in New York City*. Washington, DC: Center for Applied Linguistics.

Lacan, J. (1973 /1981). *The Four Fundamental Concepts of Psycho-Analysis*. New York: W. W. Norton.

Lakoff, G. (1987). *Women, Fire and Dangerous Things: What Categories Reveal about the Mind*. Chicago: University of Chicago Press.

Lakoff, G. & Johnson, M. (1980). *Metaphors We Live By*. Chicago: University of Chicago Press.

Larrick, B. P., Morgan, J. N., & Nisbett, R. E. (1990). Teaching the use of cost-benefit reasoning in everyday life. *Psychological Science*, *1*, 362 – 370.

Lave, J. (1988). *Cognition in Practice: Mind, Mathematics and Culture in Everyday Life*. Cambridge: Cambridge University Press.

Le Bon, G. (1895 /1960). *The Crowd*. Harmondsworth: Penguin.

Lemaire, A. (1977). *Jacques Lacan*. London: Routledge and Kegan Paul.

Lewin, K. (1947a). Frontiers in group dynamics: Concept, method and reality in social science; social equilibria and social change. *Human Relations*, *1*, 5 – 41.

Lewin, K. (1947b). Frontiers in group dynamics II: Channels of group life; social planning and action research. *Human Relations*, *1*, 143 – 153.

Lindsay, R. K. (1991). Symbol-processing theories and the SOAR architecture. *Psychological Science*, *2*, 294 – 302.

Lopes, L. L. (1991). The rhetoric of irrationality. *Theory and Psychology*, *1*, 65 – 82.

Lukes, S. (1985). Conclusion. In M. Carrithers, S. Collins, & S. Lukes (eds.), *The Category of the Person: Anthropology*, *Philosophy*, *History*. Cambridge: Cambridge University Press.

Lukes, S. (ed.) (1986). *Power*. New York: New York University Press.

Lutz, C. (1985). Ethnopsychology compared to what? Explaining behavior and consciousness among the Ifaluk. In G. M. White & J. Kirkpatrick (eds.), *Persons*, *Self and Experience*. Berkeley: University of California Press.

Lutz, C. (1988). *Unnatural Emotions: Everyday Sentiments on a Micronesian Atoll and Their Challenge to Western Theory*. Chicago: University of Chicago Press.

Lyotard, J. F. (1979 /1984). *The Postmodern Condition: A Report on Knowledge*. Minneapolis: University of Minnesota Press.

Maccoby, E. E. (1990). Gender and relationships: A developmental accounts. *American Psychologist*, *45*, 513 – 520.

MacIntyre, A. (1984). *After Virtue*. Notre Dame, IN: University of Notre Dame Press.

MacIntyre, A. (1988). *Whose Justice? Which Rationality?* Notre Dame, IN: University of Notre Dame Press.

MacKinnon, C. A. (1989). *Toward a Feminist Theory of the State*. Cambridge, MA: Harvard University Press.

Macpherson, C. B. (1962). *The Political Theory of Possessive Individualism*. London: Oxford University Press.

Mahler, M., Pine, F., & Bergman, A. (1975). *The Psychological Birth of the Human Infant: Symbiosis and Individuation*. New York: Basic Books.

Marcus, G. E. & Fischer, M. J. (1986). *Anthropology as Cultural*

Critique: An Experimental Moment in the Human Sciences. Chicago: University of Chicago Press.

Markus, H. & Kunda, Z. (1986). Stability and malleability of the self-concept. *Journal of Personality and Social Psychology*, *51*, 858 – 866.

Markus, H. & Nurius, P. (1986). Possible selves. *American Psychologist*, *41*, 954 – 969.

Martin, R. M. (1968). The stimulus barrier and the autonomy of the ego. *Psychological Review*, *75*, 478 – 493.

Maslow, A. H. (1959). Cognition of being in the peak experience. *Journal of Genetic Psychology*, *94*, 43 – 66.

Maslow, A. H. (1971). *The Farther Reaches of Human Nature*. Harmondsworth: Penguin.

Massaro, D. W. (1991). Psychology as a cognitive science. *Psychological Science*, *2*, 302 – 307.

Mauss, M. (1938/1985). A category of the human mind: The notion of person; the notion of self. In M. Carrithers, S. Collins, & S. Lukes (eds.), *The Category of the Person: Anthropology, Philosophy, History*. Cambridge: Cambridge University Press.

McCarthy, T. (1978). *The Critical Theory of Jürgen Habermas*. Cambridge, MA: MIT Press.

McGrane, B. (1989). *Beyond Anthropology: Society and the Other*. New York: Columbia University Press.

Mead, G. H. (1934). *The Social Psychology of George Herbert Mead*. Chicago: University of Chicago Press.

Mednick, M. T. (1989). On the politics of psychological constructs: Stop the bandwagon, I want to get off. *American Psychologist*, *44*, 1118 – 1123.

Merchant, C. (1980). *The Death of Nature: Women, Ecology and the Scientific Revolution*. San Francisco: Harper and Row.

Middleton, D. & Edwards, D. (eds.) (1990a). *Collective*

Remembering. London: Sage.

Middleton, D. & Edwards, D. (1990b). Conversational remembering: A social psychological approach. In D. Middleton & D. Edwards (eds.), *Collective Remembering*. London: Sage.

Miles, M. R. (1989). *Carnal Knowing: Female Nakedness and Religious Meaning in the Christian West*. New York: Vintage.

Miller, D. T., Taylor, B., & Buck, M. L. (1991). Gender gaps: Who needs to be explained? *Journal of Personality and Social Psychology*, *61*, 5 – 12.

Miller, G. A. (1969). Psychology as a means of promoting human welfare. *American Psychologist*, *24*, 1063 – 1075.

Miller, J. B. (1984). The development of women's sense of self. *Work in Progress*, No.12. Wellesley, MA: Stone Center Working Paper Series.

Miller, J. B. (1987). *Toward a New Psychology of Women*. Boston, MA: Beacon Press.

Miller, J. G. (1984). Culture and the development of everyday social explanation. *Journal of Personality and Social Psychology*, *46*, 961 – 978.

Millett, K. (1972). *Sexual Politics*. London: Abaxcus.

Money, J. (1987). Sin, sickness or status? Homosexual gender identity and psychoneuroendocrinology. *American Psychologist*, *42*, 384 – 399.

Monk, R. (1990). *Ludwig Wittgenstein: The Duty of Genius*. New York: Free Press.

Morawski, J. G. & Steele, R. S. (1991). The one or the other? Textual analysis of masculine power and feminist empowerment. *Theory and Psychology*, *1*, 107 – 131

Morris, C. (1972). *The Discovery of the Individual 1050 – 1200*. London: Camelot Press.

Morrison, T. (1992). *Playing in the Dark: Whiteness and the*

Literary Imagination. Cambridge, MA: Harvard University Press.

Morson, G. S. & Emerson, C. (1990). *Mikhail Bakhtin: Creation of a Prosaics.* Stanford, CA: Stanford University Press.

Moscovici, S. (1976). *La Psychanalyse, Son Image et Son Public.* Paris: Presses Universitaires de France.

Moscovici, S. (1981). On social representations. In J. Forgas (ed.), *Social Cognition: Perspectives on Everyday Understanding.* London: Academic Press.

Moscovici, S. (1984). The phenomenon of social representations. In R. Farr & S. Moscovici (eds.), *Social Representations.* Cambridge: Cambridge University Press.

Moscovici, S. (1985). Social influence and conformity. In G. Lindzey & E. Aronson (eds.), *Handbook of Social Psychology,* 3rd edn. New York: Random House.

Mulkay, M. J. (1979). *Science and the Sociology of Knowledge.* London: Allen and Unwin.

Noddings, N. (1984). *Caring: A Feminine Approach to Ethics and Moral Education.* Berkeley: University of California Press.

O'Brien, M. (1980). *The Politics of Reproduction.* London: Routledge and Kegan Paul.

Ochs, E. (1988). *Culture and Language Development: Language Acquisition and Language Socialization in a Samoan Village.* Cambridge: Cambridge University Press.

Ochs, E. & Schieffelin, B. B. (1984). Language acquisition and socialization. In R. A. Shweder & R. A. LeVine (eds.), *Culture Theory: Essays on Mind, Self and Emotion.* Cambridge: Cambridge University Press.

Ortiz, A. (1991). Through Tewa eyes: Origins. *National Geographic, 180,* 6 – 13.

Osherson, D. N., Kosslyn, S. M., & Hollerback, J. M. (eds.) (1990). *An Invitation to Cognitive Science. Vol.2: Visual Cognition and*

Action. Cambridge, MA: MIT Press.

Osherson, D. N. & Lasnik, H. (eds.)(1990). *An Invitation to Cognitive Science. Vol.1:Language.* Cambridge, MA: MIT Press.

Osherson, D. N. & Smith, E. E. (eds.)(1990). *An Invitation to Cognitive Science. Vol.3:Thinking.* Cambridge, MA: MIT Press.

Pagels, E. (1981). *The Gnostic Gospels.* New York: Vintage.

Peris, F., Hefferline, R. F., & Goodman, P. (1951). *Gestalt Therapy: Excitement and Growth in the Human Personality.* New York: Dell.

Perret-Clermont, A.-N., Perret, J.-F., & Bell, N. (1991). The social construction of meaning and cognitive activity in elementary school children. In I. B. Resnick, J. M. Levine, & S. D. Teasley (eds.), *Perspectives on Socially Shared Cognition.* Washington, DC: American Psychological Association.

Piaget, J. (1929). *The Child Conception of the World.* London: Routledge and Kegan Paul.

Potter, J., Stringer, P., & Wetherell, M. (1984). *Social Texts and Contexts: Literature and Psychology.* London: Routledge and Kegan Paul.

Potter, J. & Wetherell, M. (1987). *Discourse and Social Psychology: Beyond Attitudes and Behavior.* London: Sage.

Putnam, H. (1990). *Realism with a Human Face.* Cambridge, MA: Harvard University Press.

Rawls, J. (1971). *A Theory of Justice.* Cambridge, MA: Harvard University Press.

Resnick, L. B. (1991). Shared cognition: Thinking as social practice. In L. B. Resnick, J. M. Levine, & S. D. Teasley (eds.), *Perspectives on Socially Shared Cognition.* Washington, DC: American Psychological Association.

Resnick, L. B., Levine, J. M., & Teasley, S. D. (eds.) (1991). *Perspectives on Socially Shared Cognition.* Washington, DC: American

Psychological Association.

Riley, D. (1988). *"Am I that Name?" Feminism and the Category of "Women" in History*. Minneapolis: University of Minnesota Press.

Rogoff, B. & Lave, J. (eds.) (1984). *Everyday Cognition: Its Development in Social Context*. Cambridge, MA: Harvard University Press.

Rorty, R. (1979). *Philosophy and the Mirror of Nature*. Princeton, NJ: Princeton University Press.

Rorty, R. (1989). *Contingency, Irony and Solidarity*. Cambridge: Cambridge University Press.

Rosaldo, R. (1989). *Culture and Truth: The Remaking of Social Analysis*. Boston, MA: Beacon Press.

Ross, L. (1977). The intuitive psychologist and his "shortcomings": Distortions in the attribution process. In L. Berkowitz (ed.), *Advances in Experimental Social Psychology*, Vol. 10. New York: Academic Press.

Rubin, J. (1962). Bilingualism in Paraguay. *Anthropolitical Linguistics*, 4, 52–58.

Russell, J. A. (1991). Culture and the categorization of emotions. *Psychological Review*, 110, 426–450.

Sahlins, M. (1976). *Culture and Practical Reason*. Chicago: University of Chicago Press.

Said, E.(1979). *Orientalism*. New York: Random House.

Sampson, E. E. (1977). Psychology and the American ideal. *Journal of Personality and Social Psychology*, 35, 767–782.

Sampson, E. E. (1983). *Justice and the Critique of Pure Psychology*. New York: Plenum.

Sampson, E. E. (1985). The decentralization of identity: Toward a revised concept of personal and social order. *American Psychologist*, 40, 1203–1211.

Sampson, E. E. (1988). The debate on individualism: Indigenous psychologies of the individual and their role in personal and societal functioning. *American Psychologist*, *43*, 15 – 22.

Sampson, E. E. (1989). The challenge of social change for psychology: Globalization and psychology's theory of the person. *American Psychologist, 44*, 914 – 921.

Sampson, E. E. (1991). The challenge of social change for psychology. *Theory and Psychology*, *1*, 275 – 298.

Sandel, M. J. (1982). *Liberalism and the Limit of Justice*. Cambridge: Cambridge University Press.

Sarbin, T. R. (1986). *Narrative Psychology: The Storied Nature of Human Conduct*. New York: Praeger.

Schank, R. C. & Abelson, R. P. (1977). *Scripts, Plans, Goals and Understanding*. Hillsdale, NJ: Erlbaum.

Schatzman, L. & Strauss, A. (1955). Social class and modes of communication. *American Journal of Sociology*, *60*, 329 – 338.

Schieffelin, B. B. (1990). *The Give and Take of Everyday Life: Language Socialization of Kaluli Children*. Cambridge: Cambridge University Press.

Schudson, M. (1990). Ronald Reagan misremembered. In D. Middleton & D. Edwards (eds.), *Collective Remembering*. London: Sage.

Schwartz, B. (1990). The reconstruction of Abraham Lincoln. In D. Middleton & D. Edwards (eds.), *Collective Remembering*. London: Sage.

Scott, J. W. (1988). *Gender and the Politics of History*. New York: Columbia University Press.

Sedgwick, F. K. (1985). *Between Men: English Literature and Male Homosexual Desire*. New York: Columbia University Press.

Sedgwick, F. K. (1990). *Epistemology of the Closet*. Berkeley: University of California Press.

Sherif, M. & Sherif, C. W. (1953). *Groups in Harmony and Tension*. New York: Harper.

Shotter, J. (1990). *Knowing of the Third Kind*. Utrecht, The Netherlands: University of Utrecht.

Shotter, J. (1991). Rhetoric and social construction of cognitivism. *Theory and Psychology*, 1, 495 – 513.

Shweder, R. A. (1984). Anthropology's romantic rebellion against the enlightenment, or there's more to thinking than reason and evidence. In R. A. Shweder & R. A. LeVine (eds.), *Culture Theory: Essays on Mind, Self and Emotion*. Cambridge: Cambridge University Press.

Shweder, R. A. (1990). Cultural Psychology: What is it? In J. W. Stigler, R. A. Shweder, & G. Herdt (eds.), *Cultural Psychology: Essays on Comparative Human Development*. Cambridge: Cambridge University Press.

Shweder, R. A. & Bourne, E. J. (1984). Does the concept of the person vary cross-culturally? In R. A. Shweder & R. A. LeVine (eds.), *Culture Theory: Essays on Mind, Self and Emotion*. Cambridge: Cambridge University Press.

Shweder, R. A. & LeVine, R. A. (eds.) (1984). *Culture Theory: Essays on Mind, Self and Emotion*. Cambridge: Cambridge University Press.

Siegal, M. (1991). A clash of conversational worlds: Interpreting cognitive development. In L. B. Resnick, J. M. Levine, & S. D. Teasley (eds.), *Perspectives on Socially Shared Cognition*. Washington, DC: American Psychological Association.

Skinner, B. F. (1989). The origins of cognitive thought. *American Psychologist*, 44, 13 – 18.

Solomon, R. C. (1984). Getting angry: The Jamesian theory of emotion in anthropology. In R. A. Shweder & R. A. LeVine (eds.), *Culture Theory: Essays on Mind, Self and Emotion*. Cambridge: Cambridge University Press.

Stam, H. (1987). The psychology of control: A textual critique. In H. J. Stam, T. B. Rogers, & K. J. Gergen (eds.), *The Analysis of*

Psychological Theory: Metapsychological Perspectives. New York：
Hemisphere.

Stigler, J. W., Shweder, R. A., & Herdt, G. (eds.) (1990).
Cultural Psychology: Essays on Comparative Human Development.
Cambridge：Cambridge University Press.

Sullivan, H. S. (1953). *The Interpersonal Theory of Psychiatry*.
New York：W. W. Norton.

Tajfel, H. (1978). *Differentiation between Social Groups: Studies
in the Social Psychology of Intergroup Relations*. London：
Academic Press.

Tajfel, H. (1982). Social psychology of intergroup relations. *Annual
Review of Psychology*, *33*, 1 - 39.

Taylor, S. E. (1989) *Positive Illusions*. New York：Basic Books.

Todorov, T. (1984). *Mikhail Bakhtin: The Dialogical Principle*.
Minneapolis：University of Minnesota Press.

Triandis, H. C., Bontempo, R., & Villareal, M. J. (1988).
Individualism and collectivism：Cross-cultural perspectives on self-ingroup
relationships. *Journal of Personality and Social Psychology*, *54*,
323 - 338.

Turkle, S. (1978). *Psychoanalytic Politics: Freud's French
Revolution*. Cambridge, MA：MIT Press.

Turner, J. C. & Giles, H. (eds.) (1981). *Intergroup Behavior*.
Oxford：Basil Blackwell.

Tversky, A. & Kahneman, D. (1974). Judgment under uncertainty：
Heuristics and biases. *Science*, *185*, 1124 - 1131.

Van Gelder, L. (1989). It's not nice to mess with mother nature：An
introduction to ecofeminism 101, the most exciting new "ism" in eons.
Ms., January/February 1989, 60 - 63.

Voloshinov, V. N. (1927 /1987). *Freudianism: A Critical Sketch*.
Bloomington：Indiana University Press.

Voloshinov, V. N. (1929/1986). *Marxism and the Philosophy of*

Language. Cambridge, MA: Harvard University Press.

Vygotsky, L. S. (1978). *Mind in Society: The Development of Higher Psychological Processes*. Cambridge, MA: Harvard University Press.

Waterman, A. S. (1981). Individualism and interdependence. *American Psychologist, 36*, 762 – 773.

Watson, J. B. (1913). Psychology as a behaviorist views it. *Psychological Review, 20*, 158 – 177.

Watts, S. (1992). Academic's leftists are something of a fraud. *The Chronicle of Higher Education*, *29*, April 1992, p. A40.

Weiss, J., Sampson, H., & the Mount Zion Psychotherapy Research Group (1986). *The Psychoanalytic Process: Theory, Clinical Observations and Empirical Research*. New York: Guilford Press.

Wertsch, J. V. (1991). *Voices of the Mind: A Sociocultural Approach to Mediated Action*. Cambridge, MA: Harvard University Press.

Westen, D. (1991). Social cognition and object relations. *Psychological Bulletin*, *109*, 429 – 455.

Wetherell, M. & Potter, J. (1989). Narrative characters and accounting for violence. In J. Shotter & K. J. Gergen (eds.), *Texts of Identity*. London: Sage.

Wheeler, L., Reis, H. T., & Bond, M. H. (1989). Collectivism-individualism in everyday social life: The Middle Kingdom and the melting pot. *Journal of Personality and Social Psychology*, *57*, 79 – 86.

White, G. M. & Kirkpatrick, J. (eds.) (1985). *Person, Self and Experience: Exploring Pacific Ethnopsychologies*. Berkeley: University of California Press.

Whitehead, A. N. (1938). *Modes of Thought*. New York: Free Press.

Whitford, M. (ed.) (1991). *The Irigaray Reader*. Oxford: Basil Blackwell.

Winkler, K. J. (1991). Scholars examine issues of rights in America. *The Chronicle of Higher Education*, 20 November, pp. A9, A13.

Wittgenstein, L. (1953). *Philosophical Investigation*. Oxford: Basil Blackwell.

Wittgenstein, L. (1958). *The Blue and Brown Books*. New York: Harper and Row.

Woolf, V. (1929 /1989). *A Room of One's Own*. San Diego, CA: Harvest /HBJ.

Woolf, V. (1938). *Three Guineas*. San Diego, CA: Harvest /HBJ.

Woolgar, S. (ed.) (1988). *Knowledge and Reflexivity: New Frontiers in the Sociology of Knowledge*. London: Sage.

Young, I. M. (1990). *Justice and the Politics of Difference*. Princeton, NJ: Princeton University Press.

---

* 本索引中附的数字均为英文版页码，现为中文版的边码。——译者注

译后记

　　历时两年有余的《赞美他者：人性的对话理论》终于定稿了，我却仍然沉浸于与作者的对话之中。

　　本书被誉为西方批判社会心理学的经典之作。桑普森对西方文化长达数世纪的自我包含的、个人主义的、独白的自我预设及对他者的极度压抑进行了犀利批判。在他看来，这一研究传统更多地聚焦于主角与其建构的服务于自身利益、愿望和恐惧的配角，而不是能动的、拥有自身权利的他者；女性、非裔美国人以及其他非优势群体，已经被建构为适用的他者以服务和满足优势群体的利益。否认他者以便创造一个保障优势群体利益的世界，已经成为驱动文化及其人类科学尤其是心理学的人性理论无法摆脱的强迫性意念。桑普森在引用巴赫金、乔治·米德以及后现代女性主义理论家的著述的基础上，反对这种危险的压迫，并创造对话主义理论以代替心理学的（事实上是整个西方文化的）压抑他者观，从而赞美他者作为我们共享的社会存在的平等的贡献者。

　　桑普森批判西方科学文化传统一直将认同视为个体内在特

质,他者只是自我的陪衬,而不是拥有自身权利的能动者。他将西方自我感描述为自我包含个体;个体就像容器:容器内部是他们,外部则不是。影响个体及其内在特质的外在力量是对自我的纯粹性的威胁。基于自我包含个体这一概念科学地探讨人性,需要对个体进行情境剥离,以消除个体生活情境对真实自我的影响。心理学偏好将个体置于严格控制的实验室情境,以提高研究的内部效度。但是,情境剥离能提高研究的外部效度吗? 许多理论家认为,只有通过考察个体与他者共享的社会和文化情境,才能达成对个体的理解。

现实并不是存在于我们内部,而是存在于我们中间。桑普森重新解读了维果茨基关于儿童伸手去拿物品的事例。照顾者将儿童的这一行为解释为设法获得物品的愿望,然后照顾者把物体递给儿童;借助照顾者的反馈,儿童理解想要某物或指向某物是一种对他者表达愿望的方式。在另一种文化中,照顾者不同的反馈可能会使儿童指向某物的行为具有不同的意义。因此,我们对世界的理解主要取决于他者的行为和反馈。自我的理解亦然:我们的认同取决于与他者的互动、我们的文化以及我们独特的生活情境。桑普森应用巴赫金的对话主义理论来建构这样的观念:个体认同是互相依赖的。在对话中,人们彼此互动作为平等的贡献者;通过这一过程,个体认同的意义得以建构。西方文化则以独白主义理想为主流,他者被噤声,无平等地建构社会现实的机会。

如果现实是建构的,那么谁来建构? 桑普森认为,社会建构以权力为基础——那些拥有权力的人是建构者,而那些缺乏权力的人是被建构者。在西方历史上,建构者往往是受过良好教育的白人男性;优势群体发出声音,他者被噤声。虽然被噤声不见得是有意为之,但在某种程度上是因为我们依据我们的自我来界定他者。因此,由于长期以来优势群体的理想充当着比较的标准,因而这种视角的偏见植根于我们的文化、科学和语言。桑普森以"作为他者的女性的建构"和"作为他者的非裔美国人的建构"为例,阐明优势文化维持着以优势声音为主要建构者的独白传统。

对话主义转向有利于社会权力的公平和更为丰满的现实建构。在桑普森看来,通过赞美他者,我们不仅允许个体拥有其期望的认同,而且鼓励一种更为建构性的现实,这是对话主义的基本前提。如果我们接受我们的认同具有多重性,或者我们是谁取决于我们所处的社会、文化环境,那么真实的自我并不存在。这一观点有利于消除群体之间的偏见:当我们承认女性概念是建构的和流动的,女性则不再会被视为男性特质的缺失(非男性)。否定个体的多元性反而会落入传统角色的陷阱。

对话主义提醒我们,我们应该认识到,自由的获得不是通过排斥他者,而是因他者而自由。传统上,我们倾向于将他者视为对自我的威胁,但既然我们的现实是共享的,疏离自我与他者的尝试,将不允许我们获得自由。相反,人类的自由事关个体共同决定共同命运的权利。正如桑普森所指出的,要彻底地扭转西方世界的赞美自我的传统,也许最重要的是将赞美他者置于人类生活与经验的核心地位。"他者是心理、自我和社会必不可少的共同创造者。没有他者，我们即无心理，无自我，无社会——一无所有，遑论继续赞美其他事物。"

既然现实是在对话中建构的，那么我们可以通过丰富对话的内容和质量来丰富我们的共享现实。然而不幸的是，我们的文化似乎越来越不信任与孤立：人们不愿意参与真诚的对话，不愿意与他者分享；而且，传统西方观点认为，为了成为自由的人，个体必须是独立的，或免受他者的影响。对话主义使我们认识到，真正的自由只能源于共同合作趋向一个积极的共享现实。

桑普森总结指出，对话是达成真正民主社会的基础。真正的民主承诺公民具有同等的代表性；但是睿智的专家与无知的"普通人"之间存在着明确的区分。心理学家宣称采用人性的客观性观点，将研究成果用以解释和理解"普通人"。事实上，这种观点是主观的，它基于一种独白的现实，即它是由心理学家独自创造的。对话主义认为，我们对人性与现实的理解是由认知者与认知对象共同建构的；只有在一个真正民主的社会，专家与"普通人"才对共享现实有着平等的贡献。

桑普森以对西方思维和科学的犀利批判著称，《赞美他者：人性的对话理论》以其缜密的论证延续着这一主题。本书将改变理解和探究人性的方式。正如作者所言："强迫他者噤声，损失的将是我们——在对话中，通过对话与他者性交流，并了解我们自己的他者性。"

本书的翻译工作由郭爱妹和陶佳茜共同完成，最后由郭爱妹统稿。陶佳茜在加拿大麦克马斯大学求学期间，在繁忙的学业之余，为翻译工作尽心尽责，表现出良好的学术品质与学术素养。

虽已完稿，但忐忑之心难以平复。翻译过程历时两年有余，时而欢乐，时而折磨。每遇疑难句子，左冲右突，感慨翻译不易；统稿时，读到不顺的地方，更是回到原文，重新推敲。虽然翻译过程竭尽全力，但限于学识和中英文水平，未能给予恰当处理或未能贴切翻译的，或许仍比比皆是，我们恳切地期待读者的批评指正。

译者向本书翻译过程中作出重要贡献的朱运致博士、卢靖洁博士、沈继荣博士一并致谢。感谢上海教育出版社责任编辑王佳悦对全书所有细节的认真审订，大大提高了译文质量。

郭爱妹

2023 年 2 月 15 日

图书在版编目（CIP）数据

赞美他者：人性的对话理论 / (美) 爱德华·E. 桑普森著；郭爱妹，陶佳茜译. —— 上海：上海教育出版社, 2021.8
（社会建构论译）
ISBN 978-7-5720-0290-8

Ⅰ. ①赞… Ⅱ. ①爱… ②郭… ③陶… Ⅲ. ①人性论 Ⅳ. ①B82-061

中国版本图书馆CIP数据核字(2021)第251405号

Celebrating the Other: A Dialogic Account of Human Nature, by Edward Sampson.

Chinese language translation rights granted by the English language publisher, *Taos Institute Publications*.

Re-Printed with permission by *Taos Institute Publications* - Copyright © 2008, www.taosinstitute.net.

策划编辑　谢冬华
责任编辑　王佳悦
书籍设计　陆　弦

社会建构论译丛
杨莉萍　[美]肯尼思·J. 格根　主编
赞美他者：人性的对话理论
[美] 爱德华·E. 桑普森 著
郭爱妹　陶佳茜　译

出版发行　上海教育出版社有限公司
官　　网　www.seph.com.cn
地　　址　上海市闵行区号景路159弄C座
邮　　编　201101
印　　刷　上海展强印刷有限公司
开　　本　890×1240　1/32　印张 11.5　插页 4
字　　数　227 千字
版　　次　2024年3月第1版
印　　次　2024年3月第1次印刷
书　　号　ISBN 978-7-5720-0290-8/B·0007
印　　数　1-3000 本
定　　价　79.00 元

如发现质量问题，读者可向本社调换　电话：021-64373213